전기전자회로실험

이춘모 · 안병록 · 박종복 공저

도서출판 태영문화사

머 리 말

21C는 IT산업의 급속한 성장을 맞이하게 됨에 따라 전기·전자공학 분야는 매우 빠르게 발전되어 가며 국가 경쟁력의 기반이 되어 가고 있어 이 분야에 대한 기술 인력 양성은 날로 그 중요성이 강조되고 있는 실정이다. 이러한 변화에 적절히 대처하기 위하여 관련이론 뿐만 아니라 실험·실습을 통한 실기교육의 시행은 현장 실무 인력을 양성하기 위하여 꼭 수행되어야 할 과제인 것이다.

산업체의 한 연구소장을 대면하였을 때 직원이 갖추어야 할 전공 능력에 있어 기초 전기·전자 실험 능력을 갖추는 것이 필요하다는 말은 이 분야에서 일하게 될 기술자들이 귀담아 들어야할 시사점이 아닌가 한다.

본 교재는 전기·전자 분야의 기초개념을 실험을 통해 전공이론의 지식을 다질 뿐만 아니라 실험을 통해 창의적 소양을 기르고 이후 진행될 다른 실험·실습을 효율적으로 수행할 수 있는 능력을 향상시키고자 함에 있다.

본 교재의 구성은 전반부에서는 계측장비의 동작 원리와 사용법, 선형소자를 이용한 회로 해석을 다루고 있으며, 후반부에서는 가장 널리 사용되고 있는 기본적인 반도체 소자들의 동작 원리 및 특성을 다루도록 하였다.

본 교재를 출판하면서 참고한 각종 문헌의 원저자들에게 경의를 표하며 미진한 점은 향후 점차적으로 수정 보완해 나갈 것을 다짐한다.

끝으로 본 교재 출판에 물심 양면으로 도움을 주신 태영문화사 사장이하 임직원께 감사드립니다.

저자 씀

차 례

실험 1 실험을 위한 기초지식

1. 실험 목적

실험이란 전공에서 배운 이론과 원리를 실험을 통해 증명하여 이해도를 높이고, 회로를 직접 구성하면서 현업에서 필요한 창의성과 응용력을 기르기 위한 과정이라 할 수 있다. 따라서 실험에 들어가기 전에 학생들은 실험의 목적에 대한 확실한 이해와 실험을 통하여 배우고자 하는 내용에 대하여 정확히 숙지하여야만 한다. 이와 같은 실험의 일반적인 목적은 다음과 같다.

① 기초실험은 이론의 증명뿐만 아니라 이후 진행될 다른 실험·실습의 기본적인 바탕이 되는 것으로 창의적 문제해결 능력을 키우도록 한다.
② 실험실습용 측정 장비, 계기의 정확한 사용법을 익힌다.
③ 회로도를 구성하고 결선을 함으로써 도면과 결선의 차이를 이해한다.
④ 실험을 통하여 취득된 결과를 분석하여 실험과정이 정확히 수행되었는지를 검토하고 정리하는 능력을 키운다.
⑤ 회로의 분석 및 결선을 가능한 혼자서 해결하는 습관을 들여 새로운 회로 및 도면을 해석하는 능력을 향상시켜 현장적응 능력을 기른다.

2. 주의사항

① 담당교수의 지지사항을 준수하고, 안전수칙을 엄수해야 한다.
② 실험 과제의 목적, 원리, 절차, 방법 등을 숙지하고 관련 이론을 사전에 충분히 이해하도록 한다.

③ 각 실습장비와 공구 사용법을 정확히 숙지하노록 한나.

④ 실험 결과가 오류가 발생하였을 경우에는 그 이유를 파악하여 향후 실험 진행 시에 유사한 오류가 발생하지 않도록 주의를 기울인다.

⑤ 계산값(이론값)과 측정값은 각 측정 단계마다 수행하여 측정값과 계산값을 비교하여 오차발생의 이유를 분석하고 해결하는 습관을 기르도록 한다.

⑥ 실험장비는 결선전이나 결선을 바꿀 경우에는 반드시 전원을 차단한 상태를 유지하여야만 한다.

⑦ 전원스위치를 넣기 전에 회로의 구성이 완전하게 되었는지 확인을 하도록 한다.

⑧ 실험중 이상한 냄새, 소리, 연기 등이 발생할 때에는 즉시 전원을 차단하고 담당교수에게 보고하여 사고의 확대를 막도록 한다.

3. 보고서 작성요령

실험·실습 보고서는 단지 측정결과를 제출하는 것에 목적이 있는 것이 아니고 실험 수행에 대한 전반적인 내용을 분석, 고찰하여 그 결과를 기록 작성하도록 해야 하며 일반적으로 포함되는 내용은 다음과 같다.

① 실험·실습 제목

② 실험·실습 목적

③ 제출자 및 공동 실험자

④ 사용기기 및 재료

⑤ 주의사항

⑥ 실험·실습 내용 및 고찰(실험 과정 중 발생한 내용을 함께 기록)

⑦ 실험결과

4. 단위와 기호

전기 및 전자공학에서는 물리학의 표준 단위계인 길이(meter), 질량(kilogram), 시간(second)을 기본으로한 M.K.S와 전기량뿐만 아니라 물리 화학량에 관한 여러 종류의 단위계를 세계적으로 통일한 SI(System International) 단위를 사용한다.

표 1-1은 일반적인 단위의 접두어, 표 1-2는 M.K.S 단위와 C.G.S 단위의 관계, 표 1-3은 전기적인 양의 단위를 나타내었다.

표 1-1 단위의 배수

명 칭	기 호	크 기
tera	T	10^{12}
giga	G	10^{9}
mega	M	10^{6}
kilo	k	10^{3}
hecto	h	10^{2}
deca	da	10
deci	d	10^{-1}
centi	c	10^{-2}
mili	m	10^{-3}
micro	μ	10^{-6}
nano	n	10^{-9}
pico	p	10^{-12}
femto	f	10^{-15}
atto	a	10^{-18}

표 1-2 M.K.S 단위와 C.G.S 단위의 관계

	양	M.K.S 단위	C.G.S 전자단위
역학적인 양	길이	1 [m]	10^2 [cm]
	질량	1 [kg]	10^3 [g]
	시간	1 [s]	1 [s]
	힘	1 [N](Newton)	10^5 [dyne]
	일	1 [J](Joule)	10^7 [erg]
	전력	1 [W]	10^7 [erg/s]
전기적인 양	기전력 전위	1 [V]	10^8
	전계의 세기	1 [V/m]	10^6
	전류	1 [A]	10^{-1}
	전류 밀도	1 [A/m]	10^{-5}
	저항	1 [Ω]	10^9
	고유 저항	1 [Ωm]	10^{11}
	전기량	1 [C]	10^{-1}
	유전속	1 [C]	$4\pi/10$
	유전속 밀도	1 [C/m²]	$4\pi/10^5$
	정전용량	1 [F](Farad)	10^9
	유전율	1 [F/m]	$4\pi/10^{11}$
자기적인 양	기자력, 자위	1 [AT]	$4\pi/10$ [gilbert]
	자계의 세기	1 [AT/m]	$4\pi/10^3$ [oersted]
	자속	1 [wb]	10^8 [maxwell]
	자속 밀도	1 [wb/m²]	10^4 [gauss]
	자계의 세기	1 [wb]	$10^3/4\pi$ [e.m.u]
	자화의 세기	1 [wb/m²]	$10^2/4\pi$ [e.m.u]
	인덕턴스	1 [H]	10^9 [e.m.u]
	자기저항	1 [AT/wb]	$4\pi/10^9$ [e.m.u]
	투자율	1 [H/m]	$10^7/4\pi$ [e.m.u]
	자화율	1 [H/m]	$10^7/(4\pi)^2$ [e.m.u]

표 1-3 전기적인 양의 기초단위

종 별	기 호	명 칭	단위표시	종 별	기 호	명 칭	단위표시
전 류	A	Ampere	A	인덕턴스	L	Henry	H
전 압	V	Volt	V	전 력	P	Watt	W
저 항	R	Ohm	Ω	전 하	Q	Coulomb	C
콘덕턴스	G	Mho	℧	주파수	f	Hertz	Hz
정전용량	C	Farad	F	에너지	W	Joule	J

5. 전기의 유래와 기초이론

5-1. 전기의 유래

(1) 전기의 발견과 진화과정

우주만물을 구성하고 있는 기본구조가 원자와 원소로 규명되어 있고 그 바탕에서 나타나는 전기현상은 자연의 관측으로부터 시작되었다. 대기 중의 전기현상으로 천둥, 번개, 그리고 번개에 의한 강한 전기장으로 높고, 뾰족한 곳에 생기고 청자색 불꽃의 지속적인 방전현상인 세인트엘모의 불(St, Elmo′s Fire) 및 태양에서 방출된 대전입자(plama)가 지구 자기장에 의해 공기분자와 반응하여 빛을 내는 극광(Aurora)현상은 남・북반구의 고위도 지방에서 관측된다. BC 1000년경 고대 중국(주나라)에서는 천연자석(지남철)을 발견하여 풍수지리에 이용했다고 전해지며 고대 그리스 북부지역인 마그네시아(Magnesia)에서 천연자석이 많이 발견되어 마그네트(Magnet : 자석)의 어원이 되고 있다. 또한 고대 그리스 과학자 텔레스(Thales)는 BC 600년경 호박을 모피에 문지르면 전하가 발생되어 물체를 끌어당기는 것을 보고 최초로 전기현상을 발견하였다.

호박을 그리스어로 elektrum이라 하며 Electrictiy(전기)의 어원이 되었다. 자석을 이용한 나침반 제작은 중국 한나라시대(BC 206~AD220)에 발명되었으며 십여세기가 지난 뒤에 항해에 응용되기 시작 했다.

나침반을 이용하여 1492년 콜럼버스의 신대륙 발견과 1505년 마젤란이 최초로 세계일주를 성공함에 따라 항해술의 비약적인 발전을 가져왔으며, 바다를 정복한나라가 열강대열에 합류했고 서구의 르네상스 시대를 꽃피웠음이 역사기록으로 전해지고 있다.

전기나 자기에 대해서 과학적 연구를 통해 단서를 제공한 사람은 영국의 길버트(Gilbert)이다. 1600년 "자석에 대하여(De Magnete)"라는 연구 저서를 발간하여 전자기학 연구의 기초를 확립했으며 그 당시 전기와 자기는 별개로 취급하여 해석되었다.

1666년 영국의 뉴턴(Newton)이 만류인력의 법칙을 발견하였고 미·적분, 무한급수, 대수학 등을 창안하여 정리하였으며 이후 전기현상을 수학적으로 표현 할 수 있는 계기가 되었다.

1687년 "자연철학의 수학적 원리(principia)"를 저술함으로서 근대과학의 창시자로 추앙 받고 있다.

1752년 미국의 프랭클린(Franklin)은 연날리기 실험을 통해 번개가 전하에 의한 전기방전현상임을 증명하였고 최초로 양·음전하의 존재를 확인하였으며 피뢰침을 발명하였다. 따라서 전기가 전하의 생성과 흐름이라는 원칙이 세워짐에 따라 프랭클린을 인류 최초의 전기 발견가라고 부르기도 한다.

1765년 영국의 와트(Watt)가 증기기관을 발명함에 따라 서구 유럽의 산업혁명이 시작되었고 1785년 프랑스의 쿨롱(Coulomb)이 전하 사이에 작용하는 힘을 수학적으로 표현한 쿨롱의 법칙이 발표되어 전기현상에 대한 기본이론이 확립되기 시작했다.

1800년 이탈리아의 볼타(Bolta)는 구리와 아연을 묽은 황산용액에 담궈 볼타전지를 제작 발명함으로서 전류를 연속적으로 사용할 수 있는 전원장치가 마련되었다.

1820년 덴마크의 에르스텟(Oersted)이 볼타전지를 이용하여 전기에 의한 자기작용법칙의 단서를 발견했고 프랑스의 비오-사바르가 전류에 의한 자계 세기의 계산법칙을 발표함으로써 전기와 자기는 별개가 아니라 연관되어 있으며 상호작용임이 증명 되었다.

1826년 독일의 옴(Ohm)은 전기회로에서 옴의 법칙을 실험을 통해 입증했고 1827년 프랑스의 앙페르(Ampere)가 전류와 자기에 대한 앙페르 법칙을 발표하였다.

1829년 미국의 헨리(Henry)는 독자적으로 자체 유도현상을 발견하여 코일에 피복을 입혀 강력한 전자석을 제작하는데 성공하여 천연자석을 대체 할 수 있는 발판을 마련하였다.

1831년 영국의 패러데이(Faraday)는 전자기 유도 법칙을 증명하여 발전기, 전동기, 변압기의 기본원리를 확립 시켰다.

1840년 영국의 주울(Joule)은 전류의 열작용 법칙을 발표 하였고 1850년 독일의 수학자 가우스(Gauss)는 전계·자계를 포텐셜 이론으로 정리한 가우스 법칙을 제안 하였다.

1866년 독일의 지멘스사가 영구자석 대신 전류를 이용한 전자석을 상업적으로 제작하기 시작하여 모든 전기기기에 상용화시켜 오늘에 이르고 있다.

1873년 영국의 맥스웰(Maxwell)이 가우스, 앙페르, 패러데이 법칙을 수정 보완시켜 수학적으로 표현한 맥스웰 방정식을 발표함으로서 전계·자계의 특성과 상호작용이 명확하게 밝혀졌으며 전자파의 존재설을 주장하였다.

1879년 미국의 에디슨(Edison)이 백열전구를 발명함에 따라 조명을 시작으로 전기 사용이 실용화 될 수 있도록 시스템(전원, 배전, 제어, 부하)이 마련되기 시작했다.

1885년 영국의 플레밍(Fleming)이 전기·자기의 왼손·오른손 법칙을 제안했고 1886년 세르비아의 테슬라(Tesla)가 교류 발전기를 발명하여 에디슨과 직류와 교류의 실용화 논쟁을 벌였으나 교류를 상용화 시키는데 성공하여 현재에 이르고 있으며 따라서 테슬라를 전기의 보편적 교류사용에 핵심 과학자로서 교류 발명가라고 부르고 있다.

1887년 경복궁에 우리나라 최초로 전기가 도입되었고 1900년 종로에 민간 최초로 가로등이 점등 되었다.

1888년 독일의 헤르츠(Hertz)는 맥스웰이 주장했던 전자파의 존재설을 실험을 통해 증명하였으며 전자파가 빛과 같은 성질임을 밝혀냈다.

1897년 영국의 톰슨(Thomson)은 전자의 존재를 자기장을 사용한 음극선의 굴곡 실험으로 발견하는데 성공하여 원자 물리학의 길을 열었고 전기의 실체를 이해할 수 있는 계기가 되었다.

1905년 독일의 아인슈타인(Einstein)은 상대성 이론을 발표하였고 1942년 이태리의 페르미(Fermi)에 의해 대형 원자로가 건설되어 1956년 소련에서 최초로 원자력 발전소가 가동되기 시작하여 전 세계적으로 상용화 되었다.

(2) 전기의 역사 요약

표 1-4

연 대	과학자	업 적	단위 전기기호
BC 1000년경	중국, 주나라	천연자석(지남철) 발견, 풍수지리에 이용. 그리스 북부지역 마그네시아(Magnesia)에서 많이 발견되어 Magnet(자석)의 어원이 됨	
BC 600년경	고대 그리스 철학자 탈레스(Thales)	호박(elektum)에 의한 마찰전기 발견 전기(Electricity)의 어원	
BC 500년경	고대 그리스 피타고라스 (pythagoras BC580~500)	피타고라스 정리 정의	
BC 206~ AD 220년	중국 한나라	나침반 발명	
1269년	프랑스 페레그리누스 (peregrinus)	자석 분할시에도 N · S극 유지 지구와 동질 발전	
1431년	중국 명나라 정화(Zheng He)	나침반 이용 인도양 일대 항해	
1492년	스페인 콜럼버스 (Christopher Columbus 1451~1506)	나침반 이용 신대륙 발견	
1502년	포르투갈 마젤란 (Fredinand Magellen 1480~1521)	나침반 이용 최초 세계일주	
1543년	폴란드 코페루니쿠스 (Nicolaus copernicus 1473~1543)	자석을 이용한 지동설 발표	
1600년	영국 길버트 (William Gilbert 1540~1603)	"자석에 대하여" 저서 발간, 전자기학의 학문적 기초 확립, 전기 · 자기 분리해석, 과학사상 불후의 고전, 자기학의 아버지	Gb 기자력의 단위
1609년	이태리 갈릴레이 (Galilei 1564~1642)	지동설 확정, 천문학 및 근대 물리학의 아버지	

연 대	과학자	업 적	단위 전기기호
1666년	영국 뉴턴 (Isaac Newton 1642~1727)	만류인력 법칙 발견, 미·적분, 무한급수, 대수학 등 발표, 1687년 자연철학의 수학적 원리(principia) 저술, 근대과학의 창시자	N
1729년	영국 그레이 (Stephen Gray 1670~1736)	도체, 부도체 성질 입증, 인체 도체 증명	
1733년	프랑스 뒤페	자석의 흡·척력 작용 발견	
1745년	네덜란드 뮈센브르크 독일 클라이스트	전기의 저장장치, 라이덴 병(Leyden Jar)발명	
1750년	독일 슐저	이금속(구리, 아연)접촉시 기전력 발생 발견	
	이태리 갈바니 (Galvani, Luigi 1737~1798)	기전된 도체로 개구리 다리 접촉시 경련 발견	
1752년	미국 프랭클린 (Benjamin Franklin 1706~1790)	연날리기 시험으로 번개는 양·음전하의 방전 현상 증명, 전기발견자, 피뢰침 발명	전하작용 입증
1765년	영국 와트 (James Watt 1736~1819)	기관(엔진)발명, 산업혁명의 아버지	W
1776년	프랑스 쿨롱 (Coulomb, Charles Augustin de 1736~1806)	전하에 작용하는 힘을 수학적으로 증명 쿨롱의 법칙 발표	C
1800년	이태리 볼타 (Alessandro Volta 1745~1827)	구리와 아연을 묽은 황산에 담근 볼타전지 발명, 전류의 연속사용 제공	V DC 전원장치
1820년	덴마크 에르스텟 (Hans Christian Oested 1777~1851)	전류에 의해 자침동작 발견 전기, 자기의 상호작용 증명	Oe
	프랑스 비오-사바르 (biot-savart 1791~1841)	전류에 의한 자계계산 법칙 발표	
1824년	프랑스 아라고 (Arago 1786~1853)	맴돌이 전류현상 발견, 전자기 반응 연구	아라고 원판

연 대	과학자	업 적	단위 전기기호
1826년	독일 옴 (Georg Simon Ohm 1789~1854)	전기회로에서 전압, 전류, 저항 관계를 실험을 통해 증명, 옴의 법칙 발표	Ω
1827년	프랑스 앙페르 (André Marie Ampere 1775~1836)	전기 역학적 제 현상에 관한 수학적 이론집 출간, 전류가 흐르는 도선 사이에 작용하는 힘을 수학적으로 증명	A
1829년	미국 헨리 (Joseph Henry 1791~1878)	자체 유도현상 발견, 코일에 피복 입혀 강력한 V자형 전자석 제작 성공	H
1831년	영국 패러데이 (Michae Faraday 1791~1867)	전자 유도현상 발견 발전기, 전동기, 변압기의 기본원리	F
1840년	영국 주울 (James Joule 1818~1889)	전류에 의한 열 발생 법칙 발표	J
1850년	독일 가우스 (Carl Friedrich Gauss 1777~1855)	수학적(포텐셜 정리)으로 전계, 자계 법칙 발표	G 자계의 세기
1852년	독일 베버 (Thomas Alva Weber 1804~1891)	자기 분자설 발표, 전기역학의 베버법칙 도출	Wb
1873년	영국 맥스웰 (Maxwell, James Clerk 1831~1879)	가우스, 앙페르, 패러데이의 법칙을 보완시켜 수학적으로 표현된 맥스웰 방정식 발표, 전계·자계 상호관계 성립, 전자기파 존재 주장	F
1879년	미국 에디슨 (Thomas Alva Edison 1847~1931)	백열전구 발명으로 전기 사용체계 정립(발전, 배전, 제어, 부하),축음기, 영사기 등 발명	
1885년	영국 플레밍 (Jhon Ambrose Fleming 1849~1945)	전·자기의 왼손·오른손 법칙 발표, 2극 진공관 발명	
1886년	세르비아 테슬라 (Nikola Tesla 1856~1943)	교류 발전기 발명, 교류 상용화 정립(AC전원장치)	T 자기력선 속의 밀도

연 대	과학자	업 적	단위 전기기호
1888년	독일 헤르츠 (Hertz 1857~1894)	맥스웰의 전자파 존재설 실험으로 증명 빛과 동질성 입증	Hz
1897년	영국 톰슨 (Thomson, Joseph John 1856~1940)	전자의 존재를 자기장에서 음극선 굴곡 실험으로 입증, 전기실체규명에 단서 제공	
1905년	독일 아인슈타인 (Albert Einstein 1901~1954)	상대성 이론 발표, $E=mc^2$ 운동량 및 에너지 보존 법칙을 정립 원자폭탄과 원자력 발전의 이론적 기초	
1942년	이태리 페르미 (Enrico Fermi 1901~1954)	상대성이론을 바탕으로 중성자에 의한 인공 방사능 연구로 대형 원자로 건설	
1948년	미국 벨 연구소 브래튼, 쇼클리, 바딘 (Walter houser Brattain, William Bradford Shoekly, John Barden)	트랜지스터 발명으로 전자시대 개막	
1953년	미국	태양 전지 발명	
1956년	소련	원자력 발전소 최초 가동	
1957년	소련	우주선 스푸트니호 최초 발사	
1961년	미국, 소련	군사용 GPS 사용, 소련 유인 인공위성 최초 발사	
1964년	일본	동경올림픽 생중계, 위성통신 이용(정지궤도위성)	
1969년	미국 NASA	아폴로 11호 인류최초 달 착륙	

5-2. 전기기초이론

(1) 전기의 정의 및 특징

전기란 "물질 중 수많은 전자(전하)들의 누적이나 이동현상으로 발생되는 에너지"라고 정의한다. 전기의 특징은 미립자로 구성되어 빛과 같은 속도를 지니며 파동성과 직진성을 갖고 있다. 또한 발전과 동시에 소비됨으로 인해 저장이 난이하며 인체의 오감으로 전기실체를 감지 할 수 없어 안전사고에 각별히 유의해야한다.

전기에너지는 발열, 발광, 화학, 자기작용 등을 통해 적재적소에서 양질의 청정에너지로 사용 할 수 있는 장점을 갖고 있는 인류 최고의 에너지원이다.

(2) 전하의 실체

모든 물질은 원자핵(양성자 및 중성자)과 동일한 수의 전자로 구성되기 때문에 전기적으로 중성이며 원소 자체가 안정한 상태로 존재한다. 그러나 어떤 물체가 전기적인 성질을 띠고 있다면 반드시 물질을 구성하는 원소 중에 전자를 얻거나 잃어서 전하가 존재한다는 것이다. 어떠한 요인으로 인해 전자가 이동하게 되면 전자를 얻는 쪽이 음전하(−)이고 잃는 쪽이 양전하(+)를 띠게 되며 전하가 곧 전기를 의미한다고 할 수 있다.

그러므로 기본전하의 대수적인 합계는 생성과 소멸이 전기적인 현상일 뿐이고 일정하게 유지됨으로서 전하보존의 법칙이 성립된다. 전하를 띈 입자를 이동시키기 위해서 고체에서는 "자유전자", 액체에서는 "이온(ion)", 기체 상태에서는 "원자핵과 전자"가 전하운반자(charge Carrier) 역할을 담당하고 있다.

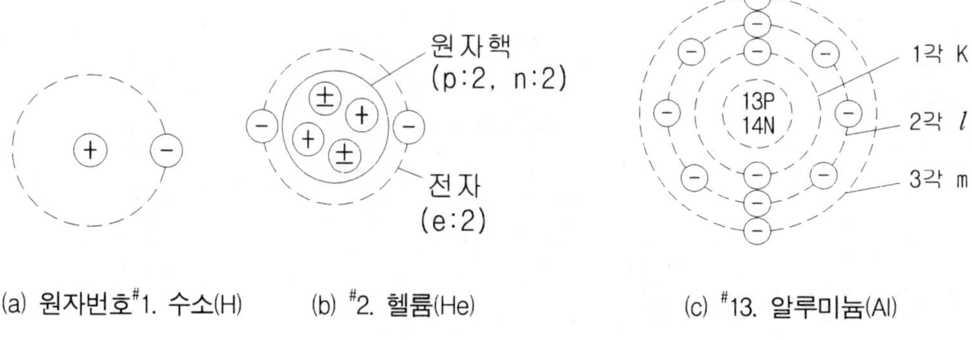

(a) 원자번호#1. 수소(H)　(b) #2. 헬륨(He)　(c) #13. 알루미늄(Al)

그림 1-1 원소의 원자 구조

또한, 물질 중 원자핵의 구속력이 약한 최외각 전자를 갖고 있는 원소는 외부자극에 의해 전자가 쉽게 이탈됨으로 도체라 하고, 구속력이 강한 물체는 전류가 잘 흐르지 못하기 때문에 절연체(부도체)라 한다.

(3) 전하의 발생과 방전

전하의 발생요인은 에너지 변환작용에 기인한다.

자연적 또는 물리적인 요인(힘, 화학작용, 빛, 자력선 등)에 의해 어떤 물체에 에너지가 전달되면 자유전자의 이동에 의해 전기적인 성질을 지닌 전하가 발생되는 것이다.

전하는 방전을 통해 전기에너지를 방출하는 것이며 전원이 공급되는 한 중성화를 위한 전자의 이동이 지속되고 전원공급이 중단되면 빛의 속도로 전자가 본래의 원소로 환원되어 중성을 찾아 안정된다.

자연적인 현상으로 천둥번개의 원인은 대기 중의 구름이 온도상승, 상승기류, 바람 등의 영향을 받아 구름에 에너지가 전달되면 이온화(전리) 작용에 의해 전하가 생성되는 것이다. 전하를 띈 구름(뇌운)이 대기 중에 떠돌다가 구름끼리 서로 근접할 때나 대지와 접근할 때 방전하면서 번개를 치고 천둥소리를 내며 생성된 전하가 중성으로 환원되는 것이다.

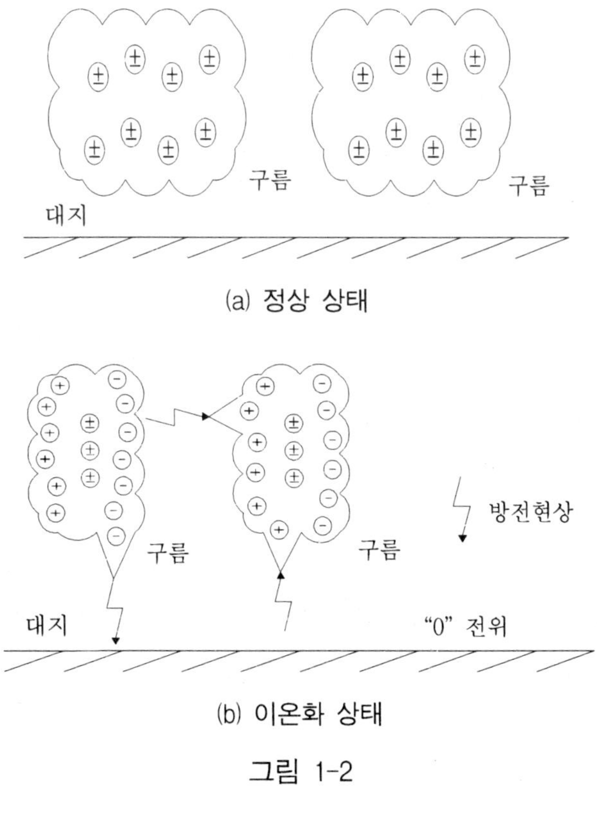

그림 1-2

물리적인 방법으로 상시전력을 공급하는 교류발전 원리는 전자유도작용에 의해 제작된 발전기에서 도체나 전자석을 회전시키면 전하가 발생되며 부하를 연결하여 방전시키게 되면 전하가 이동하게 된다. 따라서 부하의 전력 소비를 일정하게 유지시키기 위해서는 지속적인 회전운동을 필요로 하며 회전운동의 전달 에너지 방법에 따라 수력, 화력, 원자력, 조력, 풍력 등의 발전 방식이 된다. 또한 마찰이나 압력에 의해 절연체에서 발생하는 전하 즉, 정전기는 정형화시키기가 어려워 빈번히 재해를 유발시키고 있으며 인쇄 장비(복사기, 프린터)나 매연제거, 도색, 인조모피제작 등에 활용되고 있다.

빛을 이용한 태양광발전이나 화학작용에 의한 축전지, 건전지 등도 전하를 발생시키는 직류 에너지원이 된다. 발생된 전하를 용도에 맞춰 적절히 방전시키는 것이 전기에너지를 소비하는 것이며 부하(저항, 코일, 콘덴서)가 그 역할을 담당하고 있다. 부하에서는 빛, 발열, 화학, 자기(동력)작용을 통해 유용한 에너지로 활용되고 있다.

(4) 전기회로의 해석

19세기부터 점차적으로 전기사용이 생활화되기 시작하여 20세기 인류문명을 꽃피운 전기에너지는 현대생활의 인프라로 자리하고 있다. 전기가 문명의 이기로 이용되기까지 수많은 과학자들의 부단한 노력과 연구를 통해 이뤄졌으며 전기회로의 해석과 관리를 위해 전기 과학발전에 공헌한 과학자들의 이름을 호칭하여 국제 표준단위가 도입되었다.

① 전압(전위차 : V) : 발생된 전하의 밀집도에 따라 전압이 확립되며 전하가 조밀하면 전압이 높은 것이고 소밀하면 전압이 낮은 것이다. 따라서 전기적으로 위치에너지를 가진 전압은 전원장치에 의해 얻을 수 있으며 전자유도작용(AC)이나 단전지의 연결(DC)을 통해서 변압할 수 있다.

② 전류(A) : 전원장치에 의해 생성된 전하가 폐회로(방전)가 구성되면 물질이 중성상태로 원상회복 하기 위해 전하가 이동하는 현상을 전류라고 한다. 전류는 회로가 구성되고 전압이 가해져야 흐를 수 있으며 전류의 양에 따라 회로를 구성하는 전달도체의 굵기(단면적)가 증감한다.

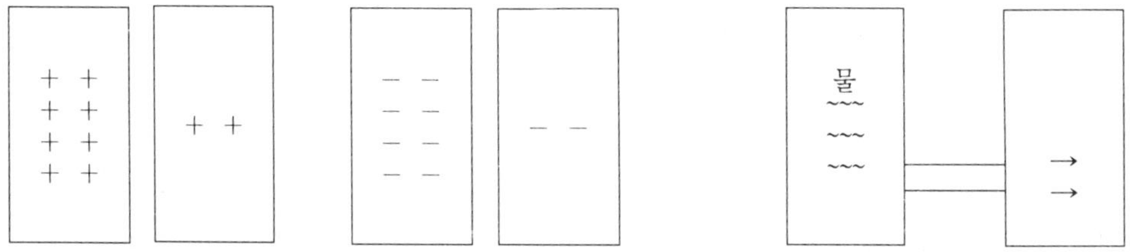

(a) 양전하 밀도 (b) 음전하 밀도 (c) 전류

그림 1-3

③ 전력(W) : 회로가 구성되어 전원에서 전압이 공급되면 부하를 통해 전류가 흐르게 된다.

이때 전압과 전류 곱이 전력이며 항상 전압과 전류가 동시에 존재해야 한다. 따라서 전력을 사용하는 시간에 따라 전력량이 증감하게 된다. 전력을 양궁과 비교해보면 양궁 자체가 전원장치(발전)가 되며 시위를 당겼을 때가 기전력(전압)이 유기된 것이고 화살을 쏘았을 때 비로소 전류가 흐르는 것과 같으며 화살의 세기(이동거리)가 전력에 해당된다고 할 수 있다.

④ 부하(R, L, C) : 부하에 직류(DC)를 가하면 주파수가 없어 모든 부하가 저항으로만 적용함에 따라 해로해석이 용이하다. 그러나 부하에 교류(AC)를 가하면 주파수에 의해 코일에서는 전압에 비해 전류가 90° 뒤쳐져서 흐르고 콘덴서에서는 전류가 90° 빠르게 흐름으로서 리액턴스가 작용한다. 따라서 교류회로는 역률이 존재하며 부하는 임피던스를 통해 해석해야 한다.

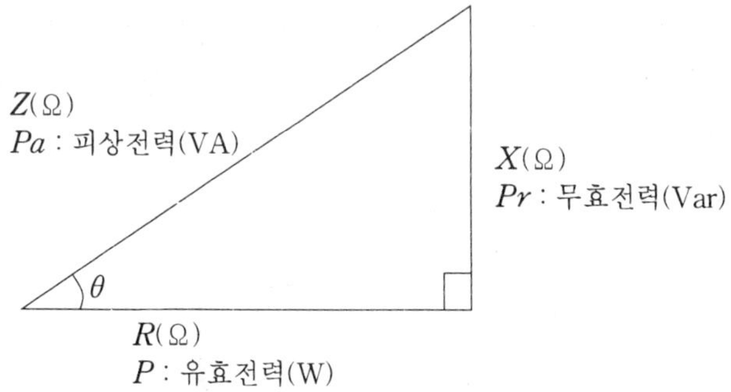

그림 1-4

(5) 전압과 전류의 요구사항

어떤 전기기구가 알맞게 작동하려면 에너지원은 두 가지 일을 할 수 있어야만 한다. 첫 번째로 전압을 공급해야 한다. 두 번째로 그 설계된 장치로 전류를 전달해야만 한다. 예를 들면 12[V]를 발생하는 전지를 만들기 위해서 8개의 1.5[V] 플래시용 건전지들을 함께 연결시킬 수 있다. 그러나 이 전지로 자동차 엔진을 점화시키려고 하면, 그것은 작동되지 않을 것이다. 이것은 건전지나 자동차의 전기 시동 모터를 동작시키기 위해서 필요한 많은 양의 전류를 공급할 능력을 가지고 있지 않기 때문이다. 동작을 시키기 위해서는 훨씬 더 큰 전지. 즉 12[V]를 공급할 수 있는 것 이외에도 훨씬 더 많은 양의 전류를 공급할 수 있는 능력을 가진 전자를 사용해야만 한다. 그러므로 전기 장비와 도구들의 전압과 전류의 요구 조건을 모두 알고 있는 것이 중요하다. 이런 요구 사항은 제품들에 붙인 명판에 주어지며, 이들은 또한 제품의 기술적인 자료(manual)에서 찾아볼 수 있다.

(6) 직 류(DC)

직류(direct current)는 안정된 전압원에 의해서 회로에 제공된다. 즉, 전압원 극성 양(+) 단자와 음(−) 단자는 시간이 지나도 변화하지 않는다. 이런 단자들은 고정된 극성을 가지고 있다고 말한다. 그러므로 전류의 방향은 시간이 지나도 변화하지 않는다. 그러한 전압은 전기 셀, 전지, 그리고 직류 발전기들에 의해서 공급된다. 직류는 그림 1-5 (a)에서와 같이 그 값의 변화가 없이 일정하고 안정적일 수 있으며, 그림 1-5 (b), 그림 1-5 (c)와 같이 변화하거나 맥동을 할 수도 있다.

인가된 전압과 부하의 특성이 제공되는 직류의 종류를 결정한다.

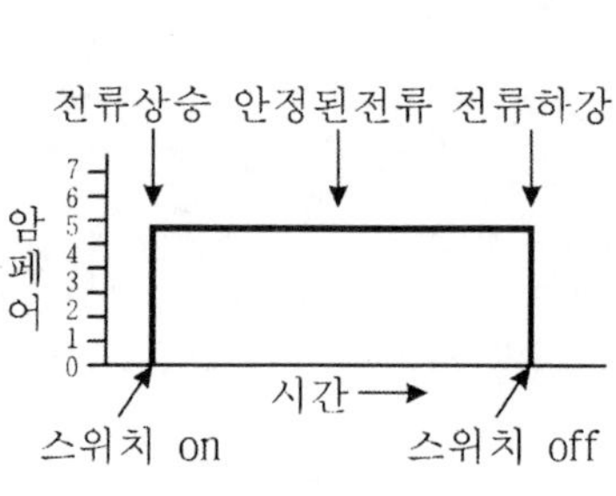

(a) 안정된 직류

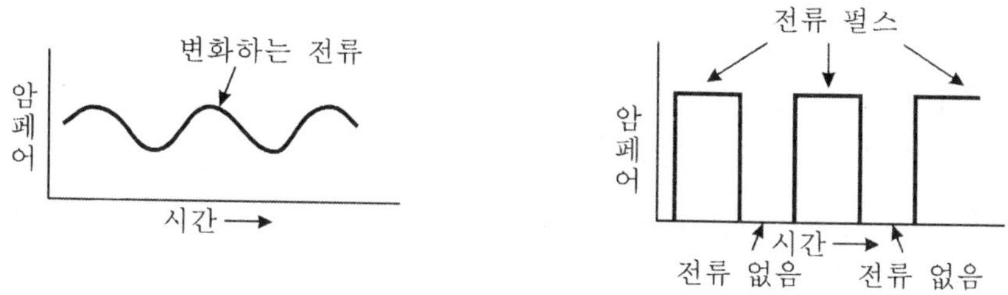

(b) 변화하는 직류

(c) 펄스형 직류

그림 1-5 직류

(7) 교 류(AC)

교류(alternating current)는 시간에 따라 극성이 바뀌거나 변화하는 전압원에 의해서 제공된다. 이것은 회로내 전류가 그림 1-6과 같이 처음에 한 방향으로 흐르다가 다음에는 다른 방향으로 흐르도록 만든다. 가장 일반적인 교류 전압원은 교류 전류 발생기(alternator)이다.

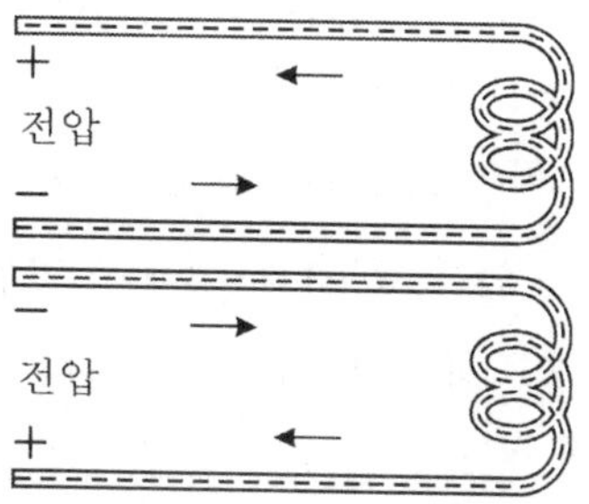

그림 1-6 AC 회로 내에서의 전압의 극성은 규칙적으로 교번되거나 변화한다.

(8) 정현파(sinusoidal) 교류

방향을 바꾸어 주는 것에 부가해서, 많은 종류의 교류 전류는 시간에 따라 값이 변화한다. 예를 들면 시간에 따른 전류의 변화가 정현파(sinusoidal)의 형태를 따를 수 있다. 이것을 정현파 교류 전류라고 한다. 우리나라에서는 대부분의 전기설비가 사용자에게 사인파 교류 전류와 전압을 제공하고 있다.

① 정현파

정현파라고 불리는 그림 1-7과 같은 그래프는 어떤 주기 시간 동안에 회로의 주어진 점을 통과한 전류의 값과 방향을 보여주고 있다. 하나의 완전한 파형은 교류 전류의 한 사이클(cycle)이 된다. 한 사이클을 완성하는데 필요한 시간이 정현파의 주기이다.

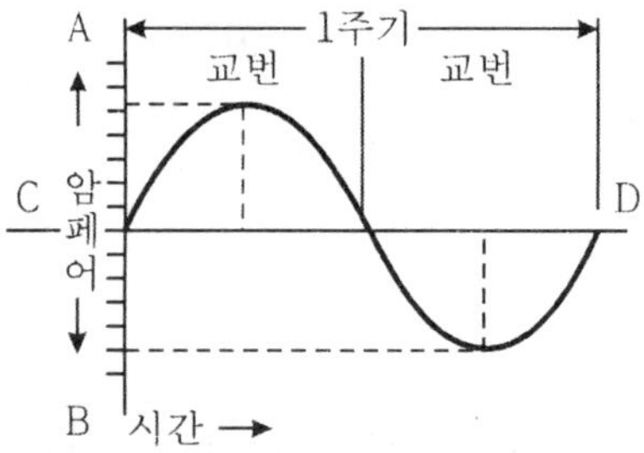

그림 1-7 정현파형의 전류의 값의 변화를 시간에 따른 변화

그림 1-7에서 수직선 AB의 점들은 전류값들을 나타내고, 기준선 CD는 시간축을 나타낸다. 굵게 그려진 정현파의 곡선은 한 사이클 동안 전류가 어떻게 변화하는지 보여준다. 기준선 위의 정현파 부분은 한 방향으로의 전류 이동을 나타낸다. 기준선 아래의 사인파 부분은 또 다른 방향으로의 전류 이동을 나타낸다. 정현파 사이클의 1/2, 한번 교번되는 동안에, (+) 극성에서 한쪽 방향으로 이동하는 전류의 변화가 0에서 최대값으로 증가하고 나서 0으로 되돌아간다.

그 시점에서 전류는 반대 방향으로 (−) 극성에서 다시 증가하기 시작하여 최대값까지 증가한 후에 다시 0으로 감소한다. 이것이 완전한 하나의 주기이다.

② 비정현파 교류 전류

교류 전압과 교류 전류는 파형이 그림 1-8과 같이 정현파와 같지 않을 수도 있다. 이것을 비정현파라 한다. 텔레비전 장치, 라디오, 그리고 다른 장치들은 이런 전압 파형을 갖는 회로로 구성되어 있다.

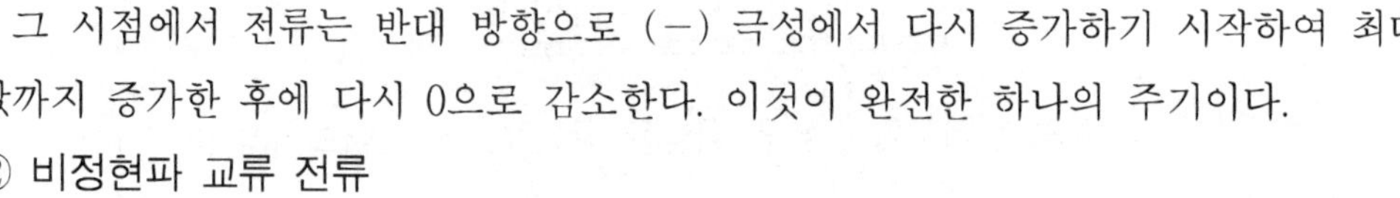

(a) 구형 파형 (b) 톱니 파형 (c) 뾰족한 끝을 가진 파형

그림 1-8 비정현파의 교류 파형

(9) 직류 또는 교류의 활용

전기 에너지는 대개 교류 전류 형태로 공급된다. 따라서 대부분의 전기 전자 제품은 교류로 동작하도록 설계되어 있다. 그러나 많은 생산품들이 교류나 직류로 동작할 것이다. 예를 들어, 오븐과 다리미와 같은 열적 소자를 갖고 있는 거의 모든 기기와 일반 램프들에 있어서 이것은 사실이다. 그러나 이런 기구들에도 올바른 전압이 인가되어야만 한다.

직류 전류는 트랜지스터나 직접 회로와 같은 전자 장치들을 작동시키는 데 필요하다. 배터리로 동작되지 않는 라디오는 직류가 공급되어야만 한다. 라디오 안의 특별한 회로가 급전 교류 전류를 직류 전류로 바꾼다. 이런 특별한 회로를 정류회로라고 부른다. 직류 전류는 또한 배터리 충전과 금속의 전기 도금과 같은 많은 전기 화학 공정에도 사용된다.

0에서부터 어떤 최대 전압에 이르기까지 직류 전압 출력을 공급하도록 설계된 전원 공급기는 실험이나 회로 검사와 같은 전압의 가변 조작이 필요한 곳에서는 어디에서나 사용된다.

교류 전류는 컨베이어, 호이스트와 같이 제조 공장에서 사용하는 유도전동기를 동작하는데 사용된다. 유니버설 전동기라 불리는 기타 전동기들은 교류나 직류 전류 중의 하나를 이용해서 동작 시킬 수 있다. 변압기는 시시각각으로 변화하는 교류 전류 또는 변화되거나 맥동하는 직류 전류 등에 의해 동작한다.

(10) 전자 흐름

도선을 따라서 흐르는 전자의 기본적인 방법을 그림 1-9에 나타내었다. 그림 1-9에서 전지의 양(+) 단자가 원자 3으로부터 원자가 전자를 끌어당길 때 전자의 흐름이 이루어지기 시작한다. 원자 3은 음전하 부분을 잃어버리고 양전하로 대전된다. 그러므로 원자 2로부터 전자를 끌어당긴다. 차례로 원자 2는 원자 1을 끌어당긴다. 원자 1은 전자를 잃어버렸기 때문에, 전자는 전지의 음(−) 단자를 떠나서 전자 1로 끌어당겨진다.

회로에서는 이런 동작이 도체 내부의 수많은 원자들 속에서 계속적으로 일어난다. 이것이 도체를 통한 자유 전자의 안정한 흐름을 생성한다. 이런 전자 흐름의 방향은 항상 전원의 음(−) 단자에서 양(+) 단자로 이동한다.

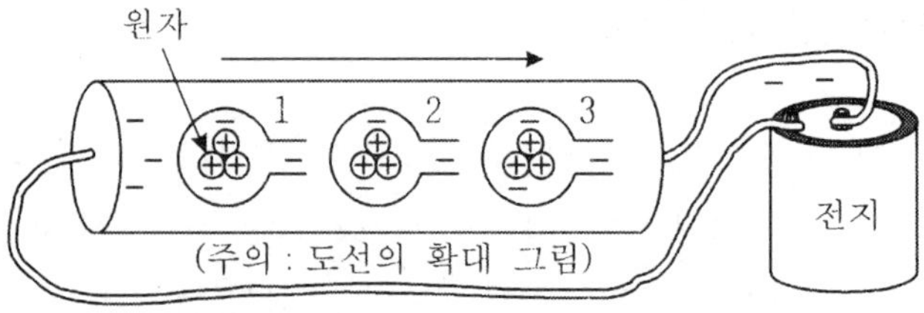

그림 1-9 도체에서 전압은 전자가 원자로부터 이탈하도록 도와준다. 그리고 이들 이탈된 자유 전자는 도체를 통해서 이동한다.

6. 전기회로의 구성

(1) 회로 부품

전기 회로(electric circuit)는 전자가 움직일 수 있는 완벽한 경로를 이루고 있는 연결된 부품들의 조합이다. 회로의 목적은 이동하는 전자의 에너지를 이용하는 것이다. 그러므로 회로는 전기 에너지가 다른 형태의 에너지(열, 빛, 또는 자기)로 변화될 수 있는 시스템의 부품이거나 구성 요소가 된다. 기본적인 전기 회로는 그림 1-10과 같이 4가지의 부품. 즉 ① 에너지원, ② 전도체, ③ 부하, ④ 제어 장치로 구성된다.

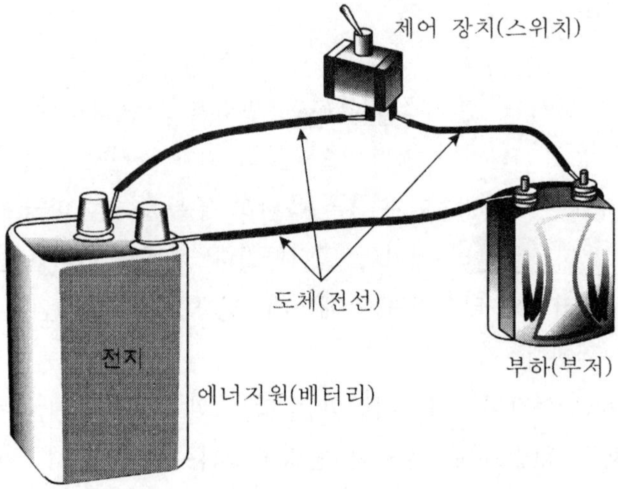

그림 1-10 기본적인 전기 회로

(2) 에너지원

회로 내의 에너지원은 전자가 이동할 수 있게 하는 힘을 생산한다. 그것은 물이 파이프를 통해서 흐를 수 있도록 하는 펌프와 같다. 전기에서는 이 힘을 전압(voltage) 또는 기전력(electromotive force)이라 부른다. 전기 회로에서 사용되는 가장 일반적인 에너지원은 화학 전지나 전기 기계 발전기이다. 이 장치들은 회로 부품을 통해서 전자들이 이동하는데 필요한 일을 수행한다.

전자들은 음(−)전하로 대전되어 있기 때문에, 그들은 양(+)전하에 의해 끌어당겨지고 음(−)전하에 의해서는 떠 밀려지게 된다. 만약 두 개의 대전된 물체가 전선과 같은 도체로 연결되어 있다면, 전자는 음(−)전하를 띠는 물체에서 양(+)전하의 물체로 흐를 것이다. 이런 전자의 흐름을 전류(current)라고 한다.

전선에 전류를 연속적으로 흐르게 하기 위해서는 그림 1-11에서 나타내는 바와 같이 에너지가 반드시 지속적으로 공급되어야만 한다.

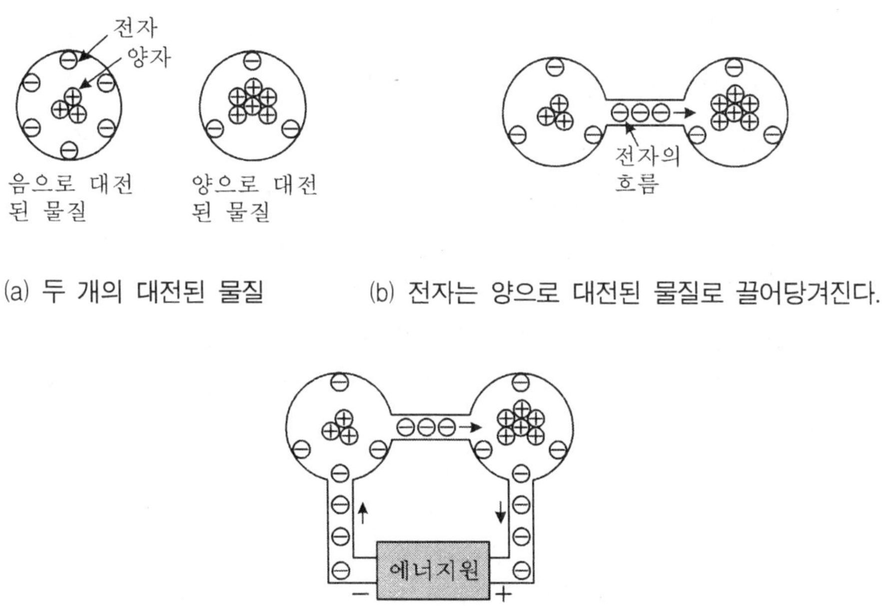

(a) 두 개의 대전된 물질 (b) 전자는 양으로 대전된 물질로 끌어당겨진다.

(c) 전원은 전자의 연속적인 공급을 제공한다.

그림 1-11

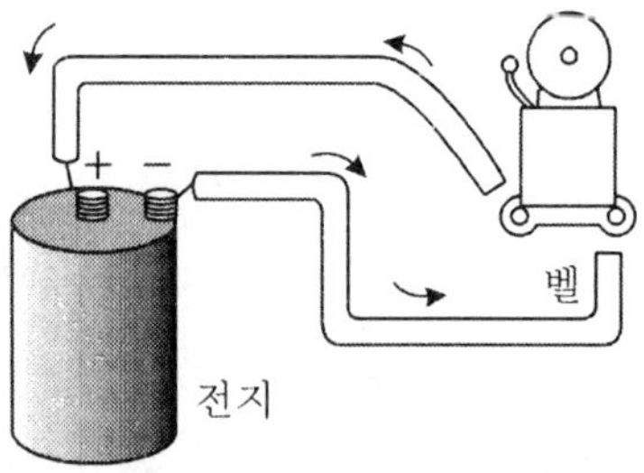

그림 1-12 전자들은 소모되지 않으므로 회로를 통해서 이동한다.

전자들은 회로를 통해서 이동할 때 소모되지는 않는다. 그러므로 그림 1-12와 같이 에너지원의 (+)단자로 되돌아오는 전자의 수는 에너지원의 (−)단자를 떠나는 전자의 수와 같다.

(3) 도 체

회로내 도체(conductor)들은 전자들이 회로를 통해 이동할 수 있는 쉬운 경로를 제공한다. 구리가 가장 일반적인 도전 재료이다. 그것은 전선이나 바(bar) 또는 채널의 모양으로 사용된다. 구리선은 나선이거나 여러 종류의 절연 물질로 피복되기도 한다. 절연체는 도체가 서로 접촉하거나 다른 도체와 접촉하는 것을 방지하는데 사용된다. 따라서 절연체는 그림 1-13과 같이 단락을 막아 준다.

어떤 회로에서는 구리 도체 이외의 금속 물체가 도전 경로로 많이 쓰인다. 예를 들어 자동차에서는 차체 전체가 도체 역할을 한다. 그것은 다양한 전기 전자 장치들에 전압원(자동차 전지)을 연결하여 많은 회로들을 완성시켜 준다. 전기 소자들을 유지해주고 있는 금속 새시나 프레임도 전기 회로를 구성해 주는 공통 도체로 이용된다.

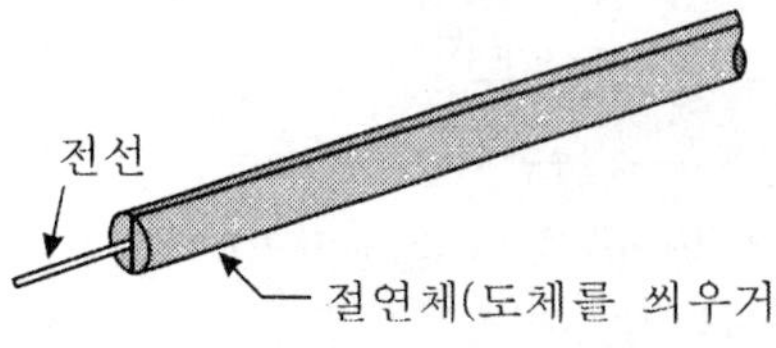

그림 1-13 절연선. 몇몇 기본적인 절연체는 네오프렌, 고무, 나일론, 폴리에틸렌, 테플론, 비닐, 종이, 에나멜이다.

(4) 부 하

부하(load)는 움직이는 전자들의 에너지를 다른 유용한 에너지의 형태로 변환시키는 회로 부품이다. 백열 전구는 매우 일반적인 회로 부하이다. 전자들이 램프의 필라멘트를 통하여 움직이기 때문에, 이런 전자들의 에너지는 열에너지와 빛에너지로 변화된다.

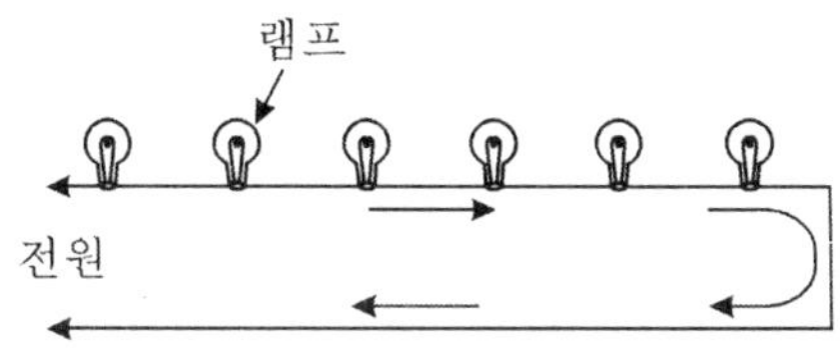

(a) 직렬 회로

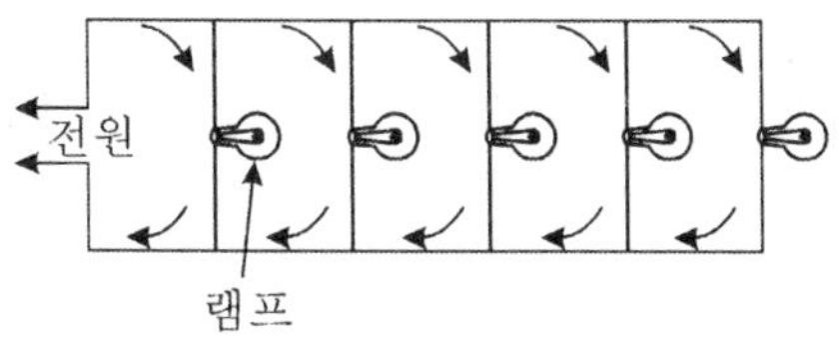

(b) 병렬 회로

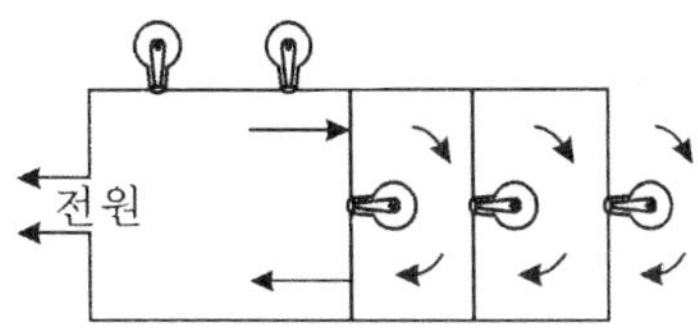

(c) 직·병렬 회로

그림 1-14 회로 연결

부하들은 직렬, 병렬과 직·병렬의 조합으로 회로에 연결되어질 수 있다. 직렬 회로(series circuit)는 그림 1-14 (a)와 같이 에너지원의 한 단자에서 다른 단자로 전자가 이동할 수 있는 오직 하나의 경로(폐로)를 제공한다. 병렬 회로(parallel circuit)에서는 그림 1-14 (b)와 같이 전자들이 흐를 수 있는 두 개 이상의 서로 다른 경로(폐로)들이 있다. 직렬과 병렬이 혼합된 직·병렬 회로는 그림 1-14 (c)에 나타내었다.

직렬 회로와 병렬 회로가 몇 가지의 경로(폐로)를 갖는 하나의 회로를 구성하기 위해서 결합되고, 전자들이 하나의 부하 이상을 통해서 흐르도록 결합되어 있음에 유의해야 한다.

(5) 제어 장치

그림 1-15와 같은 기계적인 벽(wall) 스위치는 간단한 회로 제어 장치의 일례이다. 이 스위치는 회로를 열고 닫는 역할을 한다. 스위치가 온(on) 상태에 있으면 전자가 회로를 통하여 움직일 수 있도록 도체로서 동작한다. 이때 회로는 닫혀 있다라고 말한다. 이 상태에서 회로는 폐회로가 된다. 스위치가 오프(off) 상태이면, 회로의 경로는 끊어진다. 즉, 전자들이 더 이상 회로를 통하여 움직일 수 없다. 이때 그 회로는 열려 있다라고 말한다. 즉, 다시 말하면 그것은 개회로가 된다.

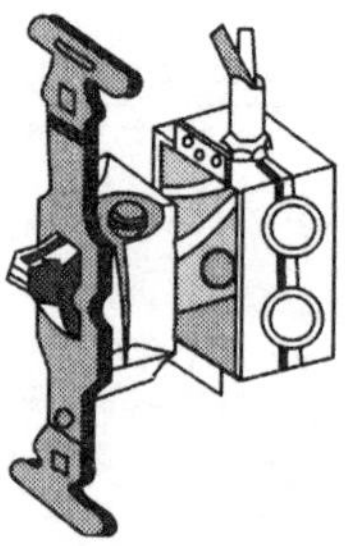

그림 1-15 온-오프 스위치는 제어 장치의 한 예이다.

이와 같이 잘 알려진 온-오프 스위치들과 마찬가지로 다른 소자들도 회로내 전자들의 흐름을 제어하거나 스위칭 동작을 공급할 수 있다. 이러한 것들로는 전자 계전기, 다이오드, 트랜지스터, 그리고 논리 회로 등이 있다. 이들 스위칭 소자들은 많은 곳에 이용된다. 예를 들어 용광로, 오븐, 그리고 공기 조화 장치들이 온도를 자동적으로 관리하기 위하여 이런 스위치들을 사용한다.

7. 실험순서 및 실험방법

① 주어진 배수에 가장 가까운 단위로 환산하여 다음 표를 완성하시오.

양	단 위	배 수	값
전 류	[A]	10^{-2}	10[mA]
		10^{-4}	
		10^{-8}	
전 압	[V]	10^{4}	
		10^{-4}	
		10^{6}	
저 항	[Ω]	10^{7}	
		10^{5}	
		10^{-2}	
커패시턴스	[F]	10^{-5}	
		10^{-9}	
		10^{-11}	
인덕턴스	[H]	10^{-2}	
		10^{-7}	
		10^{-9}	
전 력	[W]	10^{6}	
		10^{5}	
		10^{8}	

② 주어진 양을 지정된 환산 단위값으로 고치시오.

양	변환값	환산단위	양	변환값	환산단위
40[mV]		[V]	100[kΩ]		[Ω]
4000[kV]		[MV]	10[MΩ]		[Ω]
10[MV]		[kV]	100[pF]		[μF]
100[mA]		[A]	10[nF]		[μF]
10[kA]		[A]	100[μF]		[pF]
600[kW]		[MW]	35[mH]		[H]
100[MW]		[W]	0.005[H]		[mH]
1500[Hz]		[kHz]	0.00005[F]		[μF]
100[kHz]		[Hz]	0.00000005[F]		[μF]
10000[Ω]		[MΩ]	10,000,000[W]		[MW]

실험 2 멀티메터 사용법 및 저항 측정

1. 실험 목적

저항, 전류, 전압의 측정에 많이 사용되는 멀티테스터의 사용법과 멀티테스터에 의한 저항 측정 방법과 색저항의 표시 방법, 직류·교류 전압, 전류 측정 방법을 통해 이해하고 이를 응용할 수 있도록 한다.

2. 실험·실습에 따른 예비지식

(1) 멀티메터 사용법

데시벨(dB) 멀티메터는 전기, 전자, 통신공학에서 저항, AC전압·전류, DC전압·전류, 커패시턴스 등을 측정할 수 있는 계기로서 VOM(Volt-Ohm-Milliammeter) 또는 테스터(tester)라 한다.

멀티메터는 전압, 전류 및 저항 등을 하나의 기기로 측정할 수 있게 만든 것 중에서 가장 간단하며 공학도들에게 이 기기의 사용법을 익히는 것은 필수적이라고 할 수 있다.

그림 2-1은 흔히 사용되는 아날로그형 멀티메터의 외형이며, 그림 2-2는 디지털형 멀티메터를 나타낸 것이다. 멀티메터의 내부는 각 범위(range)의 직류전압, 교류전압 및 직류전류를 측정하기 위하여 배율기, 분류기 및 정류기 등이 접속되어 있으며, 저항을 측정하기 위하여 내부에 건전지, 각종 저항 및 가변저항기 등으로 구성되어 있다.

계기의 눈금판(scale plate)에는 그림 2-3과 같이 전압, 전류 및 저항에 대한 여러 가지 눈금이 그려져 있으며, 이 눈금의 선택은 그림 2-1에 나타낸 것과 같이 회전 전환 스위치(rotary selector switch)를 돌려 선택한다.

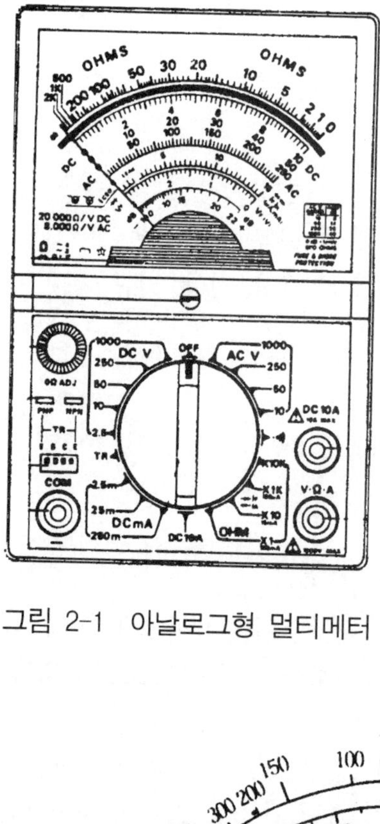

그림 2-1 아날로그형 멀티메터

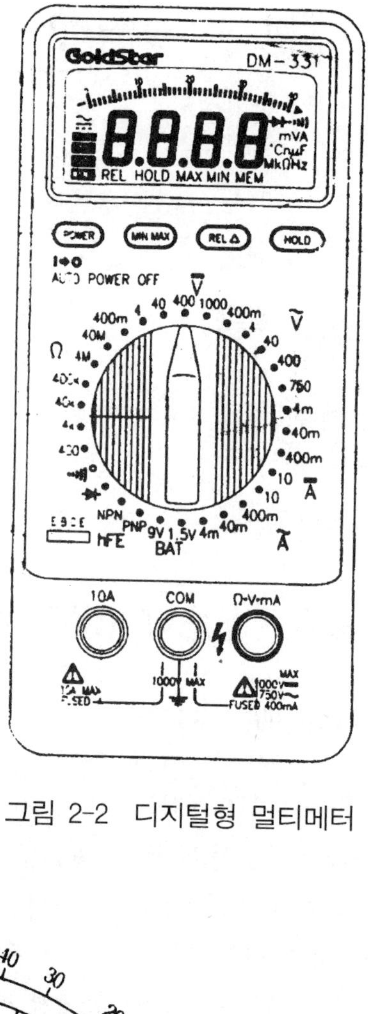

그림 2-2 디지털형 멀티메터

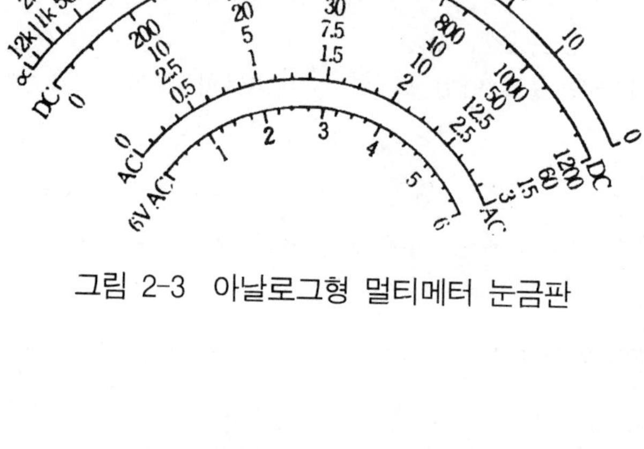

그림 2-3 아날로그형 멀티메터 눈금판

멀티메터를 사용하기에 앞서 사용상 주의사항은 다음과 같다.

① 고압 측정시 계측기 사용 안전 규칙을 준수한다.
② 측정하기 전에 계측기의 지침은 "0"점에 있는지 확인한다.
③ 측정하기 전에 레인지 선택 스위치와 시험봉이 적정 위치에 있는지 확인한다.
④ 측정 위치를 모르면 제일 높은 레인지에서부터 선택하여 측정한다.
⑤ 측정이 끝나면 피측정체의 전원을 끄고 반드시 레인지 선택 스위치를 OFF에 둔다.

[1] 직류 전압 측정

① 흑색 시험선을 -COM, 적색 시험선을 V.Ω.A에 삽입한다.
② 피측정 개소에 시험봉의 탐침을 접촉, 연결한다.
③ 피측정체에 전원을 넣는다.
④ 이때 지침이 눈금판의 0점 이하로 가면 피측정 개소의 전원을 꺼버린 다음에 시험봉의 탐침을 바꾸어 접촉한다. 눈금판의 흑색 직류 전용 눈금선에서 지시치를 읽는다.
⑤ 10, 50, 250의 레인지 선택에서는 눈금판의 해당 눈금을 직접 읽고 2.5는 250눈금선에 100으로 나누고 1000에서는 10눈금에서 100을 곱한다.

[2] 교류 전압 측정

① 측정 순서는 직류와 동일하다.
② 지시치를 판독할 때는 AC 전용 눈금에서 지시판을 읽는다.
③ 피측정 개소에 시험봉의 탐침을 접촉, 연결한다.
④ 피측정체에 전원 전압을 넣는다.
⑤ 눈금판의 적색 교류 전용 눈금선에서 지시치를 읽는다.

주의 교류 레인지에서 직류분이 유입될 수 있으니 순수 교류분인지를 확인하기 위해서 입력 단자와 시험선 간에 용량기를 삽입시켜 직류분을 배제함으로써 순수 교류분의 유무를 확인할 수 있다.

3 저항 측정

① 레인지 선택 스위치를 저항 측정 레인지에 둔다.
② 흑색 시험선을 -COM 소켓에, 적색 시험선을 V.Ω.A 소켓에 삽입한다.
③ 시험선의 탐침을 상호 접촉시켜 지침이 저항 눈금선의 0에 정확히 오도록 "0" [Ω] 조정기를 조정한다.
④ 피측정 저항체를 시험선에 접촉, 접속시켜 저항치를 읽는다. 이때 선택된 저항 레인지에 표기된 수치만큼 지시치에 곱하면 된다.

참고 조정기를 시계 방향으로 돌려도 "0" 눈금에 오지 않으면 옴미터용 전지 수명이 다된 것이므로 ×1, ×10, ×1K에서는 1.5[V], ×10K에서는 9[V] 건전지를 교체해야 한다.

4 직류 전류 측정

① 흑색 시험선을 -COM에, 적색 시험선은 V.Ω.A에 연결한다.
② 레인지 선택 스위치를 전류 레인지에 둔다.
③ 피측정 개소의 전원을 차단시키고 측정기와 직렬로 연결한다.

주의 절대로 시험선을 전원 또는 전압이 있는 피측정체에 연결하지 말고 반드시 직렬 연결하여 사용해야 한다.

5 트랜지스터의 양, 부 판정 및 극성 측정

① 레인지 선택 스위치를 TR에 놓는다.
② 시험할 트랜지스터를 TR SOCKET의 이미터(E), 베이스(B), 컬렉터(C)에 극성을 맞추어 삽입한다.
③ LED가 작동되기 시작하면 다음과 같이 판독한다. 적색등이 켜지면 양품의 PNP 트랜지스터이고, 녹색등이 켜지면 양품의 NPN 트랜지스터이고, 적, 녹색등이 점멸되면 측정 트랜지스터가 개방된 불량품이고, 적, 녹색등이 꺼진 상태이면 측정 트랜지스터가 단락된 불량이다.

[6] DIODE 및 LED 측정

① 흑색 시험선을 －COM 소켓에, 적색 시험선을 V.Ω.A 소켓에 삽입한다.

② 레인지 선택 스위치를 옴 레인지의 ×1K(0~150[μA]) 또는 ×10(0~150[mA])에 놓는다.

③ 흑색 시험선의 탐침을 다이오드의 ＋에, 적색 시험선의 탐침을 다이오드의 － 에 접속시켜 다이오드의 순방향 전류(I_F)를 I_F, I_R 눈금판에서 판독한다. 최대 지시치에 가까우면 양품이다.

④ 적색 시험선의 탐침을 다이오드의 ＋에 흑색 시험선의 탐침을 다이오드의 －에 접속시켜 다이오드의 역방향 전류(I_R)을 I_F, I_R 눈금판에서 판독한다. 지침이 왼쪽 0점에 가까우면 양품이다.

⑤ 순방향 전류(I_F) 판독시에 눈금판의 V_F 눈금을 동시에 판독하면 바로 시험 다이오드의 순방향 전압을 알 수 있다.

[7] 트랜지스터의 누설 전류 측정

① 레인지 선택 스위치를, 중소형 트랜지스터일 경우 저항 레인지의 ×10[Ω]에, 대형인 것은 ×1[Ω]에 둔다.

② 시험할 트랜지스터의 NPN인 경우 －COM의 시험선에 컬렉터, V.Ω.A의 시험선에 이미터를 연결한다. PNP일 경우, －COM에 이미터, V.Ω.A에 컬렉터를 연결한다.

③ 눈금판의 I_{ceo} 눈금선에 지침이 오면 실리콘 트랜지스터인 경우 양품이다.

④ 게르마늄 트랜지스터는 소형인 경우 0.1~2[mA], 대형은 1~5[mA]의 누설 전류를 지시한다.

(2) 부품검사법

[1] 색저항 판별법

저항은 여러 가지 형태로 제작 되지만 일반적으로 그 부품 자체에 저항값을 표시하며, 가장 광범위하게 사용되는 저전력용 저항들은 그림 2-4와 같이 표시된 색띠로써 저항값을 나타낸다. 색저항은 일반적으로 4개의 색띠로 구성되며, 4개의 색띠에 대한 저항값은 표 2-1과 같이 표시한다.

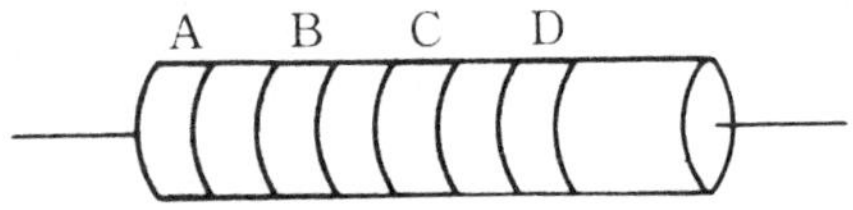

그림 2-4 저항기 색부호

표 2-1 색띠에 의한 저항값

색깔	A 첫째자릿수	B 둘째자릿수	C 배수		D 허용오차 [%]
흑색(Black)	0	0	10^0	1	-
갈색(Brown)	1	1	10^1	10	±1[%]
적색(Red)	2	2	10^2	100	±2[%]
등색(Orange)	3	3	10^3	1,000	±0.05[%]
황색(Yellow)	4	4	10^4	10,000	-
녹색(Green)	5	5	10^5	100,000	±0.5[%]
청색(Blue)	6	6	10^6	1,000,00	±0.25[%]
자색(Violet)	7	7	10^7	10,000,000	±0.1[%]
회색(Gray)	8	8	10^8	100,000,000	±0.05[%]
백색(White)	9	9	-	-	-
금색(Gold)	-	-	10^{-1}	0.1	±5[%]
은색(Silver)	-	-	10^{-2}	0.01	±10[%]
무색(No band)	-	-	-	-	±20[%]

※ 4번째 색띠가 없는 경우(무색)는 ±20[%]인 오차

그림 2-4에서 A의 색띠는 저항의 첫째자릿수, B는 둘째자릿수, C는 배수, D는 오차를 나타낸다.

그림 2-6은 색저항의 구조를 나타내고 있다. 저항에 전류가 흐르면 I^2R의 주울 열이 발생한다. 이 열 때문에 과도한 전류를 흘리면 저항이 타버리게 된다. 그러므로 저항의 크기는 그림 2-7과 같이 허용전력에 따라 크기가 결정되며, 허용전력이 클수록 전류의 흐름과 열소비를 높이기 위해 저항의 크기가 커져야 한다. 일반적

으로 1/4[W], 1/2[W], 1[W], 2[W], 5[W], 10[W]의 허용전력을 가진 저항체가 많이 사용된다.

어느 저항이 12[kΩ]±10[%]의 저항값을 표시하고 있을 경우 이 저항의 실제값을 측정하면 10.8[kΩ]에서 13.2[kΩ] 사이의 값을 나타내게 된다. 이 때 이 저항의 [%] 오차는

$$[\%]\ 오차 = \frac{실제\ 측정값 - 저항값}{저항값} \times 100 \tag{2-1}$$

로 된다.

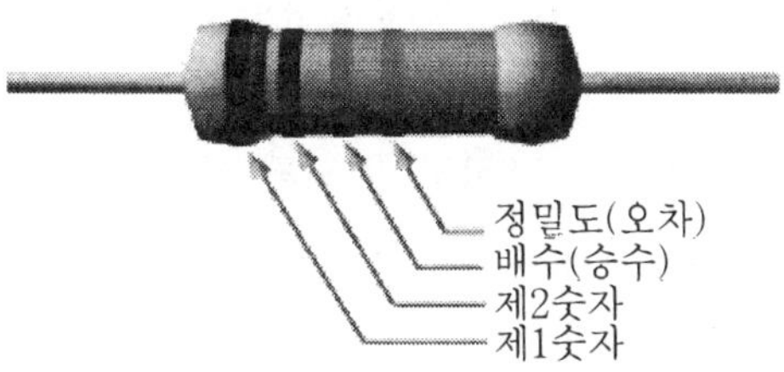

(a) 4색띠에 대한 저항 판독

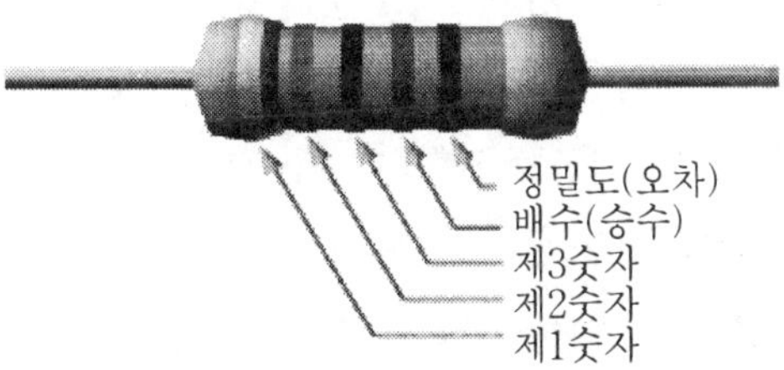

(b) 5색띠에 대한 저항 판독

그림 2-5 색저항 판독

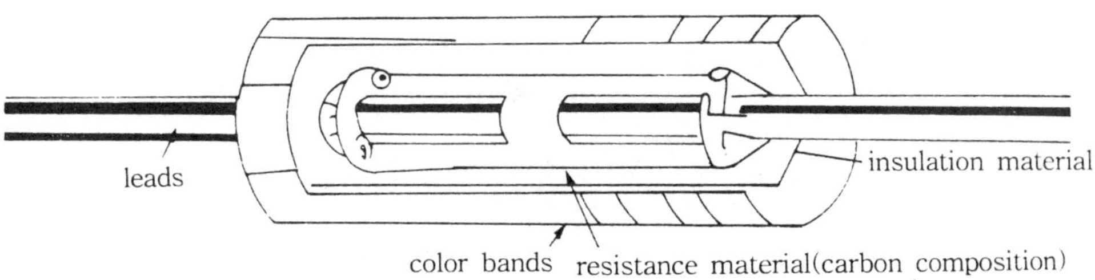

그림 2-6 색저항의 구조

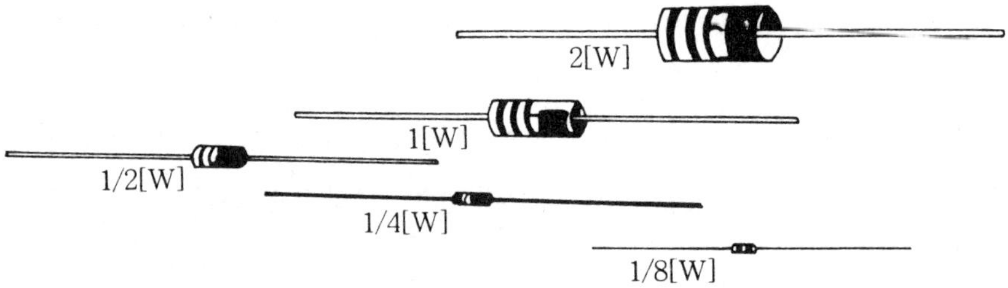

그림 2-7 허용전력에 따른 저항

[2] 가변저항

저항의 종류에는 고정저항 이외에 전기 및 전자회로에서 광범위하게 사용하는 가변저항이 있다. 가변저항은 다이얼이나 손잡이, 나사 같은 볼륨으로 용도에 알맞게 저항값을 조절한다. 이 저항은 두, 세 개의 단자를 가지고 있지만 대부분은 저항값만을 조절하기 위해 사용되는 것을 조절기능 저항기(rheostat)라고 부르며, 전압조절 장치의 기능으로 사용한다면 포텐쇼메터(potentiometer)라고 부른다.

조절기능 저항기(rheostat)는 그림 2-8과 같이 주로 2단자 장치로 점 A와 B가 회로내부에서 연결되어 있다. 또한, 화살표는 측정할 저항값이 점 A와 B 사이의 어떤 범위에 올 수 있도록 조정하는 기계적 기능을 의미한다.

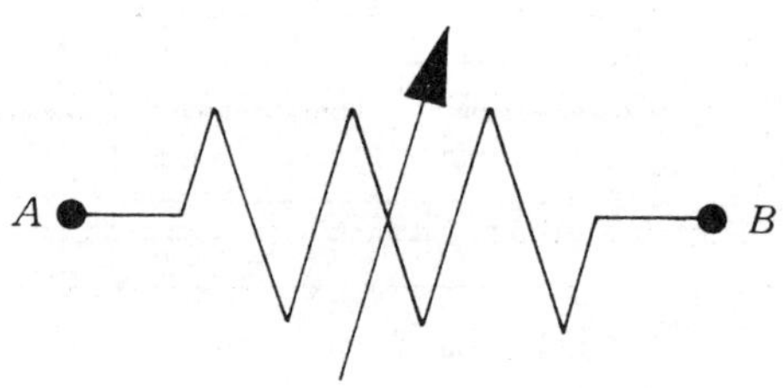

그림 2-8 조절기능 저항기

한편, 포텐쇼메터(potentiometer)는 그림 2-9와 같이 3(A, B, C) 단자로 구성되어 있다. A와 B 사이의 저항은 고정되어 있고, 점 C는 저항값의 크기를 변화시킬 수 있는 회전자(wiper arm)이다. 즉, AB 양단의 저항값은 C단자의 회전자의 위치에 따라 저항값이 변화한다.

예를 들면 $R_{AB}=1[\text{k}\Omega]$, $R_{AC}=300[\Omega]$이면 $R_{CB}=700[\Omega]$이다. 따라서 회전

자(wiper arm)와 다른 양끝 단자간의 저항의 합은 1000[Ω]이다. 즉, 포텐쇼메터(potentiometer)의 정격 최고저항과 같다. 이것을 식으로 표현하면

$$R_{AB} = R_{AC} + R_{CB} \tag{2-2}$$

로 된다.

여기서 R_{AB}는 점 A와 B의 저항값, R_{AC}는 점 A와 C의 저항값, R_{CB}는 점 C와 B의 저항값이다. 만일 중심단자의 양 끝의 한 단자가 회로의 내부에 연결되고 다른 단자는 연결되지 않는다면 포텐쇼메터(potentiometer)는 조절기능 저항기(rheostat)로 사용될 수 있다. 포텐쇼메터(potentiometer)를 조절기능 저항기(rheo-stat)로 바꾸는 또 다른 방법은 회전자(wiper arm)와 터미널의 한 단자 사이를 중계선으로 연결하는 것이다.

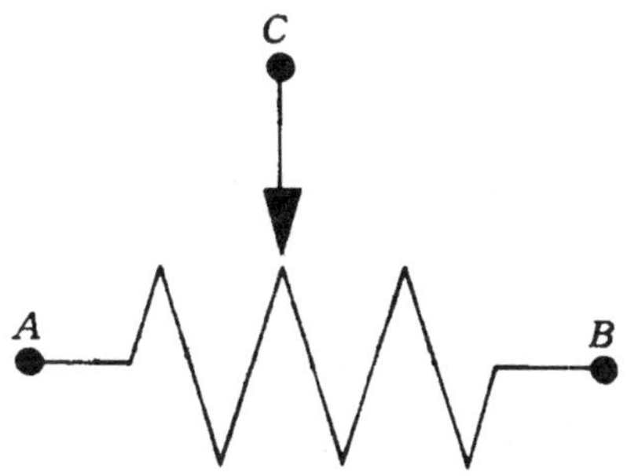

그림 2-9 포텐쇼미터(potentiometer)

예를 들어 A에다 C를 연결한다. 요즈음은 B와 C가 조절기능 저항기(rheostat)의 단자로 취급되고 있다.

가변저항기에는

① 탄소계 혼합체 피막 저항기
② 금속 피막 저항기
③ 금속계 혼합체 피막 저항기
④ 저항선 저항기

등의 종류가 있고, 저항값은 $0.01 \sim 10^{12}$[Ω], 표준용량은 1/8~250[W], 정확도는 0.005~20[%]의 범위에 있다.

3 커패시터의 판별법

(가) 커패시터의 종류

커패시터는 유전체의 종류에 따라서 표 2-2와 같이 공기, 운모, 종이, 자기 커패시터와 전해 커패시터로 분류된다. 전해 커패시터를 제외하고 나머지 종류들은 +와 −의 극성구분이 없으므로 교류, 직류 양용으로 사용할 수 있다.

표 2-2 커패시터의 종류

유전체	구 조	커패시턴스	항복전압
공기(air)	meshed plates	10~400[pF]	400[V](0.02in air gap)
세라믹(ceramic)	tubular disk	0.5~1,600[pF] 0.002~0.1[μF]	500~20,000[V]
전해질(electrolytic)	aluminum tantalum	5~1,000[μF] 0.01~300[μF]	10~450[V] 6~50[V]
운모(mica)	stacked sheets	10~5,000[pF]	5,000~20,000[V]
종이, 플라스틱 필름 (paper, plastic film)	rolled foil	0.001~1[μF]	200~1,600[V]

① 운모 커패시터(mica capacitors) : 엷은 운모를 주석박(tin foil) 사이에 포개서 만든 것으로 그 외형은 그림 2-10과 같이 베이클라이트(bakelite) 케이스로 몰딩 시켜서 제조한다. 특징은 내압, 내열용이고, 용량 변화가 적으며 고주파 특성이 좋다. 용도로는 필터 회로에 사용된다.

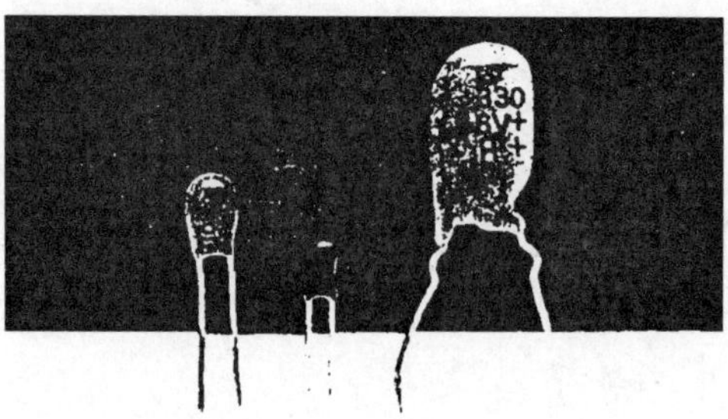

그림 2-10 운모 커패시터

② 종이 커패시터(paper capacitors) : 주석박 도체의 2개 롤이 종이 절연체에 의하

여 분리되어져서 단단한 원형으로 감겨있는 구조로 그 외형은 그림 2-11과 같다. 박(foil) 구조를 갖는 커패시터에는 종이 대신에 플라스틱 필름이 사용되는데 주로 테플론(teflon)과 마일러(mylar) 플라스틱 필름이 사용된다.

(a) 관형 (b) 캡슐형

그림 2-11 종이 커패시터

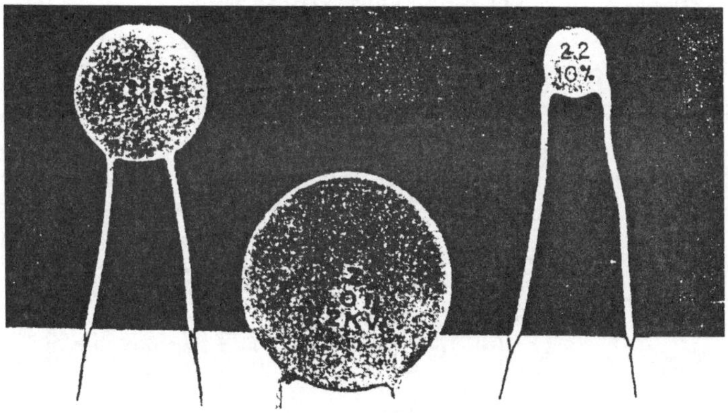

원판

그림 2-12 세라믹 커패시터

③ 세라믹 커패시터(ceramic capacitors) : 세라믹 유전체는 이산화 티타니움(titani-um dioxide) 혹은 여러 종류의 규산염(silicates)을 사용해서 그림 2-12와 같이 원판형으로 제조되며 작은 부피로 큰 용량을 얻을 수 있다.

④ 알루미늄 전해 커패시터 : 그림 2-13과 같은 알루미늄 박형 전해 커패시터는 2개의 알루미늄 전극이 붕사(borax), 인산염(phosphte), 탄산염(carbonate) 등의 전해질 속에 들어있는데 직류전압이 인가되면 전해작용으로 양극과 전해질 사이에 얇은 알루미늄의 산화막이 생성되고 이런 산화막은 절연체이기 때문에 양극과 흡수용 거즈 사이에 커패시턴스가 발생한다. 만약 전해 커패시터가 반대극성

으로 연결되면 역으로 전기분해가 되어 커패시터 내부에 가스가 발생되고 결국은 뜨거워져서 폭발할 수도 있으므로 극성에 주의하여야 한다.

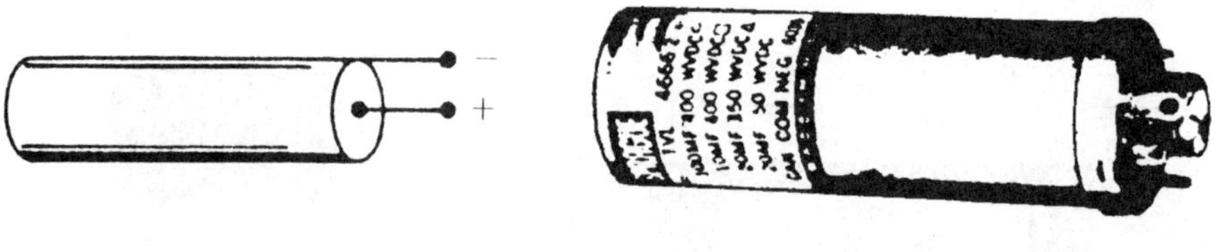

(a) (b)

그림 2-13 알루미늄 전해 커패시터

⑤ 탄탈륨 커패시터(tantalum capacitor) : 탄탈륨 커패시터는 전해 커패시터의 새로운 종류로 알루미늄 대신에 탄탈륨을 사용한 것으로 크기에 비해서 커패시턴스가 크고 수명이 길며 그 외관은 그림 2-14와 같다.

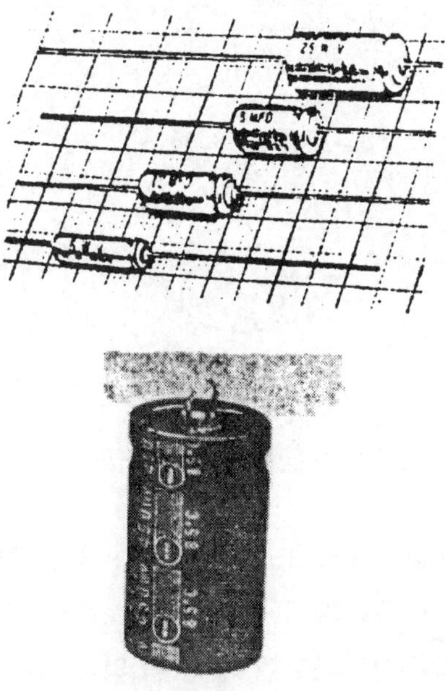

그림 2-14 탄탈륨 전해 커패시터

⑥ 커패시터의 시험법 : 저항계로 커패시터의 상태를 판정할 수 있다. 즉, 가장 높은 저항 측정범위에서 커패시터 양단을 연결하면 저항계의 건전지가 커패시터를 충전시킨다. 이런 충전전류가 많이 흐를수록 낮은 저항을 지시하게 됨으로 계기

의 지침은 ∞에서부터 낮은 저항쪽으로 이동된다. 커패시터의 충전전압이 인가전압에 가깝게 충전될수록 충전전류는 감소하게 되므로 이번에는 계기의 지침이 큰 저항쪽으로 이동하게 된다. 그러므로 양질의 커패시터는 처음엔 지침이 낮은 저항쪽으로 빨리 이동하다가 천천히 무한대 쪽으로 이동한다.

(나) 커패시터의 용량 판별법(기호표시인 경우)

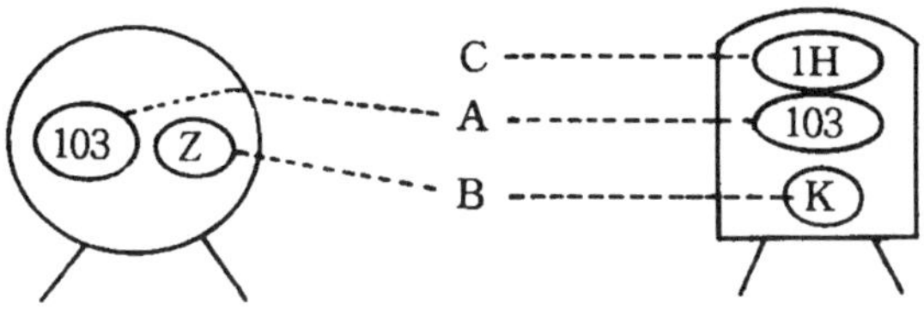

그림 2-15 콘덴서의 용량표시

① A부분 : 정전용량(세자리 숫자로 표시)

앞의 두자리=정수, 세 번째 숫자=배수, 단위 : [pF]

예 $103 = 10\times10^3[pF] = 10\times10^3\times10^{-12} = 10^{-8}[F]$

$= 10[nF] = 0.01[\mu F]$

② B부분 : 허용오차(알파벳 한자로 표시)

정전용량이 10[pF] 이상인 콘덴서 : [%]로 표시

정전용량이 10[pF] 이하인 콘덴서 : [pF]로 표시

표 2-3 허용오차

	B	C	D	F	G	J	K	M	N	V	X	Z	P
허용오차[%]	±0.1	±0.25	±0.5	±1	±2	±5	±10	±20	±30	+20 −10	+40 −20	+80 −20	+100 −0
허용오차[pF]	±0.1	±0.25	±0.5	±1	±2								

예 $103Z = 10^{-9}[F] = 1[nF]$이므로

허용오차 $= 10^{-9}[F]\times(+80[\%])$

$= 10^{-9}[F]\times(-20[\%])$

③ C부분 : 정격전압(숫자와 알파벳의 조합으로 표시)

단위는 [V], 정격전압표시가 없는 경우는 통상 50[V]를 의미함.

표 2-4 정격전압

숫자 \ 알파벳	A	B	C	D	E	F	G	H	J	K
0	1	1.25	1.6	2.0	2.5	3.15	4.0	5.0	6.3	8.0
1	10	12.5	16	20	25	31.5	40	50	63	80
2	100	125	160	200	250	315	400	500	630	800
3	1,000	1,250	1,600	2,000	2,500	3,150	4,000	5,000	6,300	8,000

예 1H=50[V], 2H=500[V]

4 인덕터

인덕터는 코일(coil)이라 하며 철심 또는 부도체에 감겨 있거나 혹은 공심(air coer)을 갖는다. 그 특성은 어떤 면에서는 커패시터와 유사한 점도 있으나 여러면에서 커패시터와 반대이다. 인덕터는 일정량의 인덕턴스를 가지며 그 값은 권선수 및 철심의 성질에 의하여 결정된다. 어떤 철심재료, 예를 들어 강철이나 철과 같은 재료를 사용하면 공심의 경우에 비하여 인덕턴스를 1000배 혹은 그 이상으로 증가시킬 수 있다.

3. 실험 · 실습 사용기기 및 재료

① 직류전원공급장치
② 테스터기
③ 임의의 저항 10개(컬러코드저항)
④ 리이드선
⑤ Bread Board

4. 실험순서 및 실험방법

① 테스터기의 기계적인 영위조정을 하고, (−) 및 (+) 측정단자에 각각 흑색 및 적색 리이드선을 연결한다.

② 2개의 리이드선을 단락시켜서 0[Ω] 조정기로 조정하여 지시바늘이 0[Ω]를 가

리키도록 한다. 이를 실행하지 않으면 저항측정시에 부정확한 값을 지시바늘이 지시하게 된다.

③ 레인지 진환스위치를 $R\times1$의 위치에 놓는다. 이 위치에서는 눈금판의 값이 그대로 저항값이 된다.

④ 레인지 전환스위치는 $R\times10$의 위치로 전환한다. 이 위치에서는 눈금판의 지시바늘의 값에 10배를 한 값이 실제저항값이 된다.

⑤ 레인지 전환스위치를 전환할 때마다 실험순서 ②항의 0[Ω]의 조정과정을 반복하여라.

⑥ 임의의 저항 20개를 각각 색저항판별법에 의한 저항값을 표 2-5에 기록하고 테스터기를 이용하여 측정하여 오차를 계산하여라.

⑦ 그림 2-16의 회로를 결선하여라.

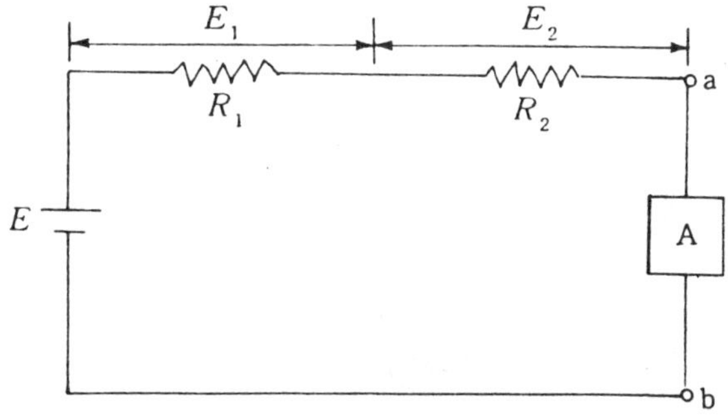

그림 2-16 저항측정회로

⑧ 직류전원 공급장치의 전원을 10[V]로 고정한 후 회로시험기의 전환선택스위치를 DC[V]에 놓고 R_1, R_2 양단의 E_1, E_2 전압을 측정하여라. (R_1, R_2는 임의로 정한다.)

⑨ 회로시험기의 전환선택 스위치를 DC[A]에 놓고(전류계 사용가능), a, b단자에 흐르는 전류를 측정하여라.

⑩ R_1, R_2의 계산된 합성저항과 측정값의 합성저항을 구하여라.

5. 실험결과 및 고찰

① 실험순서 ⑥에서 측정된 결과를 다음 표에 기록하여라.

표 2-5 색저항 측정 결과표

색저항	1	2	3	4	5	6	7	8	9	10
첫번째색										
두번째색										
세번째색										
네번째색										
배수										
허용오차										
판독값										
측정값										
[%]오차										

② 실험순서 ⑧~⑩에서 측정된 값과 계산된 값을 기록하여라.

표 2-6 저항 판독 및 계산 결과표

실험 회수	E_1	E_2	I	판독값		계산값		판독값	계산값	오차
				R_1	R_2	R_1	R_2	R_1+R_2	R_1+R_2	
1										
2										
3										
4										
5										
6										
7										
8										

실험 3 오옴의 법칙

1. 실험 목적

전기회로의 저항과 전압 그리고 전류값의 상호관계를 알아보고자 한다. 저항 R과 전류 I 그리고 전압 E는 각각 전기회로에서 무엇을 뜻하고 있는지를 실험으로 확인해 보고자 한다.

2. 실험 · 실습에 따른 예비지식

(1) 전 압

두 점간 전하의 전위차를 말하는 것으로 전기압을 뜻하며, 일반적으로 파이프 내의 흐르는 물의 수압에 비교 설명될 수 있다. 기호로는 "E"로 표시되며 전압(Voltage)의 단위는 V[Volt]로 나타낸다. 1[V]는 1[C]의 전하가 두 점간을 이동할 때 얻거나 잃는 에너지가 1[J]이 되는 두 점간의 전위차이다.

전류를 흐르게 하는 압력이 전압이다.

전압을 만들어 주는 원천을 **전압원**(source)이라 하며 전압의 크기가 시간에 따라 변하지 않는 전압원을 **직류 전압원**이라 한다. 전압을 측정하는 계기를 **전압계** 또는 **볼트미터**(Voltmeter)라고 한다.

(2) 전 류

전하의 이동을 **전류**라 하며 정전하가 이동하는 방향을 전류의 +의 방향으로 정한다. 그리고 단위시간(sec)내에 흐르는 전류를 표시할 때 기호로는 "I"로 표시하고 전류(Current)의 단위는 A[Ampere]로 나타낸다. 1[A]는 1초 동안에 1[C]의 시간 변화율로 이동하는 전하이다.

전자의 전하량은 1.6×10^{-19}[C]이므로 1초당 약 6.24×10^{18}개의 전자가 흐른다면 1[A]의 전류에 해당한다. 전류를 측정하는 계기를 **전류계** 또는 **암메터**(Am-meter)라고 한다.

(3) 저 항

파이프에 물이 흐를 때, 일정한 수압을 가할 경우 파이프가 짧으면서 굵거나, 파이프의 안쪽면이 매끄러우면 물은 쉽게 흐른다. 그러나 파이프가 가늘고 길거나, 안쪽면이 거칠면 물이 잘 흐리지 못한다. 이것은 파이프의 상태에 따라 물의 흐름을 방해하는 힘이 다르기 때문이다. 이러한 물의 흐름을 방해하는 힘을 파이프의 저항이라고 한다. 이와 마찬가지로 도체나, 전선에도 전류의 흐름을 방해하는 성질이 있다. 전류가 도체내를 통과할 때 전류의 흐름을 방해하는 작용을 하는 것을 **저항** 또는 **전기저항**이라 한다. 기호로는 "R"로 표시 되며 저항(Resistance)의 단위는 Ω[Ohm]으로 나타낸다.

(4) 오옴의 법칙

균일한 단면적을 갖는 금속도체는 금속의 종류, 길이, 단면적 및 온도 등의 요인에 의하여 금속의 저항이 결정되며, 일반적으로 도체의 저항은 길이에 비례하고 단면적에 반비례하는 특성을 갖는다. 즉, 1[V]의 전압에서 1[A]의 전류가 흐른다면 이 전기회로의 저항은 1[Ω]인 것이다. 위의 E, I, R의 상호관계는 다음과 같다.

$$E = RI\,[\mathrm{V}]$$

$$I = \frac{E}{R}\,[\mathrm{A}]$$

$$R = \frac{E}{I}\,[\Omega]$$

이상과 같은 관계를 **오옴의 법칙**이라고 하며, 이는 DC(직류)회로에서 뿐만 아니라 AC(교류)회로에서도 다같이 적용된다. 그림 3-1은 전원으로부터 저항 R양단에 걸리는 전압(E), 그리고 R에 흐르는 전류(I) 회로를 기본적으로 나타내는 회로이다.

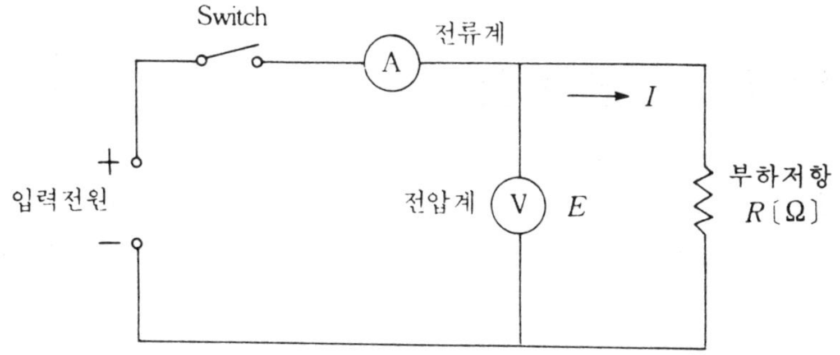

그림 3-1 오옴의 법칙 회로도

(5) 전 력

전류가 단위시간에 해내는 일의 양을 말하며 기호로는 " P"로 표시되고 그 전력(Power)의 단위는 W[Watt]로 나타낸다. 이는 만약 일정한 저항을 갖는 같은 부하일 경우에는 그 부하 양단의 전위차(즉 전압)의 자승에 비례한다.

1[W]는 1초 동안에 1[V]로 1[A]의 전류가 흐를 때의 전력이 된다.

$$P = RI^2 = \frac{E^2}{R} \text{[W]}$$

또는 $P = EI$ [W]

참고 일반적으로 위의 식은 DC나 AC에서 다같이 적용되고 있지만 특히 교류회로에서는 실효값 또는 평균전력값, 그리고 유효전력 $P = VI\cos\varphi$[W]와 무효전력 $P_r = VI\sin\varphi$[Var] 등으로 나타내고 있다.

3. 실험 · 실습 사용기기 및 재료

① D · C Power Supply : 1대

② 멀티메터 : 1대

③ 저항(200~1000[Ω]) : 5개

④ 리드선 : 다수

⑤ Bread Board : 1개

4. 실험순서 및 실험방법

① 그림과 같이 결선하여라.

② 전원 공급기의 출력 전압을 10[V]로 하여 그 출력을 +, − 입력단자에 연결시킨다.

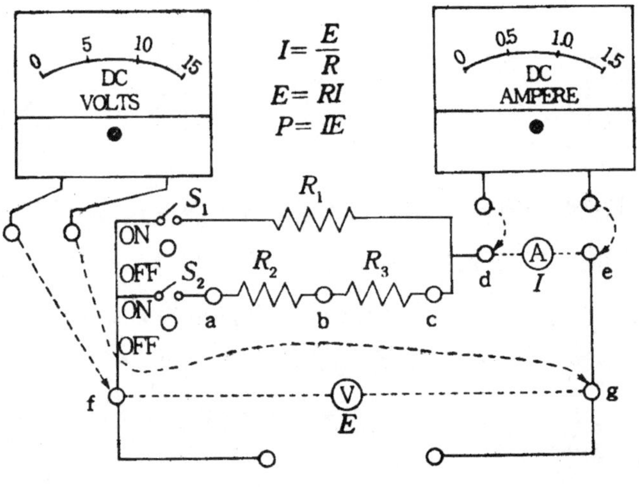

그림 3-2

③ 전류계를 그림 3-2에서와 같이 Ⓐ 표시 양단에 연결시키고 전압계를 Ⓥ표시 양단에 연결시킨다. 그리고 전압계가 10[V]를 지시하는지 확인하여라.

④ 먼저 스위치 S_1을 ON시킨다.(이는 전류회로에 10[Ω]의 저항이 있게 하기 위해서이다.)

전류계는 얼마를 지시하는가?

오옴의 법칙에 따라 E, I, R의 상호관계를 확인하여라.

⑤ 이번에는 S_1을 OFF시키고 S_2를 ON하여라. 그리고 전류계의 지시가 오옴의 법칙에 따라 맞게 지시하는지 확인하여라.

$I=10[V]/20[\Omega]=0.5[A]$이어야 한다.

⑥ 다시 S_1만을 ON시킨 상태에서 DC공급기의 출력전압을 2[V], 3[V], 5[V] 등으로 바꾸어 가며 그때 그때의 전류계의 지시값이 오옴의 법칙대로 지시하는지 확인하여 보아라.

⑦ 전류계 지시가 1[A]를 지시하도록 입력 전압을 조정한 후 디지털 멀티테스터를 사용하여 전류계 Ⓐ양단의 전압을 측정하여 보아라. 그리고 이때 나타나는 전압은 무엇을 뜻하는가 즉, 좋은 일인가 나쁜 일인가?

⑧ 10[Ω] 또는 20[Ω]의 저항 양단에 10[V]의 전압을 가했을 때 부하 저항에서 소모되는 전력을 계산하여 보아라. 그리고 부하저항에 의한 전류를 측정하여 이 값에 의한 전력을 계산하여라.

즉, $P=E^2/R=I^2R$, 그리고 $E \cdot I$ 식에 대하여 각각 증명되는지 확인한다.

주의 입력 전압이 있고 그 회로의 저항에 따라 전류가 흐르게 되는 경우 회로의 저항은 입력 전압에 대하여 부하(Load)의 역할을 하게 된다. 따라서 우리가 실험한 회로에서 저항은 입력 전압에 대하여 부하저항(Load Resistor)이라고 말할 수 있다.

5. 실험결과 및 고찰

① 실험순서 ③~⑧에 측정된 값과 계산된 값을 기록하여라.

실험 회수	측정값				측정값 [mA]	소모전력 (P) [W]		비고
	전압 E [V]	R_1	R_2	R_3	I	$P=EI$	$P=E^2/R$	
1	5							
	6							
	9							
	12							
	15							
2	5							
	6							
	9							
	12							
	15							
3 (R_2, R_3 직렬 연결)	5							
	6							
	9							
	12							
	15							
4 (R_2, R_3 직렬 연결)	5							
	6							
	9							
	12							
	15							

실험 4 저항의 직렬과 병렬 접속 회로

1. 실험 목적

① 저항의 직렬 접속 회로에서 합성 저항과 단자 전압과의 관계를 이해한다.
② 저항의 병렬 접속 회로에서 합성 저항과 각 분기 회로에 흐르는 전류와의 관계를 이해한다.

2. 실험 · 실습에 따른 예비지식

(1) 저항의 직렬 접속

그림 4-1과 같이 저항 R_1, R_2, R_3를 직렬로 연결하고 그 양단 a, b에 전압 E를 가하면, 회로에 흐르는 전류 I는 각 저항에 흐르는 전류와 서로 같고 일정하다.

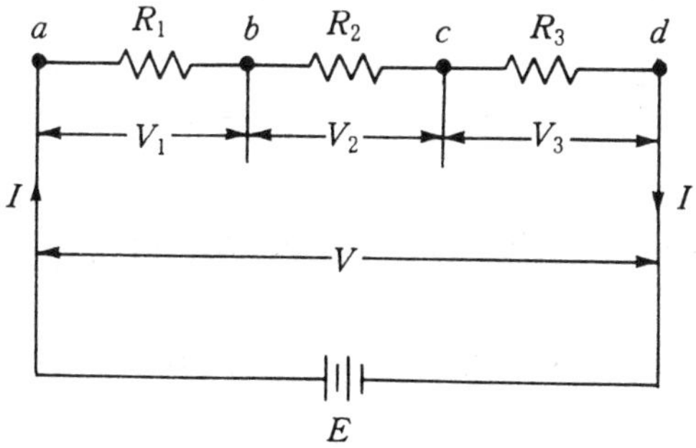

그림 4-1 저항의 직렬 접속

이 때 각 저항에 걸리는 전압 강하를 V_1, V_2, V_3라 하면 각 전압은 저항에 비례하므로 오옴의 법칙에 의해

$$V_1 = IR_1,\ V_2 = IR_2,\ V_3 = IR_3$$

이 된다. 또 각 저항에서의 전압의 합은 전체 전압 V와 같으므로

$$V = V_1 + V_2 + V_3 = I(R_1 + R_2 + R_3)$$

가 되고, 오옴의 법칙 $V = IR$에 의해 전체 합성 저항 R은 다음과 같다.

$$R = \frac{V}{I} = (R_1 + R_2 + R_3)$$

즉, 저항이 직렬로 접속된 회로에서 합성 저항은 각 저항의 합과 같다.

(2) 저항의 병렬 접속

그림 4-2와 같이 저항 R_1, R_2, R_3를 병렬로 연결하고 그 양단 a, b에 전압 E를 가하면, 각 저항에 걸리는 전압은 V이고 일정하다.

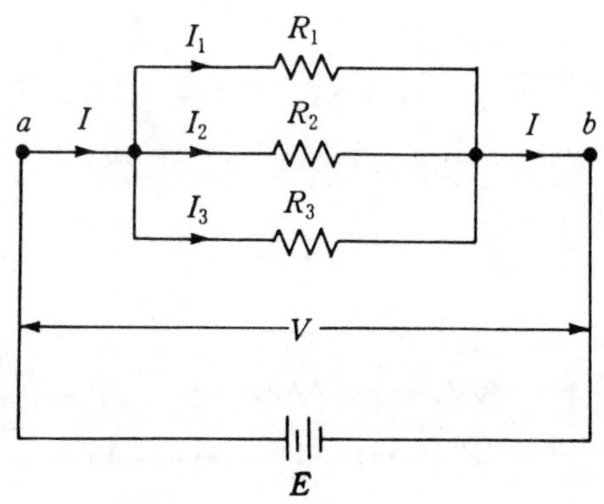

그림 4-2 저항의 병렬 접속

각 분기 회로에 흐르는 전류 I_1, I_2, I_3는 각 저항에 반비례하므로 오옴의 법칙에 의해

$$I_1 = \frac{V}{R_1},\ I_2 = \frac{V}{R_2},\ I_3 = \frac{V}{R_3}$$

가 된다. 또 합성 전류 I는 각 저항에 분류되어 흐르는 전류의 합과 같으므로

$$I = I_1 + I_2 + I_3 = V\left(\frac{1}{R_1} + \frac{1}{R_2} + \frac{1}{R_3}\right)$$

가 되고, 오옴의 법칙 $I = \frac{V}{R}$와 비교하면

$$\frac{1}{R} = \frac{1}{R_1} + \frac{1}{R_2} + \frac{1}{R_3}$$

이 된다. 즉, 저항이 병렬로 접속된 회로에서 합성 저항의 역수는 각 저항의 역수의 합과 같다.

3. 실험 · 실습 사용기기 및 재료

① 직류 전원 공급 장치 : 1대
② 직류 전압계(10/50[V]) : 1대
③ 직류 전류계(50/100/300[mA]) : 1대
④ 저항(100[Ω], 200[Ω], 300[Ω]) : 각 1개
⑤ 회로 시험기 : 1대
⑥ 만능 기판 : 1개
⑦ 리드선 : 다수

4. 실험순서 및 실험방법

(1) 저항의 직렬 접속 회로

① 그림 4-3과 같이 회로를 결선하여라. 각 저항은 100[Ω], 200[Ω], 300[Ω]을 사용한다. 단, 전압계 V_1, V_2, V_3는 결선하지 않고 실험과정에서 한 대의 직류 전압계 또는 회로 시험기를 이용하여 각 저항의 전압강하를 측정하기로 한다.

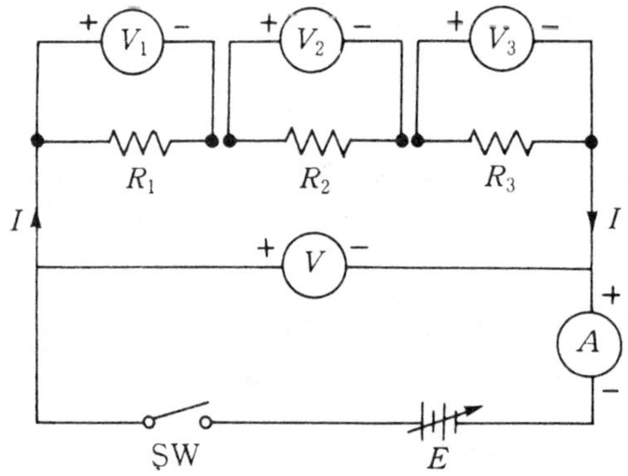

그림 4-3 저항의 직렬 접속 회로

② 직류 전원이 6[V]일 때 다음을 계산하여 표에 기록하여라.

㉠ 주어진 각 저항의 저항값은 회로 시험기에 의해 측정하여 기록하여라. 또 각 저항의 직렬 접속에 의한 합성 저항을 구하는 식 및 계산값을 구하여 기록하여라.

㉡ 회로에 흐르는 전류(전 전류)를 구하는 식과 계산값을 기록하여라.

㉢ 각 저항에 걸리는 단자 전압과 전체 전압을 구하는 식을 쓰고 각각에 대하여 계산을 하여라.

③ 각 저항의 저항값을 회로 시험기를 이용하여 측정하고, 또 2개 또는 3개의 저항을 직렬 접속한 합성 저항도 측정하고 기록하여라.

④ 스위치 SW를 닫고 직류 전원 5[V]를 인가한 상태에서 전압계 V와 전류계 I의 측정값을 기록하여라.

⑤ 직류 전압계 또는 회로 시험기 한 대를 사용하여 각 저항에 걸리는 단자 전압 V_1, V_2, V_3을 측정하고 기록하여라.

⑥ 직류 가변 전원 10[V]로 조정하고 실험 방법 ②~⑤항을 반복하여 실험하여라.

⑦ 계산값과 측정값이 일치하는지 확인하고 일치하지 않는다면 그 이유를 설명하여라.

(2) 저항의 병렬 접속 회로

⑧ 그림 4-4와 같이 회로를 결선하여라. 단, 각 저항은 100[Ω], 200[Ω], 300[Ω]을 사용한다.

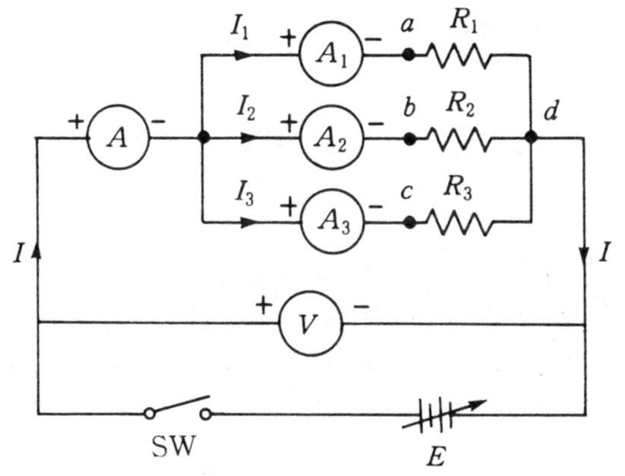

그림 4-4 저항의 병렬 접속 회로

⑨ 직류 전원이 5[V]일 때 다음을 저항을 2개 또는 3개를 연결하여 계산하고 기록하여라.

㉠ 주어진 각 저항을 회로 시험기로 측정하여 기록하여라. 또 각 저항의 병렬 접속에 의한 합성 저항을 구하는 식 및 계산값을 구하여 기록하여라.

㉡ 각 저항에 걸리는 단자 전압을 기록하여라.

㉢ 회로의 분기 전류를 계산하고 기록하여라.

㉣ 위 ㉡, ㉢항의 전압과 전류만을 가지고 각 저항을 다시 계산하여 ㉠항과 비교하여 보아라.

⑩ 3개의 저항을 병렬 접속한 합성 저항을 측정하여 기록하여라.

⑪ 스위치 SW를 닫고 직류 전원 5[V]를 인가한 상태에서 전체 전압을 나타내는 전압계, 전 전류 및 분기 전류를 나타내는 전류계의 측정값을 기록하여라.

⑫ 직류 전압계 또는 회로 시험기 한 대를 사용하여 각 저항에 걸리는 단자($a-d$, $b-d$, $c-d$)간의 전압 V_1, V_2, V_3을 측정하여라.

⑬ 실험 방법 ⑪항의 측정 결과로부터 각 저항을 계산하여 실험 방법 ⑩항의 저항 측정값과 비교해 보아라.

⑭ 계산값과 측정값이 일치하는지 확인하고 일치하지 않는다면 그 이유를 설명하여라.

⑮ 측정값으로부터 각 저항에 흐르는 분기 전류의 합과 전 전류가 일치하는지 비교 검토하여라.

5. 실험결과 및 고찰

① 실험에서 측정된 값과 계산된 값을 기록하여라.

직렬연결(저항 3개)

<table>
<tr><th colspan="2" rowspan="2">실험 횟수</th><th colspan="4">전압[V]</th><th>전류[mA]</th><th colspan="4">저항[Ω]</th></tr>
<tr><th>V_1</th><th>V_2</th><th>V_3</th><th>V</th><th>I</th><th>R_1</th><th>R_2</th><th>R_3</th><th>전체 저항</th></tr>
<tr><td rowspan="2">1</td><td>측정값</td><td></td><td></td><td></td><td></td><td></td><td></td><td></td><td></td><td></td></tr>
<tr><td>계산값</td><td></td><td></td><td></td><td></td><td></td><td></td><td></td><td></td><td></td></tr>
<tr><td rowspan="2">2</td><td>측정값</td><td></td><td></td><td></td><td></td><td></td><td></td><td></td><td></td><td></td></tr>
<tr><td>계산값</td><td></td><td></td><td></td><td></td><td></td><td></td><td></td><td></td><td></td></tr>
</table>

합성저항 $(R) = R_1 + R_2$

병렬연결(저항 2개)

<table>
<tr><th colspan="2" rowspan="2">실험 횟수</th><th colspan="3">전압[V]</th><th colspan="3">전류[mA]</th><th colspan="3">저항[Ω]</th></tr>
<tr><th>V_1</th><th>V_2</th><th>V</th><th>I_1</th><th>I_2</th><th>I</th><th>R_1</th><th>R_2</th><th>전체 저항</th></tr>
<tr><td rowspan="2">1</td><td>측정값</td><td></td><td></td><td></td><td></td><td></td><td></td><td></td><td></td><td></td></tr>
<tr><td>계산값</td><td></td><td></td><td></td><td></td><td></td><td></td><td></td><td></td><td></td></tr>
<tr><td rowspan="2">2</td><td>측정값</td><td></td><td></td><td></td><td></td><td></td><td></td><td></td><td></td><td></td></tr>
<tr><td>계산값</td><td></td><td></td><td></td><td></td><td></td><td></td><td></td><td></td><td></td></tr>
</table>

합성저항 $\left(\frac{1}{R}\right) = \frac{1}{R_1} + \frac{1}{R_2}$

병렬연결(저항 3개)

실험 횟수		전압[V]	전류[mA]				저항[Ω]			
		V	I_1	I_2	I_3	I	R_1	R_2	R_3	전체 저항
1	측정값									
	계산값									
2	측정값									
	계산값									

합성저항 $\left(\frac{1}{R}\right)=\frac{1}{R_1}+\frac{1}{R_2}+\frac{1}{R_3}$

실험 5 저항의 직·병렬 접속 회로

1. 실험 목적

저항을 직렬과 병렬로 혼합하여 연결하였을 때 전압계와 전류계를 이용하여 측정된 값을 가지고 저항을 계산하며 이론적으로 계산된 값과 비교하여 일치하는가를 확인하는데 있다.

2. 실험 · 실습에 따른 예비지식

저항을 직렬과 병렬을 혼합하여 연결할 경우 전체 저항은 직렬과 병렬의 저항을 각각 구한 후 합산하면 되고 다음과 같다.

$$R_T = R_{직렬} + R_{병렬}[\Omega] \tag{5-1}$$

그림 5-1에서 부분적인 병렬 저항을 구하면 2개와 3개인 경우 병렬 저항은 다음과 같다.

$$R_{T1} = \frac{R_2 \times R_3}{R_2 + R_3}[\Omega] \tag{5-2}$$

$$R_{T2} = \frac{R_4 \times R_5 \times R_6}{R_4R_5 + R_5R_6 + R_6R_4}[\Omega] \tag{5-3}$$

따라서 전체저항을 구하면 다음과 같다.

$$R_T = R_1 + R_{T1} + R_{T2}[\Omega] \tag{5-4}$$

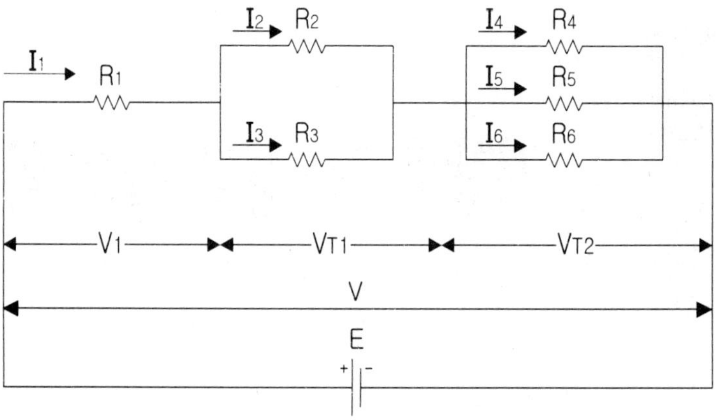

그림 5-1 직 · 병렬 저항 측정 회로

또한 전류는 저항을 직렬 연결할 때 동일하며, 병렬 연결을 할 때는 저항값에 따라 분배가 되며 그림 5-1의 전류는 다음과 같다.

$$I_2 = \frac{R_3}{R_2 + R_3} I_1 [\text{A}] \tag{5-5}$$

$$I_3 = \frac{R_2}{R_2 + R_3} I_1 [\text{A}] \tag{5-6}$$

$$I_4 = \frac{\dfrac{R_5 \times R_6}{R_5 + R_6}}{R_4 + \dfrac{R_5 \times R_6}{R_5 + R_6}} I_1 [\text{A}] \tag{5-7}$$

$$I_5 = \frac{\dfrac{R_4 \times R_6}{R_4 + R_6}}{R_5 + \dfrac{R_4 \times R_6}{R_4 + R_6}} I_1 [\text{A}] \tag{5-8}$$

$$I_6 = \frac{\dfrac{R_4 \times R_5}{R_4 + R_5}}{R_6 + \dfrac{R_4 \times R_5}{R_4 + R_5}} I_1 [\text{A}] \tag{5-9}$$

전압은 저항을 병렬 연결할 때 동일하며 직렬 연결을 할 때는 저항값에 따라 분배가 되며 그림 5-1의 V_{T1}, V_{T2}, V_{T3}의 경우 다음과 같다.

$$V_1 = \frac{R_1}{R_1 + R_{T1} + R_{T2}} V[\mathrm{V}] \tag{5-10}$$

$$V_{T1} = \frac{R_{T1}}{R_1 + R_{T1} + R_{T2}} V[\mathrm{V}] \tag{5-11}$$

$$V_{T2} = \frac{R_{T2}}{R_1 + R_{T1} + R_{T2}} V[\mathrm{V}] \tag{5-12}$$

전체 전압 V는 식 (5-10)~(5-12)의 합이며 다음과 같다.

$$V = V_1 + V_{T1} + V_{T2}[\mathrm{V}] \tag{5-13}$$

3. 실험 · 실습 사용기기 및 재료

① 직류전압계(0~15[V]) : 1대

② 직류전류계(0~3[A]) : 1대

③ 저항(20[Ω], 30[Ω], 50[Ω] 각 1/2[W]) : 각 2개

④ Bread Board, Lead선 : 적당량

⑤ 직류전원공급장치 또는 건전지 : 1대

4. 실험순서 및 실험방법

① 그림 5-1의 R_1에서 R_6를 각각 100~1,000[Ω]으로 연결하여 실험한다.

② 전원전압을 10[V]로 각각 인가한 후 전류계와 전압계의 지시치를 표에 기록한다.

③ 주어진 식을 이용하여 측정된 전압과 전류를 가지고 전체 저항을 기록한다.

④ 저항의 색띠를 이용하여(공차는 무시함) 환산한 저항을 식 (5-1)을 이용하여 전체 저항을 계산한 후 표에 기록한다.

⑤ 측정된 저항과 계산된 저항의 차이점을 토의 및 고찰란에서 설명한다. 이때는 저항의 오차, 계측기의 오차 등을 고려하여야 한다.

5. 실험결과 및 고찰

① 다음의 회로에 대하여 측정된 값과 계산된 값을 기록하여라.

직병렬 실험(직렬저항 1+병렬저항 2)

실험 횟수		전압[V]			전류[mA]			저항[Ω]			
		V_1	V_2	V	I_1	I_2	I_3	R_1	R_2	R_3	합성 저항
1	측정값										
	계산값										
2	측정값										
	계산값										

직병렬 실험(직렬저항 1+병렬저항 2+병렬저항 3)

실험 횟수		전압[V]				전류[mA]						저항[Ω]						
		V_1	V_2	V_3	V	I_1	I_2	I_3	I_4	I_5	I_6	R_1	R_2	R_3	R_4	R_5	R_6	합성 저항
1	측정값																	
	계산값																	
2	측정값																	
	계산값																	

실험 6 전류계의 분류기 및 전압계의 배율기

1. 실험 목적

① 분류기를 사용하여 측정범위를 넓히는 이론 및 그 실제방법을 익힌다.
② 배율기를 사용하여 전압의 측정범위를 넓히는 이론 및 그 실제방법을 익힌다.
③ 분류기 및 배율기 선택법을 익히고 간단한 테스터기를 설계할 수 있는 능력을 기른다.

2. 실험 · 실습에 따른 예비지식

(1) 분류기

분류기(shunt)는 전류계에 병렬로 접속시켜서 전류의 측정범위를 넓히기 위한 일종의 저항기를 말하는데 그 원리를 그림 6-1에서 살펴보자.

그림 6-1 (a)는 전류계의 최대눈금으로 저항 R에 흐르는 전류 I_i를 측정하는 회로이고, 그림 6-1 (b)는 전류계의 내부저항을 R_i라 할 때 그 등가회로이다. 이 회로에서 분류기를 사용하여 m배의 전류까지 측정할 수 있도록 분류기 저항 R_s를 구해보자.

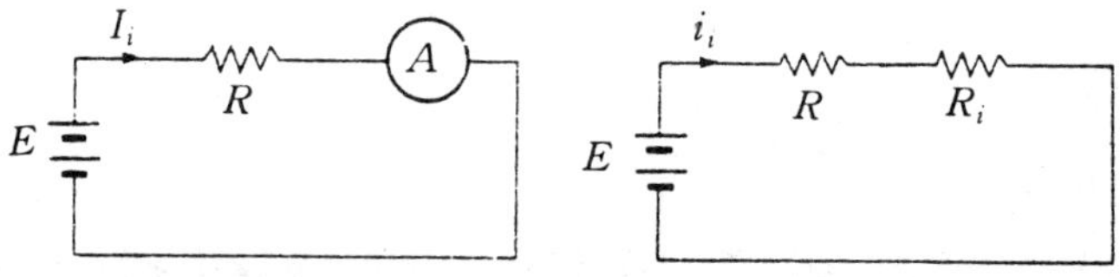

(a) 전류측정회로 (b) 등가회로

그림 6-1 전류측정회로

동일한 전류계로 m배의 전류(mI_i)까지를 측정하기 위해서는 그림 6-2와 같이 저항 R_s인 분류기를 저항이 R_i인 전류계에 병렬로 연결하고 전류계의 내부저항 R_i로는 I_i가, 분류기의 저항 R_s로는 $(m-1)I_i$가 흐르도록 하면 된다. 즉,

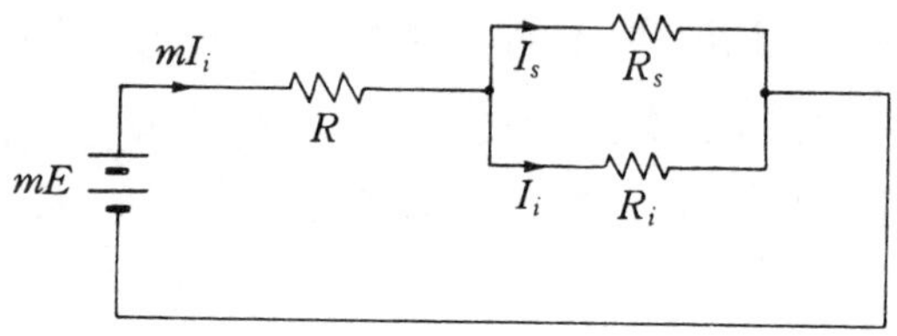

그림 6-2 분류기에 의한 전류측정 회로

$$mI_i = I_i + I_s = I_i + \frac{R_i I_i}{R_s} \tag{6-1}$$

분류기의 저항 R_s는

$$R_s = \frac{R_i}{m-1} \tag{6-2}$$

그러므로 분류기의 저항 R_s를 전류계와 병렬로 연결하면 전류계의 측정범위를 m배로 확장시킬 수 있고, 그림 6-2의 저항 R에 흐르는 실제전류는 전류계의 지시값을 m배 하면 된다.

(2) 배율기

배율기(multitplier)는 전압계에 직렬로 접속시켜서 전압의 측정범위를 넓히기 위한 일종의 저항기를 말하는데 그 원리를 그림 6-3에서 살펴보자.

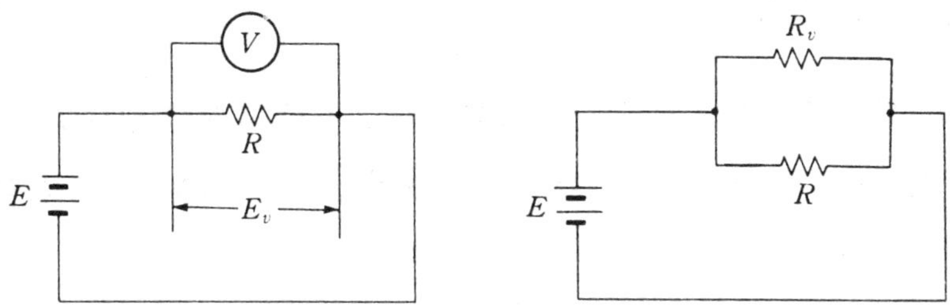

(a) 전압측정회로　　(b) 등가회로

그림 6-3 전압측정회로

그림 6-3 (a)는 전압계의 최대눈금으로 저항 R의 양단전압 E_v를 측정하는 회로이고, 그림 6-3 (b)는 전압계의 내부저항을 R_v라 할 때 그 등가회로이다.

이 회로에서 배율기를 사용하여 m배의 전압까지 측정할 수 있도록 배율기 저항 R_m을 구해보자. 동일한 전압계로 m배의 전압(mE_v)까지를 측정하기 위해서는 그림 6-4와 같이 저항이 R_m인 배율기를 저항이 R_v인 전압계에 직렬로 연결하고 전압계의 내부저항 R_v에는 E_v전압이, 배율기의 저항 R_m에는 $(m-1)E_v$ 전압이 걸리도록 하면 된다. 즉,

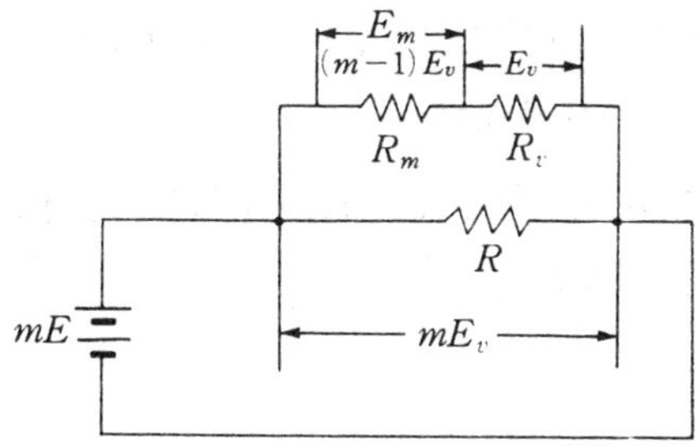

그림 6-4 배율기에 의한 전압측정회로

$$mE_v = E_v + E_m = E_v + R_m \frac{E_v}{R_v} \tag{6-3}$$

배율기의 저항 R_m은

$$R_m = (m-1)R_v \tag{6-4}$$

그러므로 배율기의 저항 R_m을 전압계와 직렬로 연결하면 전압계의 측정범위를 m배로 확장시킬 수 있고, 그림 6-4의 저항 R에 걸리는 전압은 전압계의 지시값을 m배 하면 된다.

3. 실험 · 실습 사용기기 및 재료

① 전원 : DC 전원공급기
② 계측기 : 테스터기
③ 저항 : 3.9[Ω], 6.8[Ω], 10[Ω], 20[Ω], 75[Ω], 1[kΩ]

4. 실험순서 및 실험방법

(1) 분류기에 의한 전류측정

① 그림 6-5에서 부하저항 R을 150[Ω], 200[Ω] 및 300[Ω]으로 하여 멀티미터 전류계로 전류를 측정하여 표 6-1에 기록한다.
② 최대눈금 10[mA], 내부저항 10[Ω]의 멀티미터 전류계로 ①항의 전류를 측정할 수 있는 분류기의 저항값을 계산한다.
③ 분류기의 저항을 전류계와 병렬로 접속하고 최대눈금 10[mA]의 멀티미터로 전류를 측정하여 표 6-1에 기록한다.

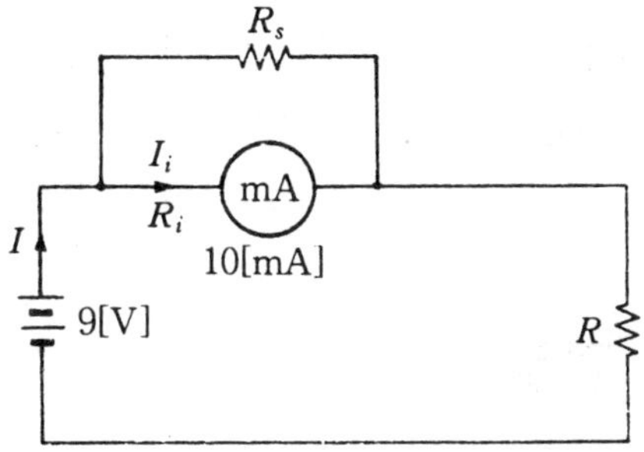

그림 6-5 전류측정회로

④ ②항에서 계산한 분류기의 저항이 없는 경우는 크기가 비슷한 저항을 사용하고 배율 m을 계산하여 사용한다. 또한 최대눈금과 내부저항은 그림 6-3 (a)에서 구할 수 있고, 종류가 다른 테스터기를 사용하는 경우의 내부저항은 직접측정한다.

(2) 배율기에 의한 전압측정

① 그림 6-6에서 가변전원을 10[V]까지 변환시키면서 전압계로 전압을 측정하여 표 6-2에 기록한다.

② 최대눈금 0.5[V], 내부저항 5[kΩ]의 멀티미터 전압계로 전압을 측정할 수 있는 배율기의 저항값을 계산한다.

③ 배율기의 저항 R_m을 전압계와 직렬로 접속하고 최대눈금 0.5[V]의 멀티미터로 전압을 측정하여 표 6-2에 기록한다.

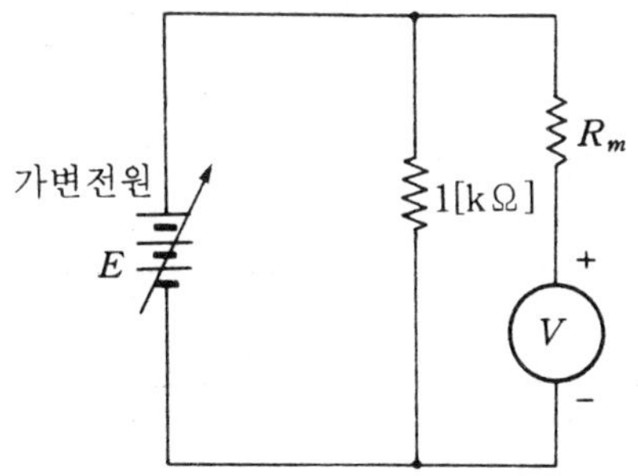

그림 6-6 전압측정회로

④ ②항에서 계산한 분류기의 저항이 없는 경우는 크기가 비슷한 저항을 사용하고

배율 m을 계산하여 사용한다. 또한 최대눈금과 내부저항과의 관계는 그림 6-2 (a)에서 구할 수 있고, 종류가 다른 테스터기를 사용하는 경우의 내부저항은 직접측정한다.

5. 실험결과 및 고찰

① 실험순서에 따라 다음의 해당표에 실험결과를 기록하여라.

표 6-1 전류측정

부하저항 R[Ω]	분류기 R_S[Ω]	I_0[mA]	I_i[mA]	m	I_i[mA]	오차 $\lvert I_0 - I_i \rvert$
150[Ω]						
200[Ω]						
300[Ω]						

단, I_0 : 분류기를 사용하지 않고 테스터기로 측정한 전류

I_i : 분류기를 사용하여 테스터기로 측정한 전류

m : 분류기의 배율

표 6-2 전압측정

가변전원[V]	E_0[V]	E_v[V]	m	mE_v[V]	오차 $\lvert E_0 - mE_v \rvert$
2					
4					
6					
8					
10					

단, E_0 : 배율기를 사용하지 않고 테스터기로 측정한 전압

E_v : 배율기를 사용하여 테스터기로 측정한 전압

m : 배율기의 배율

② 각 측정에서 나타난 오차의 원인을 분석하여라.

③ 최대눈금 50[μA], 내부저항 2[kΩ]의 가동 코일형 전류계를 사용하여 직류전류 0.1, 0.5, 1, 2.5, 25, 250[mA] 및 직류전압 0.5, 5, 10, 50, 250, 500, 1000[V]를 측정할 수 있는 테스터기를 설계하여라.(그림 6-2 및 그림 6-3 참조할 것)

실험 7 키르히호프의 법칙

1. 실험 목적

회로 해석에 기본이 되는 키르히호프의 전류·전압 법칙을 논리적으로 분석하고 회로에 적용시켜 증명하고 이해한다.

2. 실험·실습에 따른 예비지식

(1) 키르히호프의 전류법칙(KCL : Kirchhoff's Current Law)

키르히호프의 전류법칙은 "도선의 임의의 접합점에 유입되는 전류의 대수 합은 각 순간에 있어서 0이다"로 정의된다. 이 법칙을 적용하려면 접합점으로 유입되는 전류와 유출되는 전류의 부호를 달리 생각하여야 한다. 그림 7-1의 예를 들면 접합점 O로 유입되는 전류를 +로 잡으면 전류의 합은 다음과 같다.

$$i_1 - i_2 - i_3 + i_4 - i_5 = 0 \tag{7-1}$$

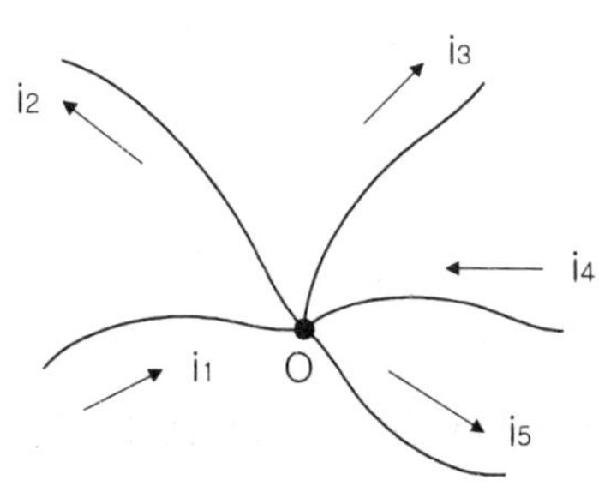

그림 7-1 키르히호프의 전류법칙

(2) 키르히호프의 전압법칙(KVL : Kirchhoff's Voltage Law)

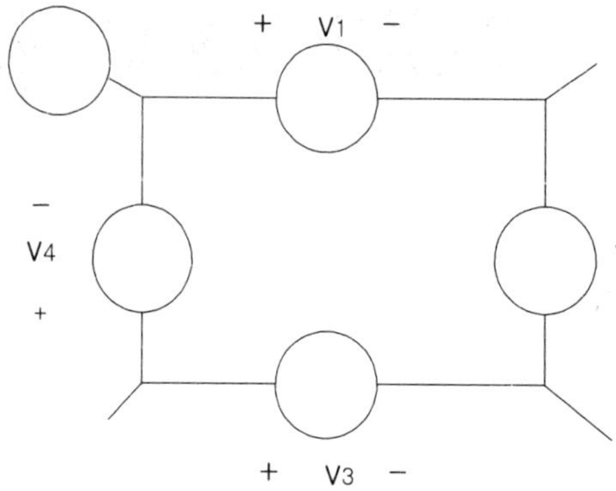

그림 7-2 키르히호프의 전압법칙

키르히호프의 전압법칙은 "임의의 폐회로를 따라 한 방향으로 일주하면서 취한 전압강하의 대수 합은 각 순간에 있어서 0이다"로 정의된다. 이 법칙을 적용하려면 한 방향으로 정한 방향과 같은 경우는 전압상승을 +로 하고, 전압강하는 −로 해야 한다. 그림 7-2의 예를 들면 시계 방향으로 일주하면서 전압의 합을 구하면 다음과 같다.

$$-V_1+V_2+V_3-V_4=0 \tag{7-2}$$

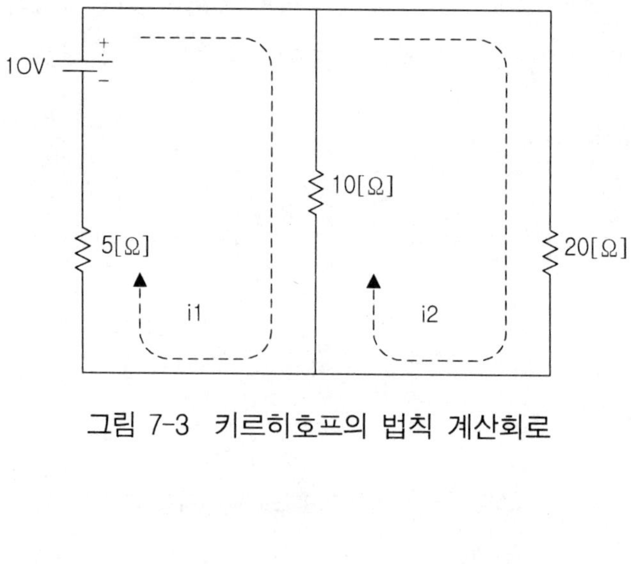

그림 7-3 키르히호프의 법칙 계산회로

위의 계산회로에 KVL를 적용하면 2개의 루프에서 방정식을 세울 수 있다.

$$\left.\begin{aligned} &5i_1 + 10(i_1 + i_2) = 10 \\ &15i_1 - 10i_2 = 10 \end{aligned}\right\} \qquad (7\text{-}3)$$

$$\left.\begin{aligned} &20i_1 + 10(i_2 - i_1) = 0 \\ &-10i_1 + 30i_2 = 10 \end{aligned}\right\} \qquad (7\text{-}4)$$

식 (7-4)에 1.5를 곱하여 식 (7-3)과 식 (7-4)를 더하여 i_2를 구하고 식 (7-3)에 구하여진 i_2를 대입하면 i_1의 값을 구할 수 있다.

$$i_1 = \frac{6}{7}, \quad i_2 = \frac{2}{7}\,[\mathrm{A}]$$

3. 실험 · 실습 사용기기 및 재료

① 전원 : 가변 DC 전원공급기(2대)

② 계측기 : 테스터기

③ 저항(1/4[W]) : 1[kΩ] 3개, 2[kΩ] 2개, 3[kΩ] 1개

4. 실험순서 및 실험방법

① 그림 7-4 회로를 결선하고, 각 저항에 흐르는 전류를 측정하여 표 7-1에 기록하여라.

② 그림 7-4 회로에서 9[V] 전압원을 12[V] 전압원으로 바꾸고, 각 저항에 흐르는 전류를 측정하여 표 7-1에 기록하여라.

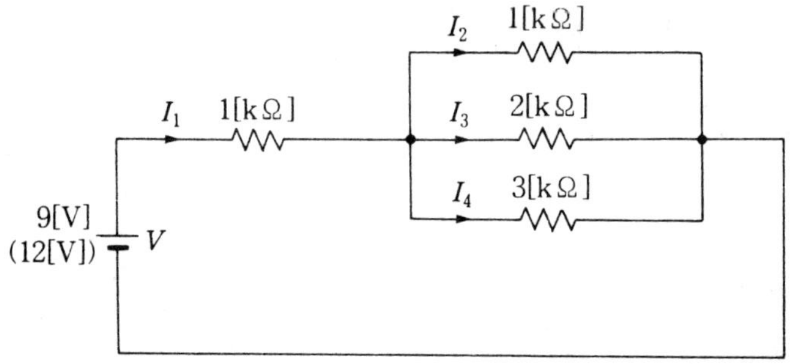

그림 7-4 KCL 실험회로

③ 그림 7-5 회로를 결선하고 $V_a=9$[V], $V_b=12$[V]인 경우와 $V_a=12$[V], $V_b=9$[V]인 경우에 대하여 I_1, I_2, I_3 및 V_1, V_2, V_3와 접속점 a의 전위 V를 측정하여 표 7-2에 기록하여라.

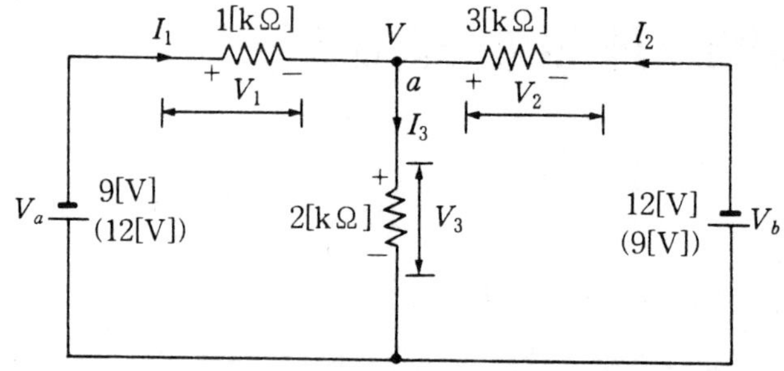

그림 7-5 KVL 실험회로

5. 실험결과 및 고찰

① 표 7-1의 결과에 의해서 키르히호프의 전류법칙이 성립됨을 확인하여라.

표 7-1 KCL 실험

V[V]		I_1[mA]	I_2[mA]	I_3[mA]	I_4[mA]
9	이론치				
	실측치				
12	이론치				
	실측치				

② 실험순서 ③에서 측정된 결과를 표 7-2에 기록하여라.

표 7-2 KVL 실험

V_a[V]	V_b[V]	I_1[mA]	I_2[mA]	I_3[mA]	V_1[V]	V_2[V]	V_3[V]	V[V]
9	12							
12	9							

③ 표 7-2를 통하여 키르히호프의 전류법칙 및 전압법칙이 성립됨을 보여라.

실험 8 중첩의 정리

1. 실험 목적

① 중첩의 원리(principle of superposition)를 이해하고, 이를 실험적으로 증명한다.
② 전압원과 전류원을 이해하고, 중첩의 원리에 대한 응용력을 키운다.

2. 실험 · 실습에 따른 예비지식

중첩의 원리는 선형미분방정식으로 표현되는 모든 물리계에 대하여 성립하며, 특히 전기회로망에 대해서는 다음과 같이 표현할 수 있다.

"다수의 전원을 포함하는 선형회로망에 있어서 임의의 점의 전류 및 전압은 개개의 전원이 독단적으로 작용할 때에 그 점의 전류 및 전압을 합한 것과 같다."

여기서 전원을 독단적으로 작용시킨다는 것은 다른 전원전압은 그 전압을 0으로 하는 것, 즉 전압을 단락한다는 것을 의미하고 또 다른 전류전원은 그 전류를 0으로 하는 것, 즉 전류원을 개방한다는 것을 의미한다.

중첩의 원리는 선형회로망에만 기초를 두고 있으므로 전원의 파형 여하에 불구하고 항상 성립한다. 그러므로 중첩의 원리는 DC 회로 뿐만 아니라 AC 회로에 대해서도 적용 가능하다. 그러나 다수개의 교류전원이 포함되어 있는 AC 회로에서는 그 주파수가 동일해야 한다는 점에 유의해야 한다.

예로서 그림 8-1 회로에서 각 저항에 흐르는 전류분포를 중첩의 원리를 이용하여 구해보자.

먼저 12[V]의 전압원만을 고려하면 6[A]의 전류원은 개방되는 것으로 볼 수 있으므로 그림 8-2 (a)와 같은 전류분포를 갖게 된다. 다음 6[A]의 선류원만을 고려하면 마찬가지로 나머지 12[V]의 전압원은 단락된 것으로 볼 수 있으므로 그림 8-2 (b)와 같은 전류분포를 갖게 된다. 따라서 중첩의 원리에 의하여 각각의 저항에 흐르는 전류는 이 두 그림의 전류분포를 합한 것이 되므로, 그림 8-2 (c)와 같은 결과가 된다.

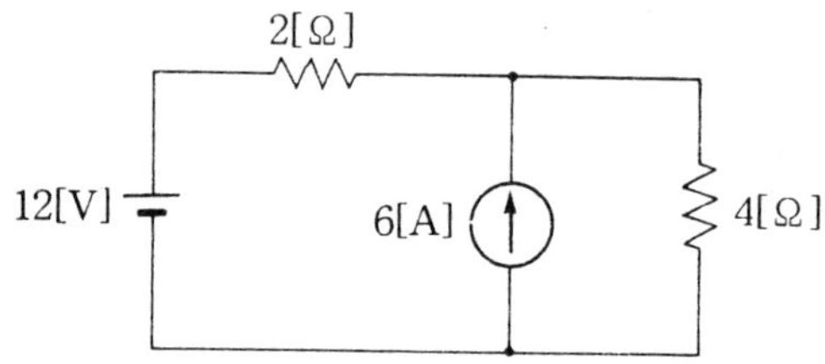

그림 8-1 전류원과 전압원으로 구성된 회로망

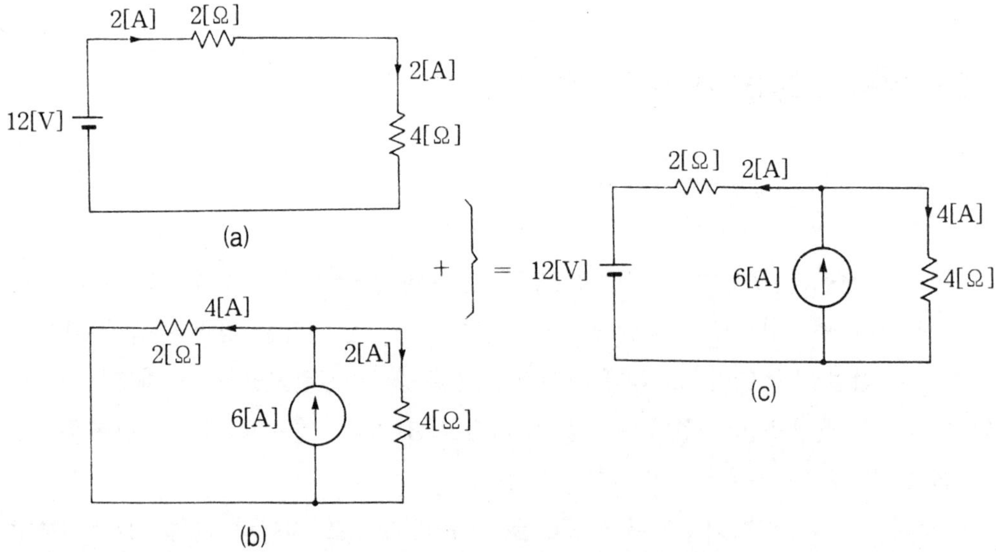

그림 8-2 중첩의 원리 개념도

이 결과는 키르히호프 법칙을 이용해서 구한 것과 일치됨을 확인하기 바란다. 이와 같이 중첩의 원리를 사용하면 회로를 단순화시켜 해석할 수 있는 이점이 있다. 특히, 키르히호프 법칙으로 문제를 해석하기가 곤란한 경우에도 중첩의 원리가 유용하게 쓰일 경우가 많다.

3. 실험 · 실습 사용기기 및 재료

① 전원 : 가변 DC 전원공급기(2대)
② 계측기 : 테스터기
③ 저항(1/4[W]) : 1[kΩ], 2[kΩ], 3[kΩ]
(2[W]) : 100[Ω], 200[Ω]

4. 실험순서 및 실험방법

① 그림 8-3 (a), (b), (c) 회로를 결선하고 각 저항에 흐르는 전류를 측정하여 표 8-1에 기록하여라.

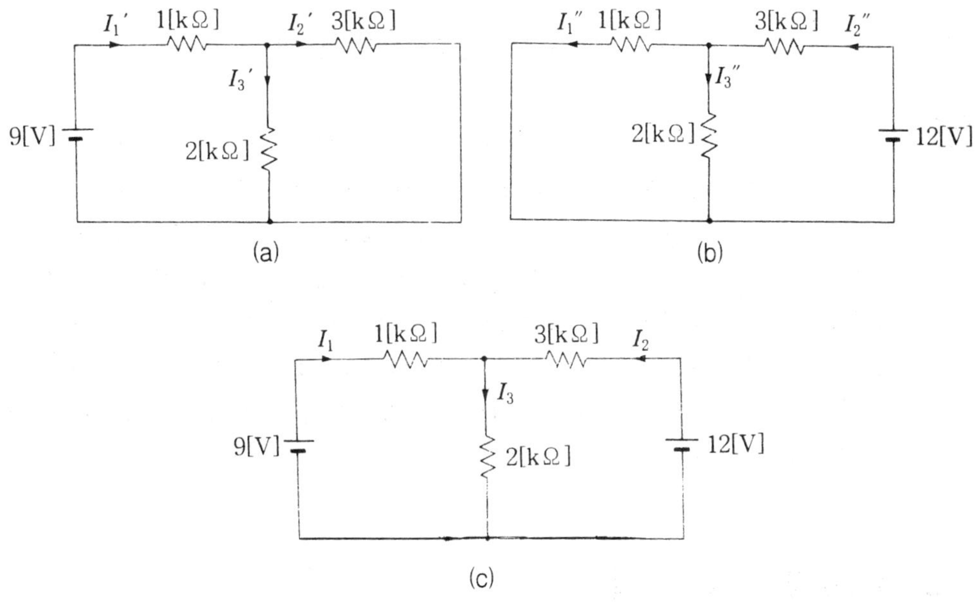

그림 8-3 중첩의 원리 실험회로(Ⅰ)

② 그림 8-4 (a), (b), (c) 회로를 결선하고 각 저항에 흐르는 전류를 측정하여 표 8-2에 기록하여라.

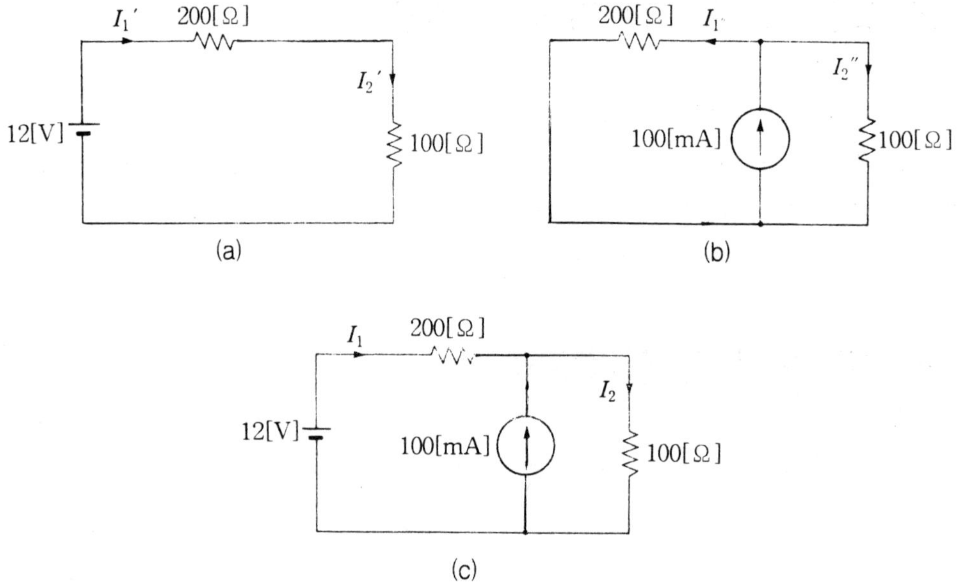

그림 8-4 중첩의 원리 실험회로(II)

주 여기서, 전류원은 준비되어 있지는 않지만 가변 DC 전원공급기를 이용하여 전류원을 만들 수 있다. 우선 가변 DC 전원공급기의 출력전압을 최대로 하고, 전류원의 내부저항을 크게 하기 위하여 전류제한기(current limiter) 조정용 손잡이를 최소로 한다. 다음 출력단자에 전류계 극성을 맞추어 접속시키고, 전류제한 조정용 손잡이를 우측으로 조심스럽게 돌리면서 전류계의 지시가 100[mA]가 되도록 한다. 이렇게 하면 가변 DC 전원공급기는 100[mA]의 전류원과 같은 것이 된다. 단, 대체적으로 가변 DC 전원공급기의 최대 출력전압은 30[V]정도이므로, 이 전류원에 접속할 수 있는 최대부하 저항은 300[Ω] 정도로 제한된다는 것을 유의하여라.

5. 실험결과 및 고찰

① 실험방법 ①에서 측정된 결과를 표 8-1에 기록하여라.

표 8-1 중첩의 원리 실험결과(I) (단위 : [mA])

I_1'	I_2'	I_3'	I_1''	I_2''	I_3''	I_1	I_2	I_3

② 표 8-1의 I_1, I_2, I_3와 계산결과와 비교하여 중첩의 원리가 성립됨을 보여라.

③ 실험방법 ②에서 측정된 결과를 표 8-2에 기록하여라.

표 8-2 중첩의 원리 실험결과(II) (단위 : [mA])

I_1'	I_2'	I_1''	I_2''	I_1	I_2

④ 표 8-2의 I_1, I_2와 계산결과와 비교하여 중첩의 원리가 성립됨을 보여라.

실험 9 테브낭의 정리

1. 실험 목적

테브낭의 정리를 이해하고, 이의 응용능력을 키운다.

2. 실험 · 실습에 따른 예비지식

회로망의 모든 가지의 전류와 전압은 키르히호프 법칙으로 구할 수 있다. 그러나 회로망의 어느 특정한 한가지의 전류와 전압만을 구할 경우 키르히호프의 법칙을 적용하면 특정가지 이외의 다른 모든 가지에 대해서도 KVL 및 KCL의 연립방정식을 풀어야 함으로 매우 번잡하다. 이러한 번거러움을 탈피하기 위해서 관심대상인 가지 이외의 부분을 순차적으로 단순화하여 하나의 전압전원과 임피던스의 직렬연결로 등가화하여 손쉽게 처리할 수 있는 테브낭의 정리가 있다. 즉, 테브낭의 정리는 어떠한 구조를 갖는 회로망도 그 임의의 두 단자 a-b 외측에 대해서 그림 9-1과 같이 하나의 전원전압 V_0에 하나의 임피던스 Z_0가 직렬연결된 것으로 등가화할 수 있다. 그러므로 그림 9-1 (a)의 원 회로망은 그림 9-1 (c)와 같은 테브낭의 등가회로로 나타낼 수 있고 임피던스 Z인 관심대상 가지에 흐르는 전류는

$$I=\frac{V_0}{Z_0+Z} \tag{9-1}$$

로 구할 수 있다. 여기서 등가전압 V_0는 원 회로망의 단자 a-b를 개방했을 때

여기에 나타나는 전압과 같고, 등가 임피던스 Z_0는 회로망 내의 모든 선원을 제거하였을 때 즉, 전압전원은 단락시키고 전류전원은 개방하였을 때 단자 $a-b$에서 회로망쪽을 본 임피던스와 같다.

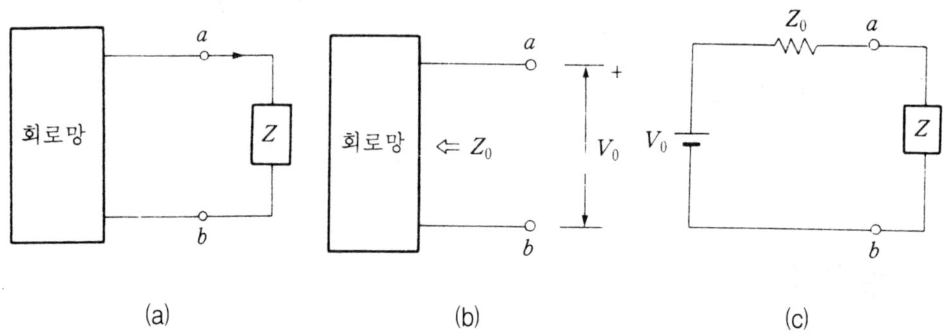

그림 9-1 테브낭 등가회로

예로 그림 9-2와 같은 회로에서 저항 5[Ω]에 흐르는 전류 I를 테브낭의 정리로 구해보자.

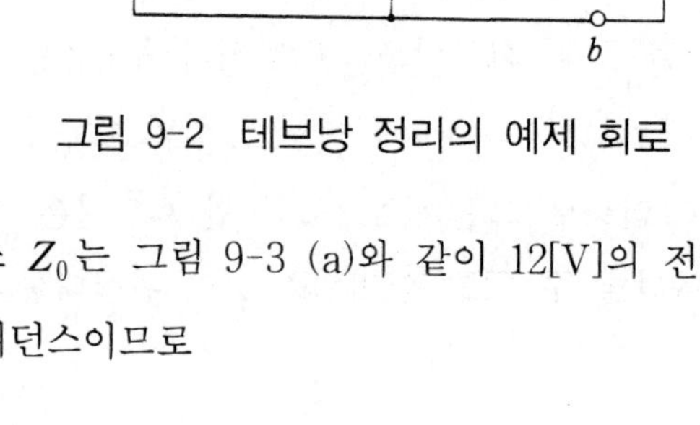

그림 9-2 테브낭 정리의 예제 회로

먼저 등가임피던스 Z_0는 그림 9-3 (a)와 같이 12[V]의 전압원을 단락시키고 단자 $a-b$에서 본 임피던스이므로

$$Z_0 = 1 + \frac{6 \times 3}{6+3} = 3[\Omega]$$

등가전압 V_0는 그림 9-3 (b)와 같이 단자 $a-b$를 개방하였을 때 여기에 나타나는 전압이므로

$$V_0 = \frac{12}{3+6} \times 6 = 8[\mathrm{V}]$$

그러므로 테브낭의 등가회로는 그림 9-3 (c)와 같이 되고 단자 a-b에 흐르는 전류 I는 다음과 같이 된다.

$$I = \frac{V_0}{Z_0 + Z} = \frac{8}{3+5} = 1[\mathrm{A}]$$

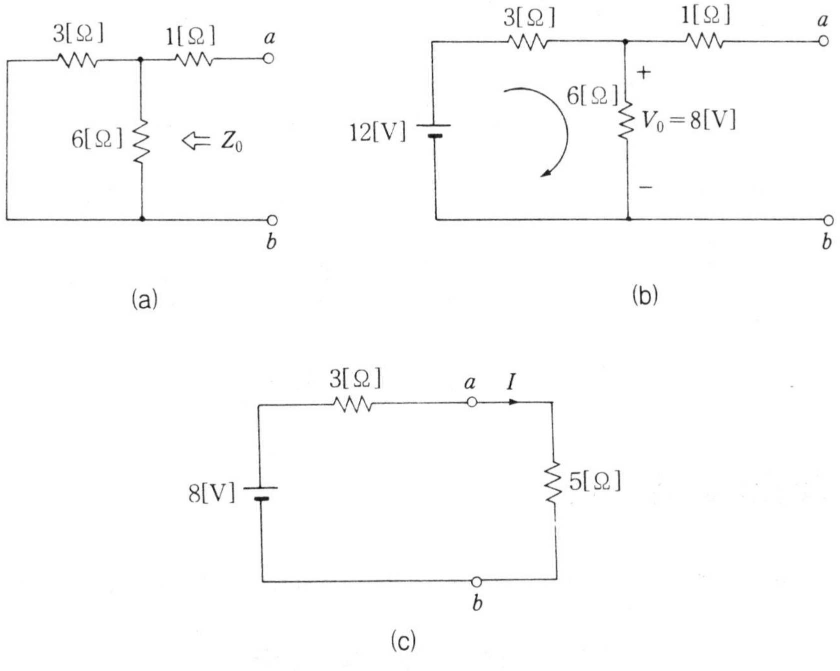

그림 9-3 테브낭 정리의 예제 등가회로

3. 실험 · 실습 사용기기 및 재료

① 전원 : 가변 DC 전원공급기(2대)

② 계측기 : 테스터기

③ 저항(1/4[W]) : 150[Ω], 200[Ω], 300[Ω], 500[Ω] (2개), 750[Ω] (2개), 1.5[kΩ]

4. 실험순서 및 실험방법

① 그림 9-4 회로를 결선하고, $a-b$양단의 전압 V를 측정하여 표 9-1에 기록하여라.

② 그림 9-4 회로에서 15[V]의 직류전압원을 떼어낸 후 이 부분을 단락시키고, 단자 $a-b$사이의 저항을 테스터기로 측정하여 표 9-1에 기록하여라.

③ 다시 그림 9-4 회로를 결선하고, 단자 $a-b$ 표 9-1에 지정한 저항을 접속하여 이 저항에 흐르는 전류를 측정하여 기록하여라.

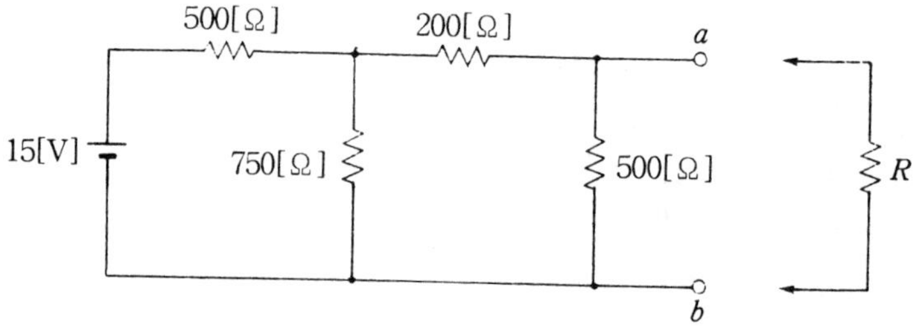

그림 9-4 테브낭의 정리 실험회로

5. 실험결과 및 고찰

① 테브낭 정리 실험방법 ①, ②, ③에서 측정된 결과를 표 9-1에 기록하여라.

표 9-1 테브낭 정리 실험 결과

V[V] 이론값	R_0[Ω] 이론값	V_0[V] 측정값	R_0[Ω] 측정값

I \ R	$R=150$[Ω]	$R=300$[Ω]	$R=750$[Ω]	$R=1.5$[kΩ]
이론값[mA]				
측정값[mA]				

② 표 9-1에서 이론값과 측정값을 비교하여 테브낭 정리가 성립됨을 확인하여라.

실험 10 노튼의 정리

1. 실험 목적

노튼의 정리를 이해하고, 이의 응용능력을 키운다.

2. 실험 · 실습에 따른 예비지식

노튼의 정리는 테브낭의 정리와 마찬가지로 회로망의 어느 특정한 한가지의 전류와 전압만을 구할 경우에 편리하게 적용된다. 즉, 회로망의 관심 대상인 가지 이외의 부분을 그림 10-1과 같이 순차적으로 단순화하여 하나의 전류전원 I_0와 하나의 어드미턴스 Y_0의 병렬연결로 등가화할 수 있다. 그러므로 노튼의 등가회로는 그림 10-1 (c)와 같이 되고 부하가 Y인 관심대상 가지에 흐르는 전류 I는

$$I = \frac{Y}{Y_0 + Y} I_0 \qquad (10\text{-}1)$$

로 구할 수 있다. 여기서 등가전류 I_0는 원 회로망의 단자 a-b를 단락 했을 때 여기에 흐르는 전류와 같고, 등가 어드미턴스 Y_0는 회로망내의 모든 전원을 제거하고 단자 a-b에서 회로망쪽을 본 어드미턴스와 같다.

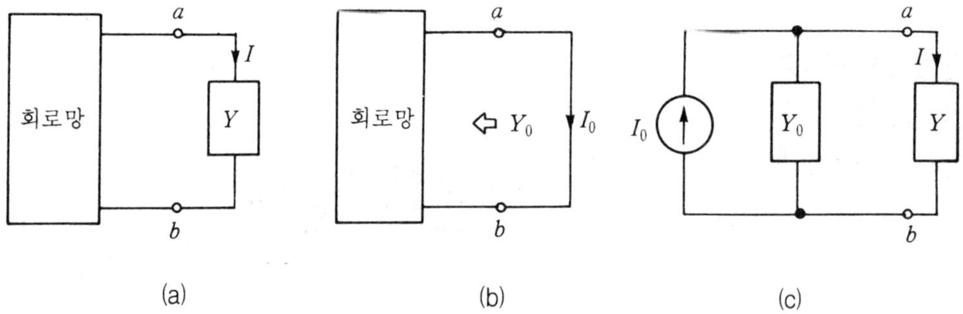

그림 10-1 노튼 등가회로(Ⅰ)

한편 노튼의 등가회로를 등가 어드미턴스 Y_0 대신 등가 임피던스 $Z_0(=1/Y_0)$로 표현하면 그림 10-2와 같이 되고 부하가 Z인 관심대상 가지에 흐르는 전류 I는

$$I=\frac{Z_0}{Z_0+Z}I_0 \tag{10-2}$$

로 된다.

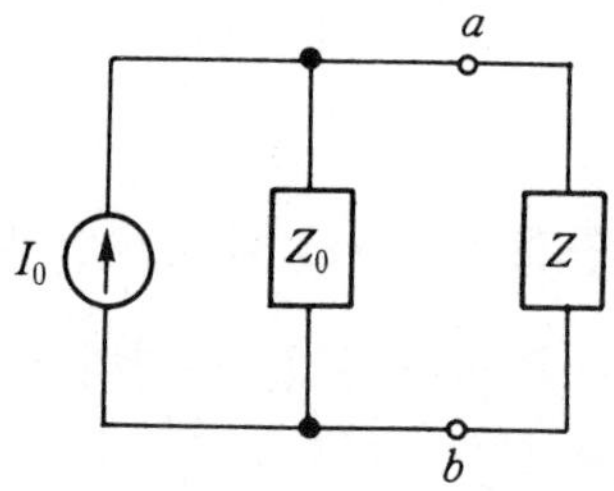

그림 10-2 노튼 등가회로(Ⅱ)

여기서 테브낭 정리와 노튼 정리의 상호관계를 알아보자.

테브낭 등가회로에서 전원대치법에 의해서 전압 V_0를 전류 $I_0(=V_0/Z_0)$로 대치하면 전압 V_0와 직렬연결된 임피던스 Z_0는 전류 I_0와 병렬연결됨으로 결국 테브낭의 등가회로는 그림 10-2와 같은 노튼의 등가회로로 변환된다. 그러므로 테브낭의 정리와 노튼의 정리는 서로 쌍대적 관계라는 것을 알 수 있다.

예를 들여, 그림 10-3 회로에서 단자 a-b에 접속되어 있는 1[Ω] 저항에 흐르는 전류를 노튼 정리를 이용하여 구해보자.

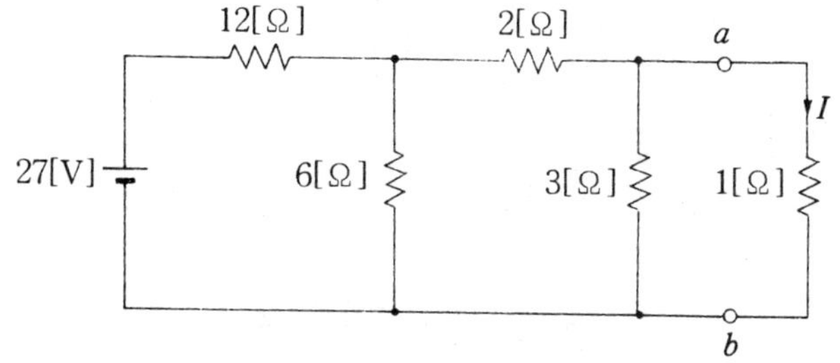

그림 10-3 노튼 정리의 예제 회로

먼저 등가 임피던스 Z_0는 그림 10-4 (a)와 같이 27[V]의 전압원을 단락시키고 단자 $a-b$에서 본 임피던스이므로

$$Z_0=\left[\left(\frac{12\times6}{12+6}+2\right)\times3\right]\Big/\left[\left(\frac{12\times6}{12+6}+2\right)+3\right]=2[\Omega]$$

등가 전류 I_0는 그림 10-4 (b)와 같이 단자 $a-b$를 단락시켰을 때 흐르는 전류이므로

$$I_0=\frac{27}{12+\dfrac{6\times2}{6+2}}\cdot\frac{6}{6+2}=1.5[\mathrm{A}]$$

그러므로 노튼의 등가회로는 그림 10-4 (c)와 같이 되고, 1[Ω]에 흐르는 전류 I는 다음과 같이 된다.

$$I=\frac{Z_0}{Z_0+Z}I_0=\frac{2}{2+1}\times\frac{3}{2}=1[\mathrm{A}]$$

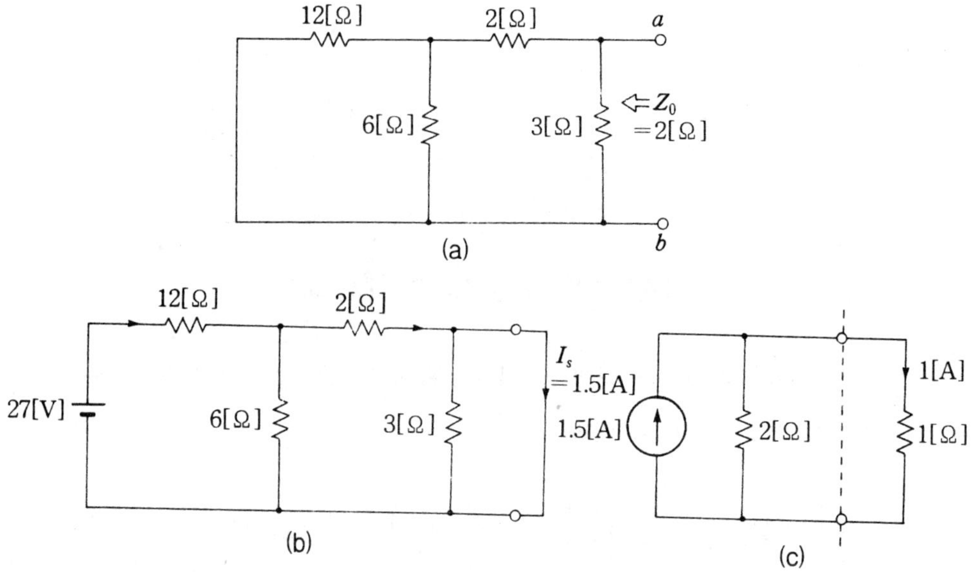

그림 10-4 노튼 정리의 예제 등가회로

3. 실험 · 실습 사용기기 및 재료

① 전원 : 가변 DC 전원공급기(2대)

② 계측기 : 테스터기

③ 저항(1/4[W]) : 150[Ω], 200[Ω], 300[Ω], 500[Ω] (2개), 750[Ω] (2개), 1.5[kΩ]

4. 실험순서 및 실험방법

① 그림 10-5 회로에서 단자 $a-b$를 단락시켜 이 두 단자에 흐르는 전류를 측정하여 표 10-1에 기록하여라.

② 그림 10-5 회로에서 전압원을 떼어내고, 이를 단락시킨 후 단자 $a-b$ 사이의 저항을 측정하여 표 10-1에 기록하여라.

③ 다시 그림 10-5 회로를 결선하고, 단자 $a-b$에 표 10-1에 지시된 저항을 접속하여 이 저항에 흐르는 전류를 측정하여 기록하여라.

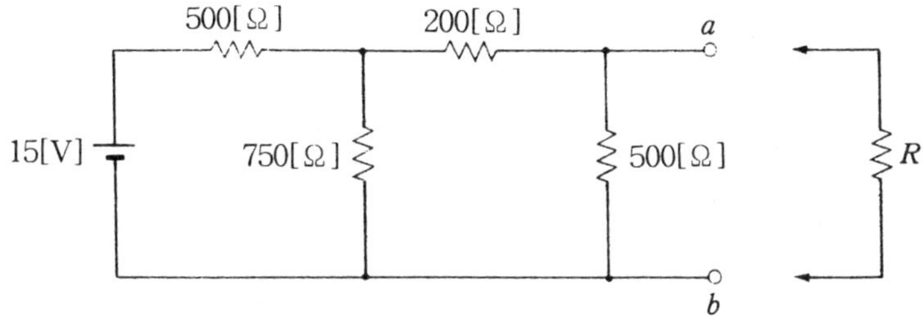

그림 10-5 테브낭 정리 및 노튼 정리 실험회로

5. 실험결과 및 고찰

① 노튼 정리 실험방법 ①, ②, ③에서 측정된 결과를 표 10-1에 기록하여라.

표 10-1 노튼의 정리 실험결과

I_0[mA] 이론값	R_0[Ω] 이론값	I_0[mA] 측정값	R_0[Ω] 측정값

I \ R	R = 150[Ω]	R = 300[Ω]	R = 750[Ω]	R = 1.5[kΩ]
이론값[mA]				
측정값[mA]				

② 표 10-1에서 이론값과 측정값을 비교하여 노튼 정리가 성립됨을 확인하여라.

③ 표 9-1, 표 10-1에서 테브낭 정리와 노튼 정리가 쌍대관계임을 설명하여라.

실험 11

브리지 회로

1. 실험 목적

① 휘트스톤 브리지(Wheatstone bridge)를 통하여 브리지의 원리를 이해한다.
② 휘트스톤 브리지를 이용하여 저항측정법을 익힌다.

2. 실험 · 실습에 따른 예비지식

그림 11-1과 같이 4개의 저항 P, Q, R, X, 검류계 G, 전지 E를 접속시킨 회로를 휘트스톤 브리지라 하며, 이 회로를 이용하여 저항을 측정하는 방법을 **휘트스톤 브리지법**이라 한다. 이 방법은 영위법 즉 검류계에 전류가 흐르지 않는, 회로의 평행상태를 이용함으로 검류계의 내부임피던스가 측정저항에 어떠한 영향도 미치지 않게 되어 정밀 측정이 가능하다.

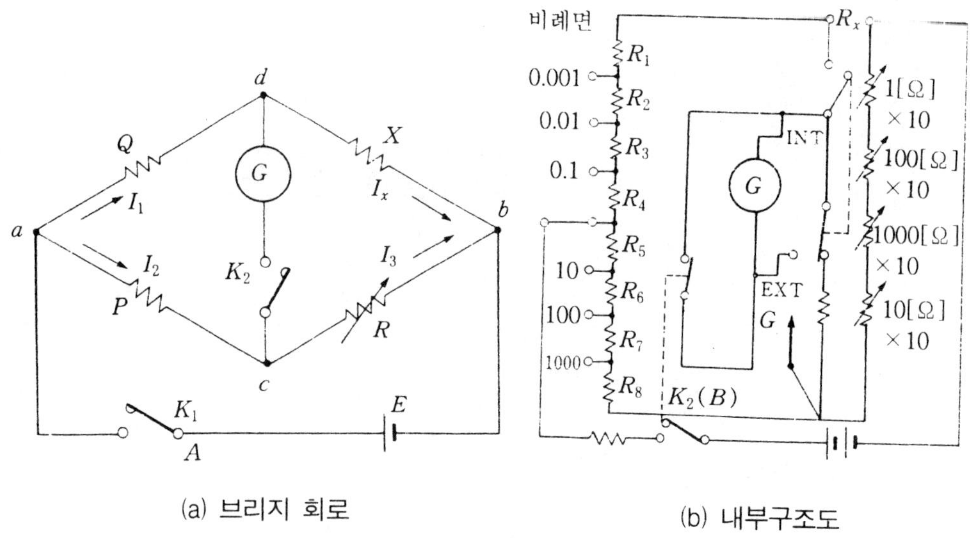

(a) 브리지 회로　　(b) 내부구조도

그림 11-1 휘트스톤 브리지

따라서 이 측정방법의 정확성은 오로지 검류계의 감도에만 의존하게 된다.

휘트스톤 브리지는 1[Ω]에서 수 [MΩ] 정도의 중저항을 정확히 측정하는데 가장 널리 사용되는 계측기로서 그 동작원리는 다음과 같다.

그림 11-1에서 Q와 P의 비를 적당히 선정하고 R을 조정하여 검류계 G에 흐르는 전류가 0일 때 브리지는 평형상태가 되고 전압과 전류는

$$I_1 = I_x,\ I_2 = I_3$$
$$V_c = V_d$$

의 조건을 만족하게 된다.

즉 점 c, d가 등전위로 되기 위해서는 ac와 ad 사이의 전압강하가 같고, bc와 bd 사이의 전압강하가 같아야 함으로

$$\left.\begin{aligned} QI_1 = PI_2 \\ XI_1 = RI_2 \end{aligned}\right\} \qquad (11\text{-}1)$$

의 관계가 성립된다. 윗 식에서 I_1, I_2를 소거하면

$$QR = PX \tag{11-2}$$

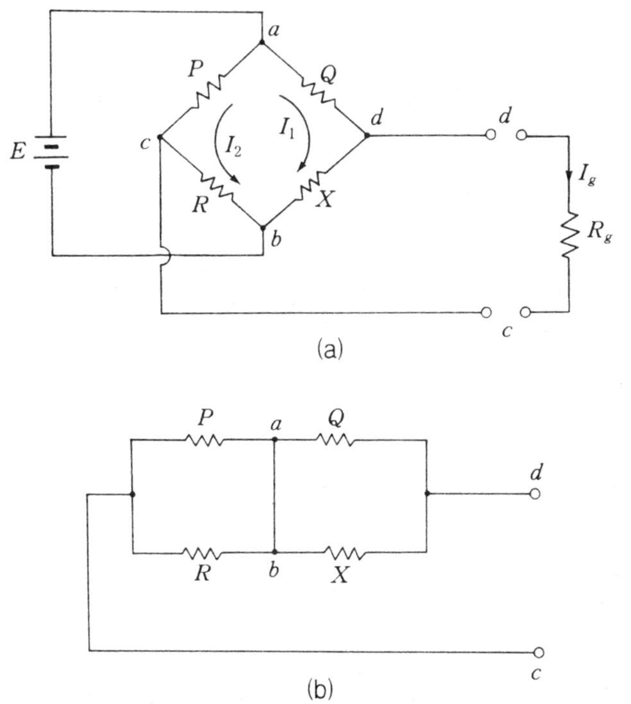

그림 11-2 브리지회로의 테브낭 등가회로

따라서 미지저항 X는 다음 식으로 구해진다.

$$X = \frac{Q}{P} R \tag{11-3}$$

여기서 Q/P를 비례변(ratio arm), R을 평형변(balancing arm) 또는 표준변(standard arm)이라 한다.

다음 휘트스톤 브리지의 측정오차와 검류계의 감도에 대해서 알아보자.

휘트스톤 브리지에서 측정오차가 발생하면 브리지 회로는 그림 11-2 (a)와 같이 불평형회로가 되어 검류계의 내부저항 R_g에 전류 I_g가 흐르게 된다. 이것을 테브낭의 정리를 이용하여 구해보자.

테브낭의 등가전압 V_0는

$$V_0 = V_{dc} = QI_1 - PI_2 \tag{11-4}$$

여기서 $I_1 = \frac{E}{Q+X}$, $I_2 = \frac{E}{P+R}$ 이므로

$$V_0 = E\left(\frac{Q}{Q+X} - \frac{P}{P+R}\right) \tag{11-5}$$

테브낭의 등가저항 R_0는 전지의 내부저항을 무시하면 그림 11-2 (b)와 같이 되어

$$R_0 = \frac{PR}{P+R} + \frac{QX}{Q+X} \tag{11-6}$$

그러므로 검류계에 흐르는 전류 I_g는 다음과 같이 된다.

$$I_g = \frac{V_0}{R_0 + R_g} \tag{11-7}$$

한편 검류계의 감도 S_I는 검류계의 편위(d[mm])와 이 편위를 일으키는데 요구되는 전류(I[μA])의 비로써

$$S_I = \frac{d[\text{mm}]}{I[\mu\text{A}]} \tag{11-8}$$

로 정의되고 윗 식으로부터 편위 d를 구하여 휘스트톤 브리지의 정확도를 알 수 있다. 이상에서 검류계의 감도와 측정오차와의 관계를 다음 예를 통하여 알아보자.

그림 11-1에서 휘트스톤 브리지에서 $P = 100[\Omega]$, $Q = 1000[\Omega]$, $R = 200[\Omega]$, $X = 2005[\Omega]$이고 전지전압 5[V]이며 내부저항은 무시한다. 측정저항의 오차 5[Ω]에 대한 검류계의 감도 $S_I = 10[\text{mm}/\mu\text{A}]$, 내부저항 $R_g = 100[\Omega]$과 검류계의 감도 $S_I = 1[\text{mm}/\mu\text{A}]$, 내부저항 $R_G = 100[\Omega]$을 사용할 때 검류계의 편위를 각각 계산하여라.

식 (11-5)~식 (11-8)을 이용하여 등가전압, 등가저항 및 검류계의 전류를 구하면

$$V_0 = E\left(\frac{Q}{Q+X} - \frac{P}{P+R}\right) = 5\times\left(\frac{100}{100+200} - \frac{1000}{1000+2005}\right)$$

$$\fallingdotseq 2.77[\text{mV}]$$

$$R_0 = \frac{PR}{P+R} + \frac{QX}{Q+X} = \frac{100\times2005}{1000+2005} + \frac{100\times200}{100+200} \fallingdotseq 730[\Omega]$$

$$I_g = \frac{V_0}{R_0+R_g} = \frac{2.77}{730+100} \fallingdotseq 3.34[\mu\text{A}]$$

그러므로 감도 10[mm/μA]인 검류계의 경우 편위 d_1은

$$d_1 = S_I\times I_g = 10\times3.34 = 33.4[\text{mm}]$$

감도 1[mm/μA]인 검류계의 경우 편위 d_2는

$$d_2 = S_I\times I_g = 1\times3.34 = 3.34[\text{mm}]$$

로 되어 검류계의 감도가 예민할수록 지침의 편위가 커지므로 측정오차를 줄일 수 있다.

3. 실험 · 실습 사용기기 및 재료

① 전원

② 계측기 : 테스터기, 휘트스톤 브리지

③ 저항(1/2[W]) : 2.2[Ω]부터 1[MΩ]까지 임의로 10개

4. 실험순서 및 실험방법

① 그림 11-1 (a)와 같은 브리지를 진동이 없는 장소에 수평으로 놓고 미지저항을 연결한다.

② 비례변 다이얼을 눈금 1에 일치시키고 평형변 다이얼은 100[Ω]에 일치시킨다.

③ 전지와 연결된 스위치 K_1을 닫은 후에 검류계의 스위치 K_2를 닫고, 검류계의 편위 방향을 확인하여 검류계의 지시방향 '+'방향을 지시하면 미지저항이 100[Ω]보다 크므로 검류계 연결 스위치 K_2를 열고 비례변 다이얼을 눈금 10에 일

치시켜 고정한다.

④ ③과 같이 반복하면 계속 "+"방향을 지시하면 비례변 다이얼을 눈금 100에 일치시켜 고정한다.

⑤ ④에서 지침 "−"방향을 지시하면 미지저항은 1000[Ω](100×10)에서 10000[Ω](100×100) 사이임을 알 수 있다.

⑥ ①에서 지침이 "−"방향을 지시하면 미지저항은 100[Ω]보다 작으므로 비례변 다이얼은 0.1, 0.01, …등으로 작게 하되 지침이 "+"방향을 지시하도록 한다.

⑦ 비례변 다이얼의 눈금을 구분하여 평형변의 다이얼을 수치가 큰 방향부터 순차적으로 가감하여 검류계의 지침이 0이 되게 하고 미지저항값을 측정한 저항값과 함께 표 11-1에 기록한다.

⑧ 미지저항을 다른 것으로 바꾸어 위의 과정을 반복하고, 측정된 결과를 표 11-1에 기록한다.

⑨ 휘트스톤 브르지의 검류계를 감도가 좋은 검류계로 교체하고 위의 과정을 반복하고 측정된 결과를 표 11-2에 기록한다.

⑩ 참고로 미지저항값 X와 비례변 다이얼값과의 관계는 다음과 같다.

미지저항값[Ω]	비례변 다이얼값
1~10	0.001
10~100	0.01
100~1000	0.1
1~10K	1
10~100K	10
100~1000K	100
1~10M	1000

5. 실험결과 및 고찰

① 실험순서 ①~⑧에서 측정된 결과를 표 11-1에 기록하여라.

표 11-1

미지저항	색저항값	회로시험기 측정저항	비례변값	평형변값	측정저항
R_1					
R_2					
R_3					
R_4					
R_5					
R_6					
R_7					
R_8					
R_9					
R_{10}					

② 휘트스톤 브리지의 검류계를 교체한 후에 측정된 결과를 표 11 2에 기록하여라.

표 11-2

미지저항	색저항값	회로시험기 측정저항	비례변값	평형변값	측정저항
R_1					
R_2					
R_3					
R_4					
R_5					
R_6					
R_7					
R_8					
R_9					
R_{10}					

③ 표 11-1, 표 11-2에서 발생된 오차의 원인을 분석해 보고, 오차를 줄일 수 있는 방법을 생각해 보아라.

④ 그림 11-1 (b)의 휘트스톤 브리지의 회로도를 참고하여 1[kΩ]에서 부터 10 [GΩ] 까지의 측정할 수 있는 휘트스톤 브리지를 설계하여라.

실험 12 납땜(Soldering brazing)

납땜이란 전자기기 및 통신기기 등에 있어서 회로를 구성하고 있는 능동소자(다이오드, TR, IC) 및 수동소자(저항, 콘덴서, 인덕터 등) 등의 부품을 접합하기 위한 땜을 하는 작업으로써 기기의 확실한 동작을 위해서는 올바른 남땝과 충실한 연습이 필요하게 되므로 열심히 노력하여야 한다.

(1) 납(땜납)

전기 통신용 땜납은 녹는 온도와 납땜 강도 등을 고려하여 주석과 납이 6 : 4[주석(Sn) 60[%], 납(Pb) 40[%]]의 비율로 혼합된 것을 사용하는 것이 좋고, 굵기는 0.8~3[mm] 정도의 여러 종류가 있으나 0.8[mm] 정도의 스프링(spring) 납을 사용하는 것이 좋다.

1 납땜 인두 사용시 주의사항

인두 팁의 청소는 도금된 팁을 사용할 때는 별문제가 되지 않지만 도금되지 않은 것은 사포나 줄로 깨끗이 닦아서 사용해야 한다.

① 인두 팁의 청소를 위해서 스펀지나 휴지를 물에 적셔서 사용해서는 안된다.
② 인두 끝의 열을 식히기 위해서 물에 담금질을 해서는 안된다.
③ 가열된 상태에서는 팁조정나사를 돌려서는 안된다.
※ 인두 팁을 물에 담금질하면 팁의 강도가 달라져 열전도율이 변화하여 납이 잘 녹지 않게 된다.

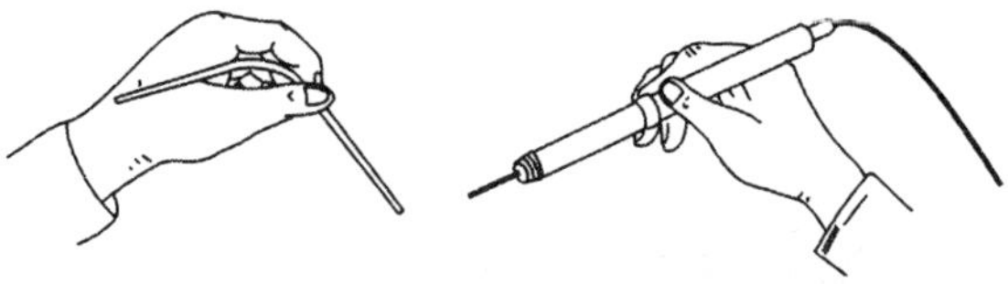

그림 12-1 땝납과 인두를 잡는 방법

(2) 납땜 작업

[1] 납땝 작업의 5공정

그림 12-2

① 인두 끝과 납을 가까이 하고 납땜 준비를 한다.

② 인두 끝으로 모재를 가볍게 누르며 모재(프린트 기판)를 가열한다.

③ 납땜할 위치에 납을 대고 적량 녹인다. 이때 납이 곧 녹지 않으면 인두의 가열 부족이다.

④ 적량의 납이 녹으면 납을 뗀다. 납의 양은 약간 퍼졌을 때가 적량이다.

⑤ 납이 빛나고 약간 퍼질 때까지 기다렸다가 타이밍 좋게 인두를 뗀다. 이때 인두 끝이 흔들리면 마무리가 잘 안된다. 위치에 납을 대고 적량 녹인다.

(3) 땜납의 종류와 액상온도

땜납은 H 00으로 표시하며 주석과 아연의 혼합비율에 따른 용융온도는 다음 표와 같다.

기 호	H 40	H 45	H 50	H 55	H 60	H 63	H 65
액상온도	238[℃]	227[℃]	215[℃]	203[℃]	190[℃]	184[℃]	186[℃]

예 H60→주석 60[%]+아연 40[%], 말미에 S, A, B의 등급을 기입한다.

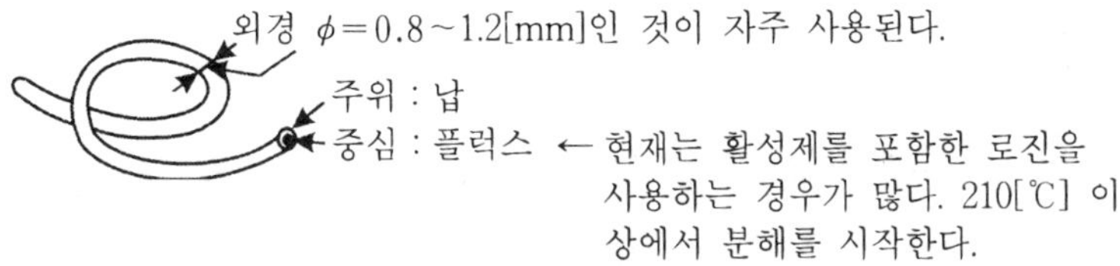

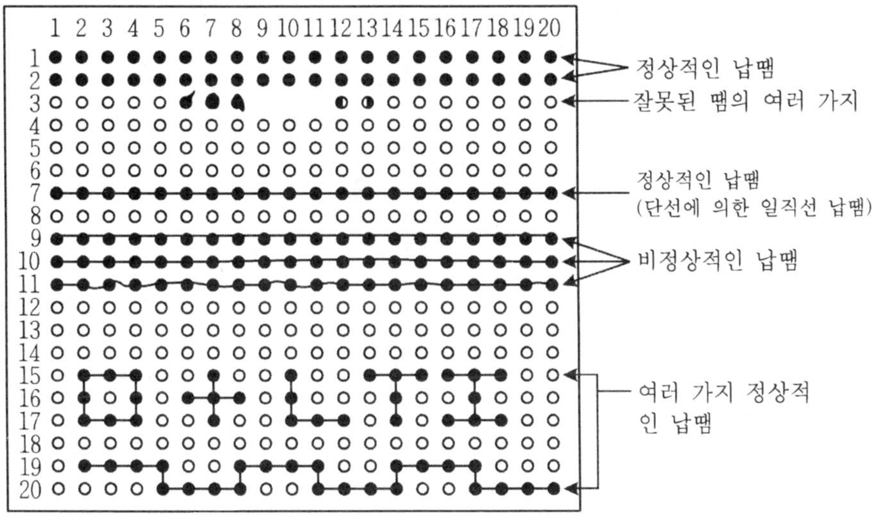

그림 12-3

1 납땜 작업후 경사각 및 검사

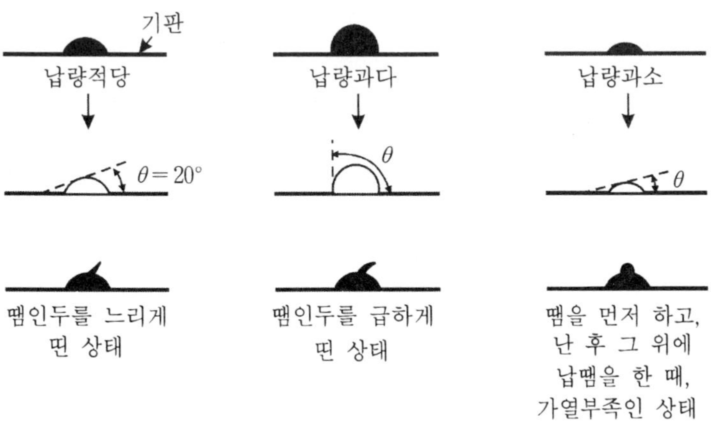

그림 12-4

[2] 페이스트

기판의 동박이나 부품의 리드선이 부식되었을 때는 땜이 잘되지 않는다. 따라서 사포나 줄로 부식된 부분을 깨끗이 닦아내고 페이스트를 칠하여 작업을 하면 융착이 용이하게 된다. 그러나 칠이 좋은 땜납을 사용할 때에는 필요치 않게 된다.

실험 13 휘스톤브리지에 의한 저항 측정

1. 실험 목적

습동선형 Wheatstone Bridge를 이용하여 미지의 전기저항의 값을 측정하는 방법을 알아보고 이 과정에서 Wheatstone Bridge의 전기회로의 구조를 이해한다.

2. 실험 · 실습에 따른 예비지식

원래 Wheatstone Bridge(그림 13-1)는 4개의 저항을 2개씩 직렬로 연결한 후 이들을 다시 병렬로 연결한 회로이다. 이중 두 개의 저항은 알고 있고 하나의 저항은 가변저항이며 나머지 하나의 저항은 측정하려는 미지의 저항이다. 기지의 저항 두개를 직렬로 연결하고 가변저항과 미지의 저항도 직렬로 연결한 후 이 두 직렬로 연결된 저항들을 다시 병렬로 연결하는 것이다. 이 두 직렬로 연결된 저항사이에 검류계를 연결하여 검류계에 전류가 흐르지 않을 때까지 가변저항을 변화시킨다. 이때 나타나는 결과를 이용하여 미지의 저항의 크기를 구한다. 이 실험에서는 두개의 기지의 저항이 가변저항이 되도록 조정한 것과 가변저항이 기지의 저항으로 바뀐 것이 다르다. 그러나 원리나 회로도는 동일하다. 이 실험에서 사용하는 회로도는 그림 13-2에서 참조하라.

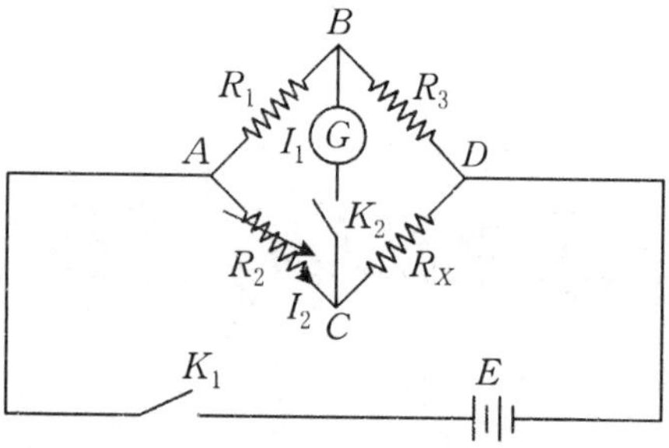

그림 13-1 Wheatstone Bridge의 회로도

이 실험에서는 Wheatstone Bridge 회로에서 4개의 저항들 사이에 검류계를 설치하고 두개의 가변저항을 변화시키면서 검류계를 통과하는 전류의 유무를 확인하여 미지의 저항값(R_X)을 알아낸다. 그림 13-2와 같이 4개의 저항 R_1, R_2, R_3, R_X을 연결한다. 스위치 S_1을 닫으면 이 회로에 전류가 흐른다. 여기서 스위치 S_2을 닫고 가변저항 R_1과 R_3를 변화시켜 검류계에 전류가 흐르지 않는 점 B의 위치를 찾는다. 이때 저항 R_1에 전류 I_1이, 저항 R_2에는 전류 I_2가 흐른다고 하자. 검류계에 전류가 흐르지 않는다는 것은 점 B와 점 C 사이에 전위차가 없음을 의미한다. 즉 B와 C는 같은 전위를 갖는 점들이다. 따라서 선분 AB 사이의 전압 강하는 선분 AC 사이의 전압강하와 같으며 선분 BD 사이의 전압강하는 선분 CD 사이의 전압강하와 같다. 다음은 이러한 사실들의 결과이다.

$$I_1R_1 = I_2R_2,\ I_1R_3 = I_2R_X \Rightarrow \frac{R_1}{R_3} = \frac{R_2}{R_X} \Rightarrow R_X = \frac{R_3}{R_1}R_2 \qquad (13\text{-}1)$$

실험에서 사용하는 저항선이 균일한 단면적과 물질로 이루어졌다고 하면 저항은 저항선에 균일하게 나타날 것이며 따라서 저항은 저항선의 길이에 비례할 것이다.

$$R \propto l \Rightarrow R = \rho\frac{l}{A} \equiv kl \qquad (13\text{-}2)$$

또한, 본 실험에서 R_1, R_3는 가변저항으로 길이가 l인 균일한 물질을 둘로 나눈 것이기 때문에 이 두 저항의 합은 일정하고 각 저항은 길이에 비례한다.

$$R_1 = kl_1,\ R_3 = kl_3,\ R_1 + R_3 = kl(l = l_1 + l_3) \Rightarrow \frac{R_3}{R_1} = \frac{l_3}{l_1} \tag{13-3}$$

따라서 구하려는 미지의 저항은 식 (13-1)과 식 (13-2)에서 구할 수 있다.

$$R_X = \frac{l_3}{l_1} R_2 \tag{13-4}$$

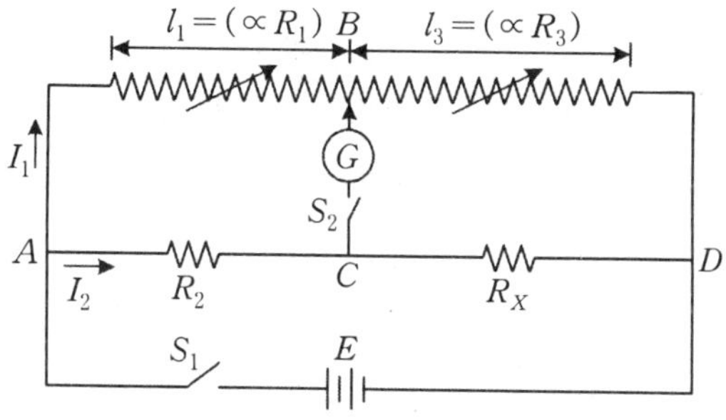

그림 13-2 전기저항 측정 장치의 회로도

3. 실험 · 실습 사용기기 및 재료

① Wheatstone Bridge 회로판
② 아날로그 검류계(25[μA])
③ 1[m] 저항선
④ 전원 및 검침봉
⑤ 기지저항 set, 미지저항 set(10개)

4. 실험순서 및 실험방법

이 실험은 '기전력측정' 실험과 비슷한 실험기기와 구조를 가지고 있다. 실험에 앞서 아래의 주의사항을 반드시 읽기 바란다.

(1) 일반적 주의 사항

① 회로를 연결할 때는 원래 회로상의 편리한 한 지점을 시작점으로 택한다. 그 점을 실제 회로의 시작점으로 하여 차근차근 따라가며 도선을 연결하여 그림의 회로를 구성해낸다.

② 모든 회로를 연결할 때 주의해야 할 점 : 회로가 완전히 연결되기 전에는 전원을 켜서는 안된다. 전원에 스위치가 없는 경우는 전원의 마지막에 연결해야 한다. 또한, 두개 이상의 전원이 있는 경우 하나를 다른 하나와 바꾸어 연결하는 경우는 부품에 이상을 초래하거나 사고의 원인이 될 수 있으므로 전원이 각 회로에 올바르게 연결되었는지 각별한 주의를 기울여야 한다.

① 저항선의 전체 길이 l을 잰다.

② 검류계가 연결된 부분을 제외한 회로를 그림 13-2와 같이 연결한다.(미지의 저항은 set의 10개 중에서 하나를 택하고 기지의 저항도 적당한 것을 택하여 직렬로 연결한다. 여기서 주의할 점은 1[m]의 저항선은 저항 R_1과 R_3의 합이므로 이미 두개의 저항이 직렬로 연결되어 있는 형태라는 것이다. 이들은 다시 R_2와 미지의 저항에 병렬로 연결되어야 한다.)

③ 검류계 부분을 회로에 연결한다.(기지저항(R_2)과 미지저항(R_X) 사이에서 도선이 연결되어 스위치 S_2의 한 끝에 연결되고 스위치의 다른 한 끝은 검류계에 연결된다. 검류계의 다른 한 끝은 검침봉에 연결되고 검침봉은 1[m] 저항선의 중간의 어떤 점(검류계의 전류가 '0'을 가르키는 지점)에 연결될 것이다. 이 점에 대해서는 아래 ⑤번 단계에서 언급한다.)

④ 회로가 완전히 연결된 것을 확인한 후 전원스위치 S_1을 연결한다. 이로써 회로에 전류가 흐르게 되지만 스위치 S_2가 연결되기 전까지는 아직 검류계가 회로에 연결된 상태가 아니다.

⑤ 스위치 S_2를 연결하고 검침봉을 1[m] 저항선의 중간정도에 살짝 대본다.(이때 검침봉을 살짝 댄후 검류계 바늘의 움직임이 음의 방향이든 양의 방향이든 검류계의 계기판의 측정범위를 넘어서면 바로 저항선에서 떼어야 한다. 검류계의 범위를 넘어선 상태에서 계속 검침봉을 대고 있으면 검류계가 고장나게 된다.) 이때 검류계가 음 또는 양의 방향으로 매우 크게 이동하면 검침봉의 위치를 저항

선상에서 좌우로 이동하여(불연속적으로, 즉, 검침봉을 살짝 대었다 뗐다 하는 것을 반복하면서) 검류계에 흐르는 전류가 검류계의 측정범위에 오도록 한다. 일단, 검류계에 흐르는 전류가 검류계의 측정범위 내에 들어오면 검류계의 전류가 '0'이 되는 지점의 위치 즉, 저항 R_1에 해당하는 저항의 길이(l_1)를 연속적으로 검침봉을 움직여 세밀하게 찾는다. 이에 따라 동시에 저항선의 전체 길이 ($l \approx 1$[m])로부터 저항 R_3에 해당하는 저항의 길이($l_3 = l - l_1$)를 찾을 수 있다.

⑥ 여기에서 미지의 저항 R_X를 식 $R_X = (l_3 / l_1)R_2$로부터 구한다. 이 저항값을 저항의 색띠(color code)를 이용하여 구한값과 비교하고 color code에 의한 error 범위에 합당한지 조사하라.

⑦ 같은 방법으로 ②~⑥과정을 통해 다른 4개의 미지의 저항을 구한다.

⑧ 기지의 저항을 다른 것(R_2')으로 택하고 ②~⑦과정을 반복하여 나머지 5개의 미지의 저항을 구한다.

(2) 색에 따른 저항값과 오차

색	검정	갈색	빨강	주황	노랑	초록	파랑	보라	회색	흰색	무색오차	은색오차	금색오차
숫자	0	1	2	3	4	5	6	7	8	9	20[%]	10[%]	5[%]

보통 저항은 세개 또는 네개의 색을 가지고 있다. 첫번째 색과 두번째 색은 각각 십자리와 일자리 숫자에 해당하고 세번째 색은 10의 지수에 해당한다. 마지막으로 네번째 색은 무색, 은색, 금색으로 이루어지는데 무색이란 색이 없는 것으로 앞의 세가지 색에 대한 오차가 ±20[%]임을 의미하고 은색은 ±10[%], 금색은 ±5[%]의 오차를 가지고 있음을 의미한다. 만일 저항에 세가지 색밖에 없다면 네번째 색은 무색이며 따라서 저항의 오차는 ±20[%]이다.

예 A : 보라(7), B : 파랑(6), C : 주황(3)
$76 \times 10^3 \rightarrow (76 \pm 15.2)$[kΩ]

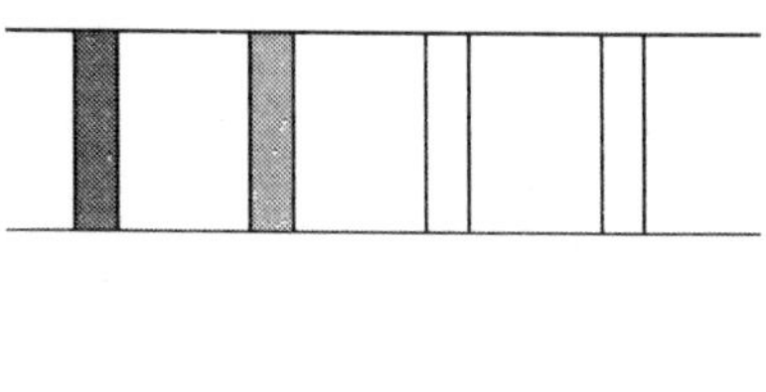

예 A : 회색(8), B : 갈색(1), C : 검정(0), D : 금색
$81\times10^{0}\rightarrow(81\pm4.1)[\Omega]$

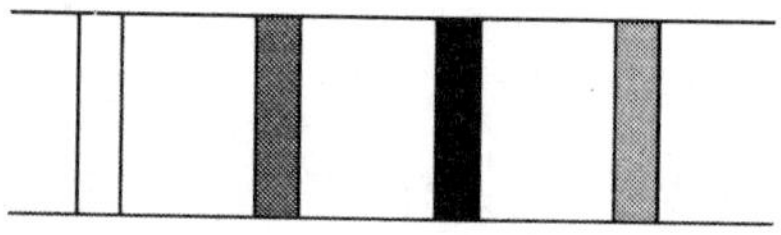

5. 실험결과 및 고찰

① 실험값

저항의 단위는 Ω저항선의 길이 : l=__________[cm]

	l_1[cm]	$l_3=l-l_1$[cm]	R_2	$R_X=\frac{l_3}{l_1}R_2$	R_X의 color code
미지저항 1					
미지저항 2					
미지저항 3					
미지저항 4					
미지저항 5					
미지저항 6					
미지저항 7					
미지저항 8					
미지저항 9					
미지저항10					

② 실험 결과와 분석

실험 14 오실로스코프 사용법

1. 오실로스코프 실습(1)

(1) 일반적인 주의사항

① 진동 및 충격 금지
② 필요 이상으로 밝게 하지 말 것
③ 자성체 근처에서 사용 금지
④ Probe 취급 주의

(2) 前面 PANEL의 각부명칭 및 설명

① Cathode Ray Tube(CRT)
② Power Switch : 전원 스위치
③ Pilot Lamp : 전원 표시등
④ CAL Terminal : Probe 조정에 쓰임
⑤ Intensity Control : 파형의 밝기 조절
⑥ Focus Control : 초점 조절
⑦ Astigmatism Control : 비점 수차 조정

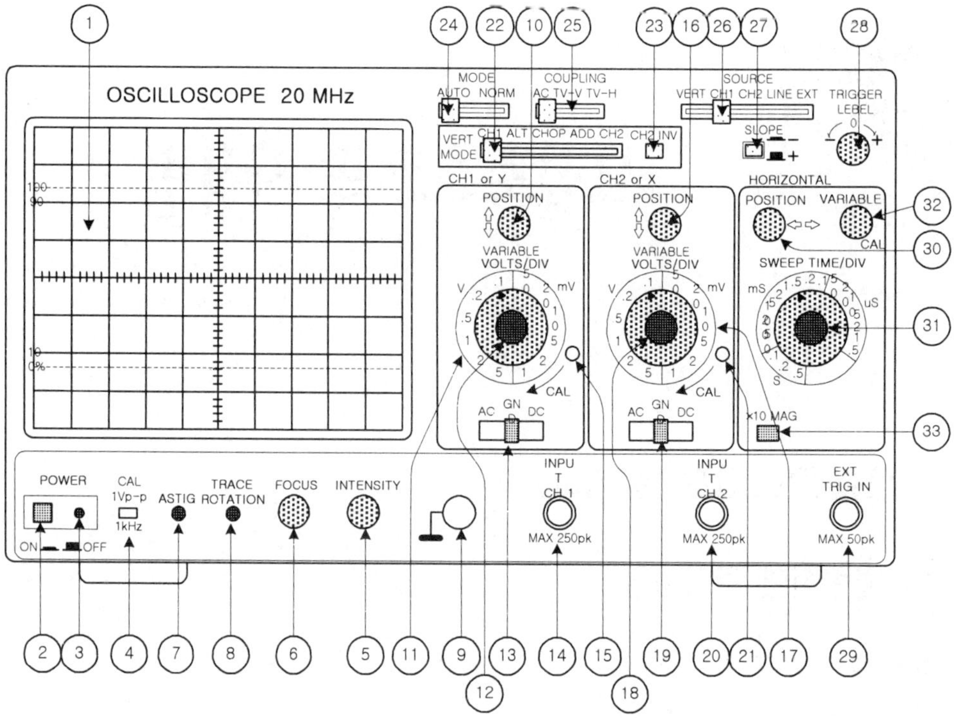

그림 14-1 오실로스코프의 앞면 판넬

⑧ Trace Rotation : 수평 휘선의 기울어짐을 바로 잡음

⑨ GND Terminal : 접지 단자

⑩ POSITION : CH1 파형의 수직 위치 조절

· X-Y 동작시에는 Y축의 위치 조절

⑪ VOLTS/DIV Control : CH1 수직축 감도 조절

· X-Y동작시 Y축 감도 조절(CAL Knob는 시계 방향으로 끝까지 돌려 놓을것)

⑫ Variable Control(CAL Knob)

· CH1의 VOLTS/DIV간 연속적인 감도 조절

⑬ AC-GND-DC S/W(CH1 수직입력 신호의 결합 mode)

㉠ AC → 입력신호가 OSC의 내부 amp회로와 capacity를 통하여 결합됨.

㉡ GND → 입력단이 접지됨.(대기시 사용)

㉢ DC → 입력단이 OSC의 내부 amp회로와 직결됨.

⑭ Input Jack : CH1의 입력 잭, X-Y동작시는 Y축 입력 잭

⑮ BAL Control : CH1의 DC balance 조절

⑯ POSITION : CH2 파형의 수직위치 조절

⑰ VOLTS/DIV Control : CH2 수직축 감도 조절
 · X-Y동작시에는 X축 감도 조절(CAL Knob는 오른쪽으로 끝까지 돌려 놓음)

⑱ Variable Control(CAL Knob) : CH2의 VOLTS/DIV간 연속적인 감도 조절

⑲ AC-GND-DC S/W(CH2 수직 입력 신호의 결합 mode)
 (CH1의 경우와 동일)

⑳ Input Jack : CH2의 입력 잭
 · X-Y동작시는 X축 입력 잭

㉑ BAL Control : CH2의 DC balance 조절(CH1의 경우와 같이 보통 조절할 필요가 없음)

㉒ Vretical Mode Selecter S/W : 수직축 동작 mode 선택
 ㉠ CH1 → CH1의 입력신호가 화면에 나타남
 ㉡ ALT → CH1과 CH2의 입력신호가 교대로 나타남(고주파 관측시 편리)
 ㉢ CHOP → CH1과 CH2의 입력신호가 교대로 나타남(저주파 관측시 편리)
 ㉣ ADD → CH1과 CH2의 두 입력신호를 합친 파형이 나타남(CH2가 INV mode일 때는 두 신호의 차가 나타남)
 ㉤ CH2 → CH2의 입력신호가 화면에 나타남

㉓ INV Switch : CH2 입력신호의 극성을 반전시킴

㉔ MODE Selecter S/W : trigger 동작 mode의 선택
 ㉠ AUTO → 소인(掃引)이 자동적으로 발생, 보통 이 mode를 이용
 ㉡ NORM → 낮은 주파수 관측시 사용함
 ㉢ X-Y → CH1을 Y축으로, CH2를 X축으로 동작시킴
 (Lissajous도형 관측시 사용)

㉕ Coupling Selecter S/W
 ㉠ AC → 일반적인 파형관측시 사용
 ㉡ TV-F → TV의 수직동기신호 관측시 사용
 ㉢ TV-L → TV의 수평동기신호 관측시 사용

㉖ SOURCE Selecter S/W → 트리거 신호원의 선택
 ㉠ VERT → 여기에 set하면 ㉒가 CH1, ALT, CHOP, ADD mode일 때 CH1의 신호가 트리거 신호원이 됨. ㉒가 CH2에 set되어 있을 때는 CH2가 트리거 신호원이 됨.

ⓛ CH1→CH1에 가해지는 입력신호가 트리거 신호원이 됨.

ⓒ CH2→CH2에 가해지는 입력신호가 트리거 신호원이 됨.

ⓔ LINE→상용전원에서 트리거 신호를 얻어냄(60[Hz]에 동기되는 신호의 관측 시 사용)

ⓜ EXT→EXT. TRG Jack에 가해지는 입력이 트리거 신호가 됨.

㉗ SLOPE S/W : 이 버튼을 누르면 (+)slope 상태, 누르지 않으면 (−)slope 상태

㉘ TRIGGER LEVEL CONTROL→트리거 threshold 레벨을 조절

㉙ EXT.TRG Input Jack : ㉖의 스위치가 EXT로 되어 있을 때는 여기에 공급된 신호가 트리거 신호원이 됨.

㉚ POSITION Control : 파형의 수평위치 조절

㉛ SWEEP TIME/DIV : 掃引시간 조절(CAL Knob는 시계방향으로 끝까지 돌려 놓고 사용할 것)

㉜ VARIABLE Control(CAL) : SWEEP TIME/DIV값의 연속 가변

㉝ ×10 MAG S/W : 파형이 수평으로 10배 확대됨.(이 경우 수평 DIV당의 소인시간은 TIME/DIV ㉛값의 1/10이 됨.)

(3) 파형관측 방법

① 수직편향 mode 스위치 ㉒→CH1으로

② 트리거 mode 스위치 ㉔→AUTO로

③ 트리거 SOURCE ㉖→VERT로

④ 입력 mode 스위치 ⑬→GND로

⑤ 상하 position 조절 knob ⑩를 돌려 휘선을 수평기준선에 맞춤

⑥ CH1의 VOLTS/DIV ⑪→최대 range로
(반시계 방향으로 끝까지 돌리면 된다.)

⑦ ㉠ AC 측정시는 입력 mode 스위치 ⑬→AC로
ⓛ DC 측정시는 입력 mode 스위치 ⑬→DC로

⑧ CH1의 probe에 관측하려는 신호를 가함
㉠ 파형의 수직 크기→VOLTS/DIV ⑪을 돌려 조절함
ⓛ 파형의 수평 폭→SWEEP TIME/DIV ㉛를 돌려 조절함

㉢ 파형이 흔들리면 Trigger Level Control ㉘을 돌려 조절함

(4) 전압, 전류, 주파수 구하기

① 수직축(전압) 측정값=DIV 수×VOLTS/DIV 값×probe 배율

② 수평축(주기) 측정값=DIV 수×SWEEP TIME/DIV 값

③ 주파수 $F = 1/T$[Hz]

(5) 두개의 파형을 관측하는 방법

① 수직축 mode 스위치 ㉒를 ALT나 CHOP 위치에 둔다.

② CH1과 CH2를 모두 이용하여 ①의 과정에 따른다.

(6) DC 전압 측정 예

① 수직 입력 선택 스위치 ㉒를 CH1 위치로 한다.

② CH1 입력 mode 스위치 ⑬을 GND로한 후 zero전위(기준선)위치를 설정한다.

③ 입력 mode 스위치 ⑬을 DC 위치로 전환한 후 CH1의 probe에 DC 전압을 가한다.

④ 그림 14-2에서 VOLTS/DIV=0.5, 사용한 probe는 10 : 1이고, 수직축 DIV값은 3.5[DIV]이므로

DC전압=3.5[DIV]×0.5[VOLTS/DIV]×10=17.5[V]

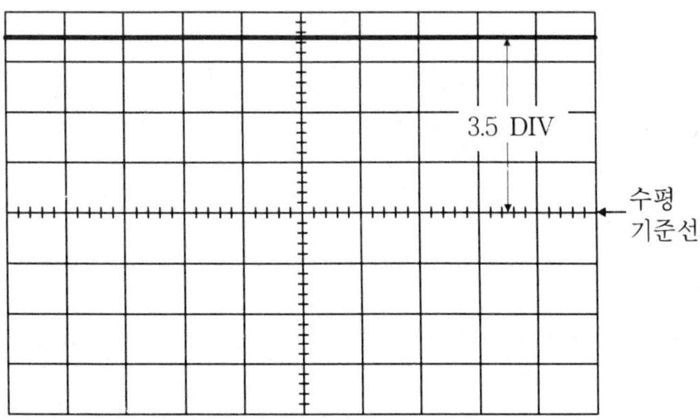

그림 14-2 DC 전압의 측정 예

(7) AC 전압 측정 예

① 수직 입력 선택 스위치 ㉒를 CH1 위치로 한다.

② 스위치 ⑬을 AC 위치로 한 후 CH1의 probe에 신호를 가함.

③ 그림 14-3의 경우, VOLTS/DIV=0.2, 수평 기준선에서 파형의 피크까지는 2.5[DIV]이고 probe는 10 : 1이므로

AC 전압의 최대치=2.5[DIV]×0.2[VOLTS/DIV]×10=5[V]

파형이 정현파일 경우

실효치 AC 전압=최대치 $/\sqrt{2} = 5/\sqrt{2} = 3.5$[V]

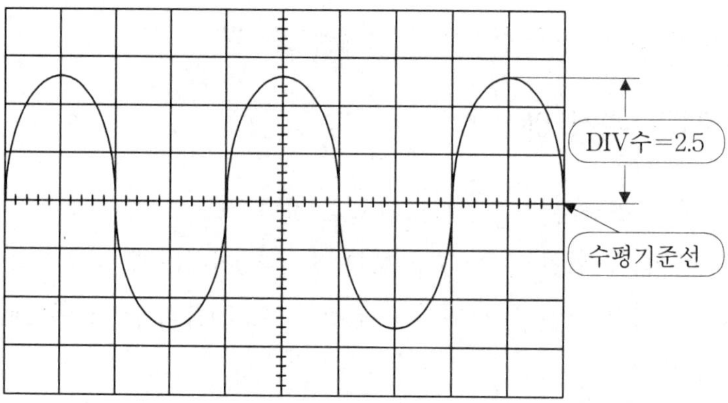

그림 14-3 AC 전압의 측정 예

(8) 주파수의 측정 예

① 그림 14-4의 경우 SWEEP TIME/DIV=1[mS]이고,
1 주기(A에서 B까지)의 DIV 수는 4이므로

㉠ 주기 T=4[DIV]×1[mS/DIV]=4[ms]

㉡ 주파수 $f = 1/T = 1/(4\times10^{-3}) = 250$[Hz]

이 때 파형확대 스위치 ㉝를 누르면 파형은 좌우로 10배 확대되고 DIV당의 소인시간은 원래의 1/10이 됨.

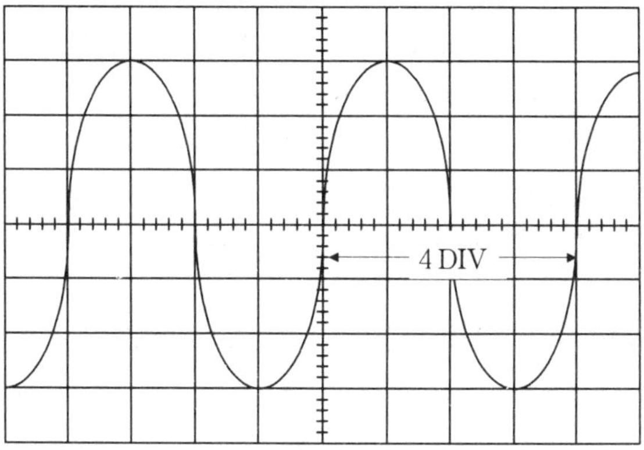

그림 14-4 주파수의 측정 예

(9) 기타 응용 측정 분야

① 전류값의 측정
② 위상차의 측정
③ TV 영상신호의 측정
④ pulse 파형의 상승시간, 하강시간의 측정
⑤ 각종 부품의 특성 측정
⑥ 기타 응용 측정

(10) 실험순서 및 실험방법

① 그림 14-5와 같은 회로를 배선한다.
② SG에서 1[kHz]의 정현파가 출력되도록 조절한다.
③ SG 출력파형(정현파)을 관측하고 기록한다.
 · VOLTS/DIV값, SWEEP TIME/TIME값도 반드시 기록할 것.
④ SG 출력파형(정현파)의 전압(실효치)을 계산하여 기록한다.
⑤ SG 출력파형의 주파수를 계산하여 기록한다.
⑥ SG에서 1[kHz]의 구형파가 출력되도록 조절한다.
⑦ 그 출력파형(구형파)을 관측해 본다.
⑧ SG에서 1[kHz]의 구형파가 출력되도록 조절한다.
⑨ 그 출력파형(구형파)을 관측해 본다.

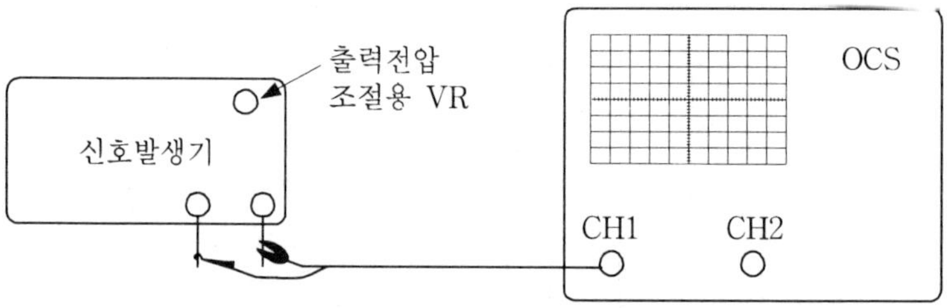

그림 14-5 신호발생기와 오실로스코프의 접속

2. 오실로스코프 실습(2)

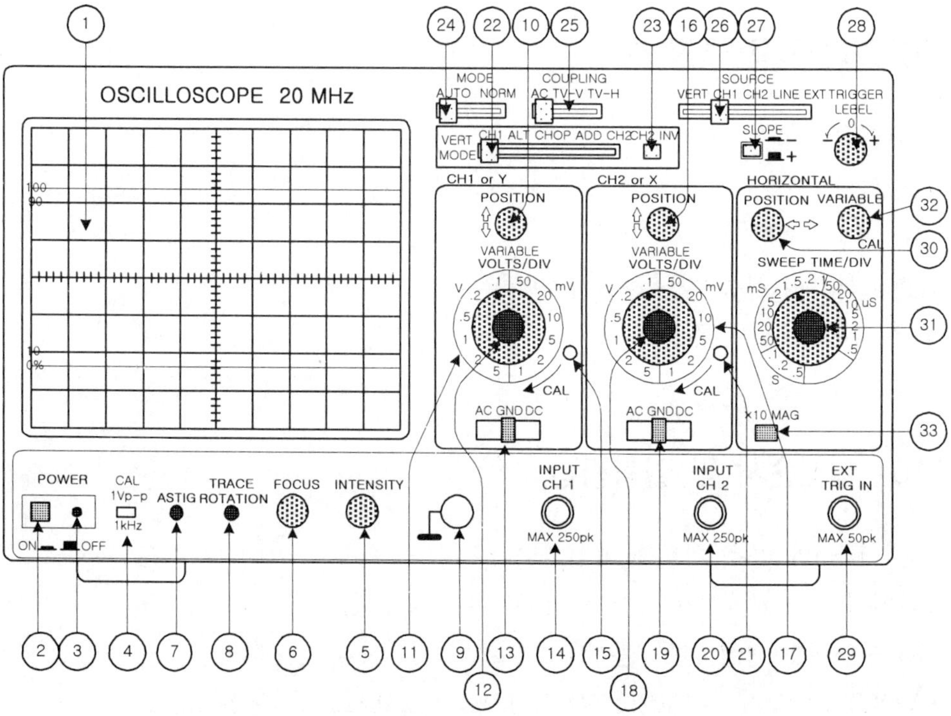

그림 14-6 오실로스코프의 앞면 판넬

(1) 2개의 파형을 관측하는 방법

· 준비운동 ① → CAL이 표시된 knob들은 전부 CAL의 위치(오른쪽으로 끝까지 돌린 상태)로 돌려 둔다.

· 준비운동 ②→VOLTS/DIV ⑪, ⑰ Knob들은 최대 Range로 돌려둔다.

① 채널1 입력 Jack ⑭, 채널2 입력 Jack ⑳에 각각 probe를 연결한다.

② 수직축 mode 스위치 ㉒를 ALT나 CHOP의 위치로 한다.

③ 트리거 모드 스위치 ㉔를 AUTO로.

④ 트리거 source 선택스위치 ㉖을 VERT 위치로.

⑤ 채널1 입력 mode 스위치 ⑬을 GND로.

⑥ 채널2 입력 mode 스위치 ⑲를 GND로.

⑦ 채널1 position knob ⑩을 돌려 채널1의 수평기준선을 그림 14-7과 같이 맞춘다.

⑧ 채널2 position ⑯을 돌려 채널2의 수평기준선을 그림 14-7과 같이 맞춘다.

⑨ 채널1 입력 mode 스위치 ⑬을 DC 위치로.

⑩ 채널2 입력 mode 스위치 ⑲를 DC 위치로.

⑪ 채널1, 채널2의 probe를 각각 실험기판 회로(그림 14-7 회로)에 접속하여 입력신호를 가한다.

주의 이 때 CH1, CH2 probe들의 악어크립 전극들은 모두 피측정 회로 기판의 공통전위(보통 ⊖라인)에 함께 접속한다.

⑫ 채널1의 VOLT/DIV ⑪, 채널2의 VOLT/DIV ⑰ 및 SWEEP TIME/DIV ㉛을 적당히 돌려 파형의 크기를 관측에 알맞도록 조절한다.

⑬ 파형이 CRT면상에서 고정되지 않고 좌우로 흐르는 경우에는 트리거 레벨 조절 knob ㉘을 적당히 조절한다.

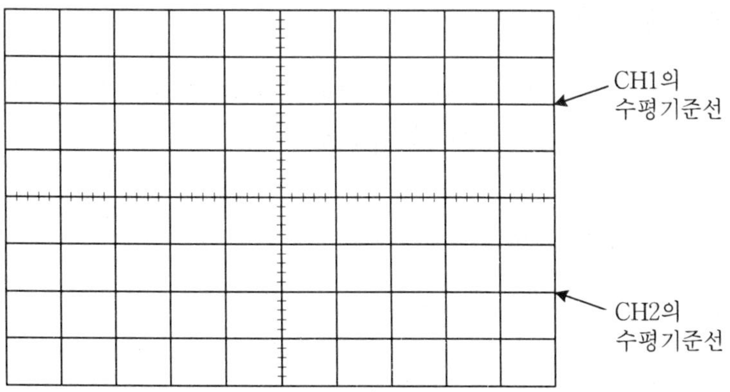

그림 14-7 수평기준선 맞추기

· 위상차 계산 예

㉠ 그림 14-8에서 Ⓐ, Ⓑ파형의 1[Hz] 당 수평 DIV값은 5.3이고

㉡ Ⓐ점과 Ⓑ점 파형간의 위상차는 1.75[DIV]이고

㉢ 1[Hz]당 rad각은 2π이므로

$5.3 : 1.75 = 2\pi :$ 위상차(rad)

$\therefore$ 위상차 $= 0.66\pi[\text{rad}] = 118.8°$

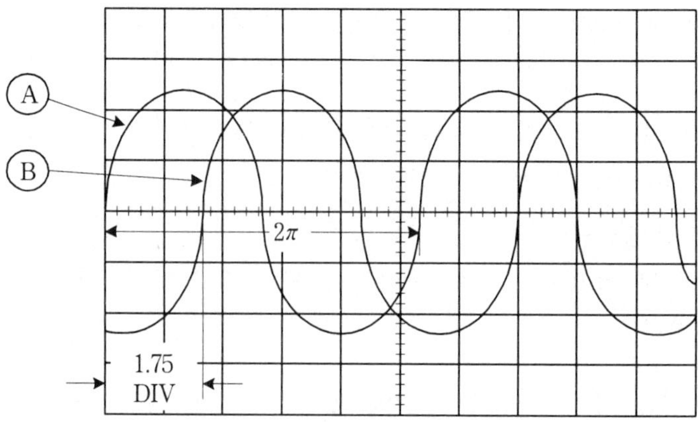

그림 14-8 위상차의 측정 예

(2) 실험순서 및 실험방법

전압, 위상차 측정 및 계산 방법 등을 잘 이해한 다음의 실험에 들어간다.

1 전압, 주파수 측정

① 그림 14-9와 같이 실험 회로를 배선한 다음 오배선 유무를 확인한다.

② 그림 14-9와 같이 CH1를 A-Q간에 접속한다.

③ A-Q간 파형의 주파수를 구한다.

④ A-Q간 파형의 전압을 구한다.

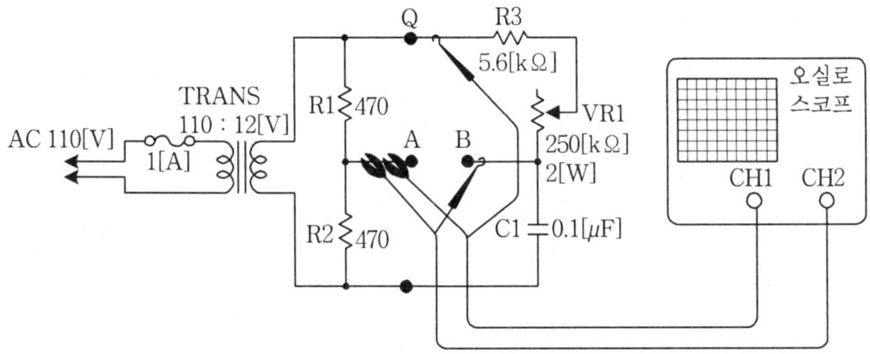

그림 14-9 위상차 측정실습 회로도

2 위상차 측정

① CH1의 probe를 A-Q간에, CH2의 probe를 A-B간에 각각 접속한다.

주의 두 프로브의 악어클립들은 반드시 회로 배선의 한곳에 같이 접속한다.(그림 14-9 참조)

② 두개의 파형을 관측하는 기본 조작을 행한다.

③ 파형의 크기가 적당해 지도록 OSC의 VOLTS/DIV, TIME/DIV값을 조절한다.

④ VR1을 조절하여 두 파형의 위상차가 최소가 되게 한 후

㉠ 두 파형을 보고서에 기록한다. 이때 VOLTS/DIV=( ), TIME/DIV=( ) 값도 반드시 기록한다.

㉡ 두 파형의 위상차를 계산하여 보고서에 기록한다.

⑤ VR1을 조절하여 두 파형의 위상차가 최대가 되게 한 후

㉠ 두 파형을 보고서에 기록한다. 이때 VOLTS/DIV=( ), TIME/DIV=( ) 값도 반드시 기록한다.

㉡ 두 파형의 위상차를 계산하여 보고서에 기록한다.

⑥ VR1을 조절하여 두 위상차가 90가 되게 해서 지도교수의 확인을 받는다.

참고 실험 방법 및 순서

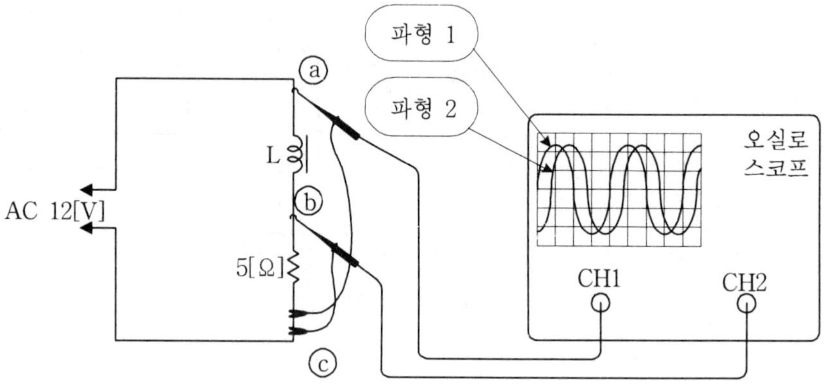

그림 14-10 위상차의 측정 (R-L)

① 그림 14-10과 같은 회로를 배선한다.

② 회로의 오배선 유무를 확인한다.

③ CH1, CH2의 기준선을 수평기준선에 일치시킨다.

④ CH1, CH2 프로브의 악어클립들을 ⓒ점에 공동 접속한다.

⑤ ⓐ점에는 CH1 프로브의 후크크립을 접속하고, ⓑ점에는 CH2 프로브의 후크크립을 접속하여 ⓐ점, ⓑ점 두개의 파형을 동시에 관측해 본다.

⑥ ⓐ점, ⓑ점 파형간의 위상차를 구하여 보고서에 기록한다.(위상차 계산 예 참조) 이 때 VOLTS/DIV값, SWEEP TIME/DIV값도 반드시 기록할 것.

3. 실험결과 및 고찰

① 그림 14-11과 같이 실험회로를 배선한 후 신호발생기를 조절하여 CRT 상에 정현파, 10[kHz], 3[V(pk)]인 파형이 display되도록 하여라.

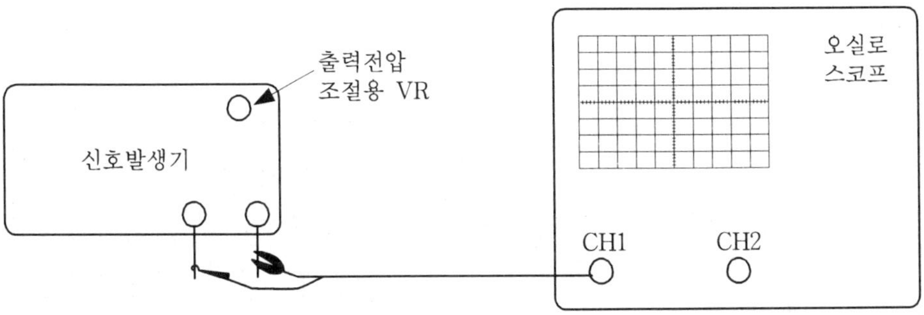

그림 14-11 신호발생기와 오실로스코프의 접속

㉠ CRT 화면에 나타난 파형을 그림 14-12에 그려라.

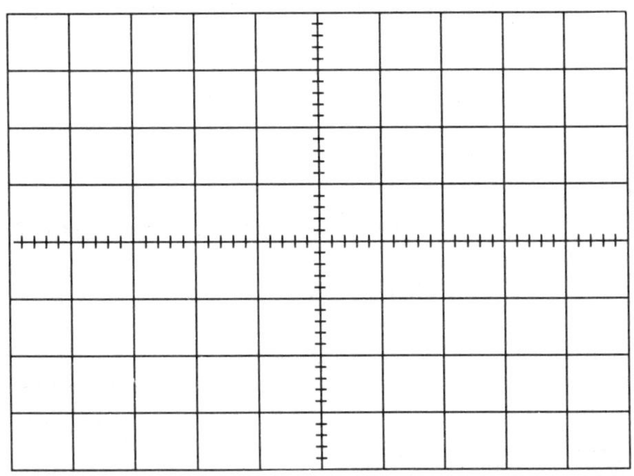

그림 14-12 CRT 화면상의 파형

V/div :
S/div :

㉡ 이 파형의 전압(피크치)을 구하여라.
Vpp : [V]

② 오실로스코프의 프로브를 그림 14-13과 같이 접속한 후, [파형 1]과 [파형 2]가 그림과 같이 나타나도록 OSC를 조정한 후 두 파형간의 위상차를 계산하여 구

하여라.

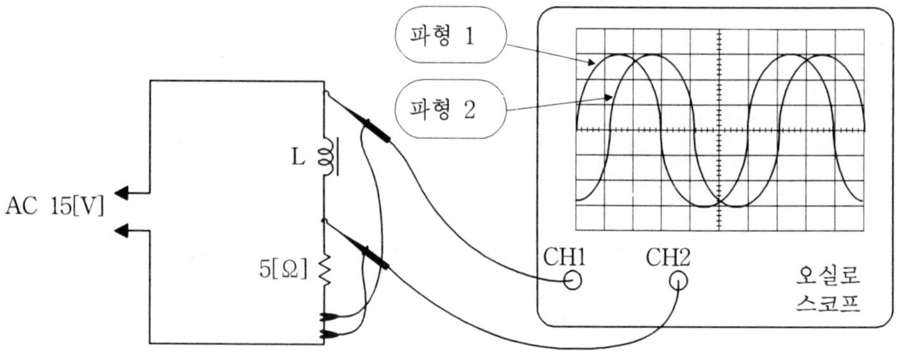

그림 14-13 위상차의 측정

위상차 :

③ 오실로스코프를 그림 14-14와 같이 배선하고 정현파 1[kHz]의 파형을 CRT 상에 display한 후 다음 사항을 기입하여라.

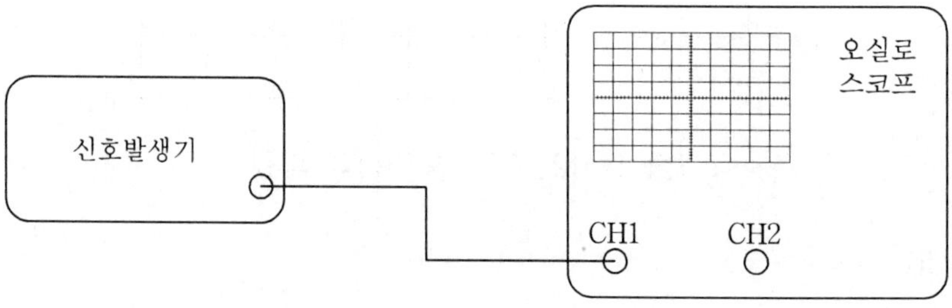

그림 14-14 신호발생기와 오실로스코프의 접속

㉠ CRT 화면에 나타난 파형을 그림 14-15에 그려라.

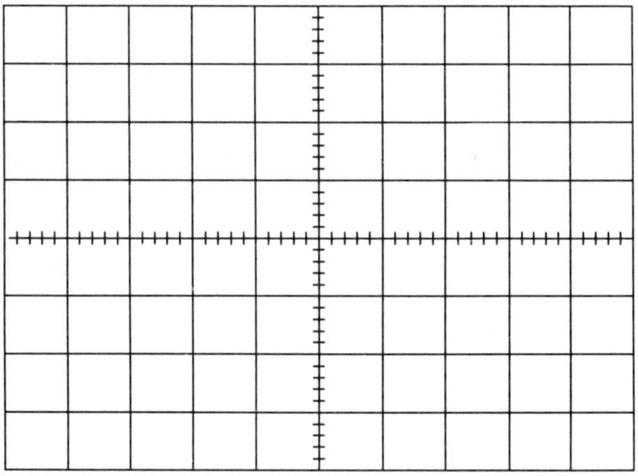

그림 14-15 CRT 화면상의 파형

V/div :
S/div :

㉡ 이 파형의 전압(피크치)을 구하여라.
Vpp : [V]

④ 오실로스코프의 프로브를 그림 14-16과 같이 접속한 후, [파형 1]과 [파형 2]가 그림과 같이 나타나도록 OSC를 조정한 후 두 파형간의 위상차를 계산하여 구하여라.

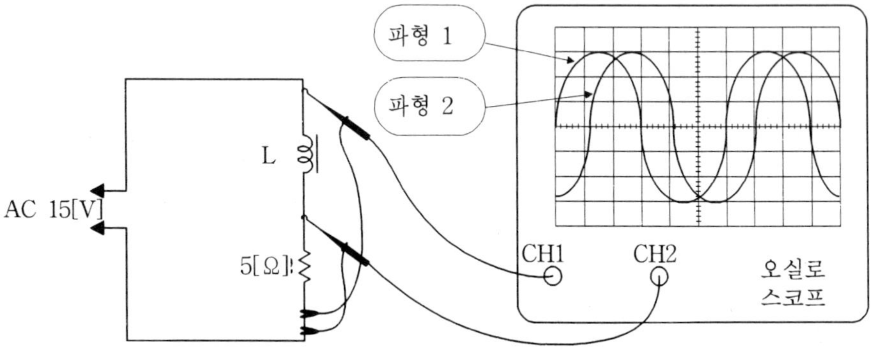

그림 14-16 위상차의 측정

위상차 :

실험 15 *R* 회로

1. 실험 목적

교류(AC)회로에 R소자만 있는 경우 전압과 전류의 위상관계를 이해한다.

2. 실험 · 실습에 따른 예비지식

저항 R만을 가지는 이상적 저항기를 통하여 $i=I_m\sin\omega t$로 표시되는 정현 전류가 흐를 때 저항기 양단의 전압은 ohm의 법칙으로부터

$$v=Ri=RI_m\sin\omega t=V_m\sin\omega t,\quad i=\frac{RI_m\sin\omega t}{R}=I_m\sin\omega t$$

여기서 전압 · 전류의 최대값 관계는

$$V_m=RI_m$$

또는 이 양변을 $\sqrt{2}$로 나누어 실효값으로 표시하면

$$V=RI \text{ 또는 } I=\frac{V}{R}$$

위 식은 저항만의 교류회로에서 성립하는 ohm의 법칙이라 할 수 있다. 그림 15-1은 R회로에서의 v, i 그래프이다.

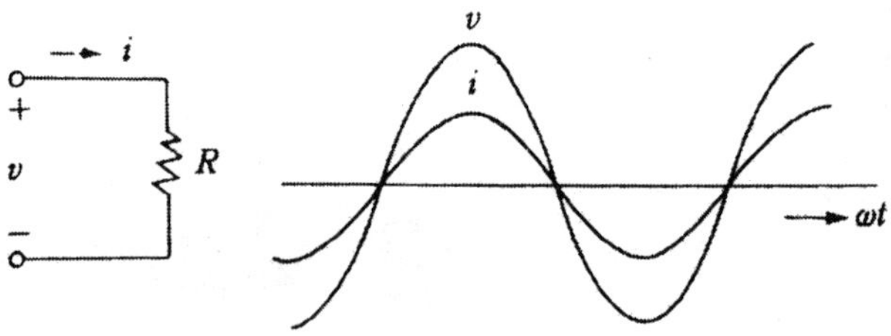

그림 15-1 R만의 회로에서 v, i 위상관계

이상에서 알 수 있는 바와 같이 저항만의 교류회로에서는

① 전압과 전류는 동일주파수의 정현파이다.

② 전압과 전류는 동상이다.

③ 전압과 전류의 실효값의 비는 R이다.

3. 실험 · 실습 사용기기 및 재료

① 함수발생기(또는 변압기 0~12[V]) : 1대

② 저항(10[Ω], 100[Ω], 1[kΩ]) : 각 1개

③ 오실로스코프 : 1대

④ Bread Board : 1개

⑤ 리드선 : 다수

⑥ 회로시험기 : 1대

4. 실험순서 및 실험방법

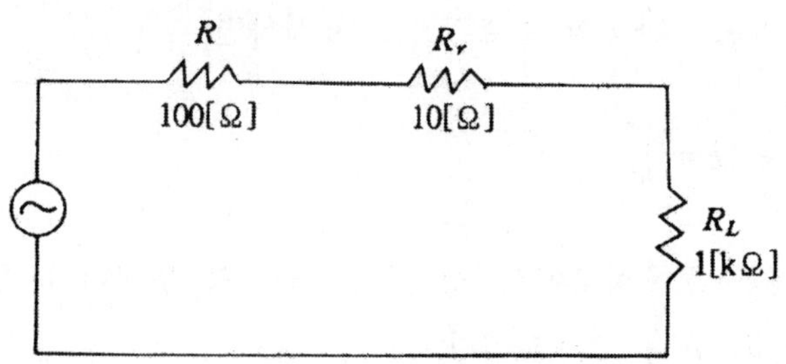

그림 15-2 R만의 회로

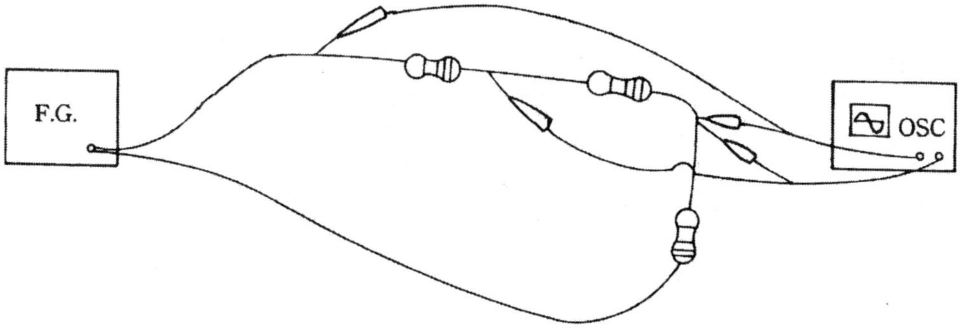

그림 15-3 *R*만의 회로의 결선도

그림 15-3과 같이 회로를 결선한 후 함수 발생기의 주파수를 600[Hz]에 맞추고 오실로스코프의 CH_1, CH_2의 X축을 맞춘다. 영점을 맞춘 후 AC로 모드를 전환하고 오실로스코프를 이용하여 전압과 전류의 위상을 관찰하여라.

5. 실험결과 및 고찰

① 모눈 종이에 파형을 그려라.

② 주기와 주파수를 구하여라.

③ 최대 전류값과 최대 전압값을 구하여라.

④ 위상차가 없는 이유는 무엇 때문인가?

⑤ 전압과 전류를 순시값으로 표현하여라.

실험 16 *L* 회로

1. 실험 목적

교류(AC)회로에 L소자만 있는 경우 전압과 전류의 위상관계를 이해한다.

2. 실험 · 실습에 따른 예비지식

인덕턴스 L을 갖는 이상적 유도기에 $i = I_m \sin\omega t$로 표시되는 정현 전류가 흐를 때 전류의 방향으로 생기는 전압강하를 v라 하면

$$v = L\frac{di}{dt} = L\frac{d}{dt}(I_m \sin\omega t) = \omega L I_m \cos\omega t = \omega L I_m \sin(\omega t + 90°)$$

여기서 전압, 전류의 최대값 관계는

$$V_m = \omega L I_m$$

또, 실효값은

$$V = \omega L I \quad \text{또는} \quad I = \frac{V}{\omega L}$$

그림 16-1은 인덕턴스 회로의 v, i그래프이다. 이상에서 알 수 있는 바와 같이 인덕턴스만의 교류회로에서는

① 전압과 전류는 동일 주파수의 정현파이다.

② 전압은 전류보다 위상이 90° 늦다.

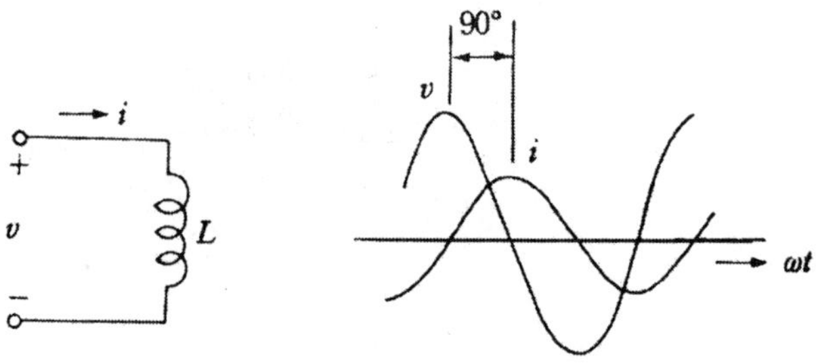

그림 16-1 L회로의 $v \cdot i$ 위상관계

③ 전압과 전류의 실효값의 비는 ωL과 같다.

ωL은 보통 저항과는 달라서 전류, 전압 사이에 90°의 위상차를 생기게 하는 효과가 있으므로 ωL을 특히 유도성 리액턴스라 부르며 보통 X_L로써 표시한다.

즉,

$$X_L = \omega L = 2\pi f L[\Omega]$$

따라서

$$V = X_L I \quad \text{또는} \quad I = \frac{V}{X_L}$$

와 같이 나타낼 수 있다. 이것은 형식상 인덕턴스만의 교류회로에서 ohm의 법칙이라고 할 수 있다.

3. 실험 · 실습 사용기기 및 재료

① 함수발생기(또는 변압기 0~12[V]) : 1대
② 저항(10[Ω], 1[kΩ]) : 각 1개
③ 오실로스코프 : 1대
④ Bread Board : 1개
⑤ 리액턴스(10[μH], 10[mH]) : 각 1개
⑥ 리드선 : 다수

4. 실험순서 및 실험방법

그림 16-3과 같이 회로를 결선한 후 함수발생기의 주파수를 600[Hz]에 맞춘 후 오실로스코프의 CH_1, CH_2의 X축을 맞춘다. 영점을 맞춘 후 AC로 모드전환하여 전압, 전류의 위상을 관찰하여라.

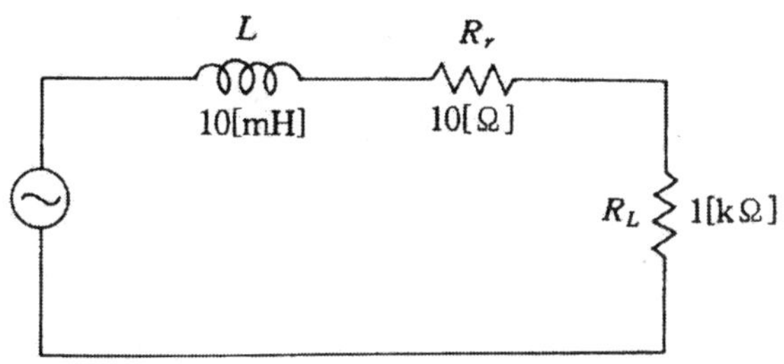

그림 16-2 L만 회로

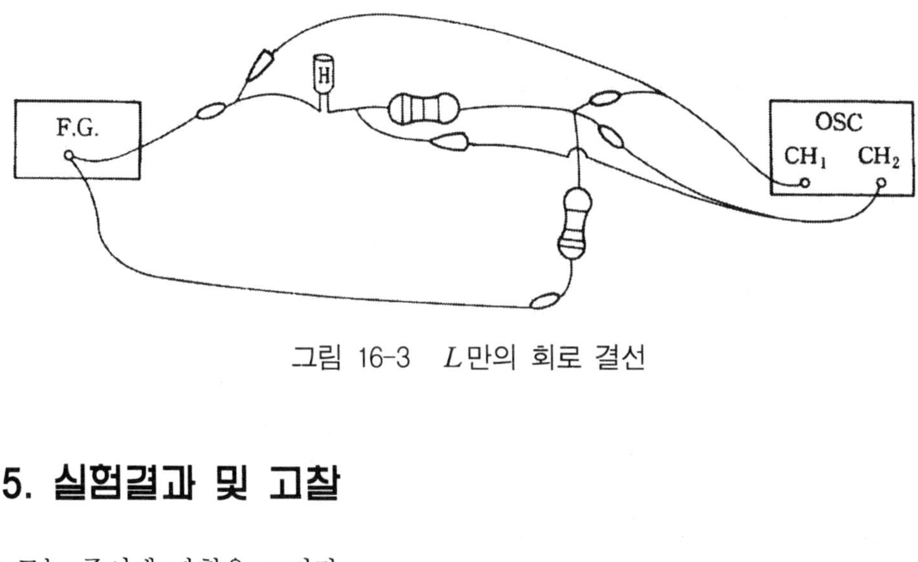

그림 16-3 L만의 회로 결선

5. 실험결과 및 고찰

① 모눈 종이에 파형을 그려라.

② 주기와 주파수를 구하여라.

③ 최대 전류값과 최대 전압값을 구하여라.

④ 위상차 θ를 구하여라.

⑤ 위상차가 나타나는 이유에 대하여 서술하여라.

⑥ 전압과 전류를 순시값으로 표현하여라.

⑦ 임피던스를 구하여라.

실험 17 C 회로

1. 실험 목적

교류(AC)회로에 C소자만 있는 경우 전압과 전류의 위상관계를 이해한다.

2. 실험 · 실습에 따른 예비지식

커패시턴스 C만을 가지는 이상적 용량기에는 $i=I_m \sin\omega t$로 표시되는 정현 전류가 흐를 때 전류의 방향으로 생기는 전압강하를 v라 하면

$$v=\frac{1}{C}\int idt=\frac{1}{C}\int I_m \sin\omega t dt=-\frac{1}{\omega C}I_m \cos\omega t=\frac{1}{\omega C}I_m \sin(\omega t-90°)$$

여기서 전압, 전류의 최대값 관계는

$$V_m=\frac{1}{\omega C}I_m$$

또, 실효값은

$$V=\left(\frac{1}{\omega C}\right)I \text{ 또는 } I=\omega CV$$

와 같다. 그림 17-1은 커패시턴스 회로의 v, i의 그래프이다.

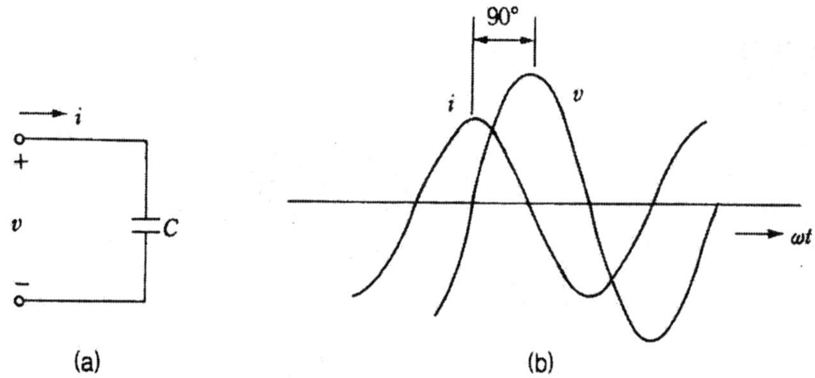

그림 17-1 C만의 회로에서 $v \cdot i$ 위상관계

이상에서 알 수 있는 바와 같이 커패시턴스만의 교류회로에서는

① 전압과 전류는 동일 주파수의 정현파이다.

② 전압은 전류보다 위상이 90°늦다. 또는 전류는 전압보다 위상이 90° 앞선다.

③ 전압과 전류의 실효값의 비는 $\frac{1}{\omega C}$과 같다.

3. 실험 · 실습 사용기기 및 재료

① 함수발생기(또는 변압기 0~12[V]) : 1대
② 저항(10[Ω], 1[kΩ]) : 각 1개
③ 오실로스코프 : 1대
④ Bread Board : 1개
⑤ 콘덴서(0.47[μF]) : 1개
⑥ 리드선 : 다수

4. 실험순서 및 실험방법

그림 17-3과 같이 회로를 결선한 후 함수발생기의 주파수를 60[Hz]에 맞춘 후 오실로스코프의 CH_1, CH_2의 X축을 맞춘다. 영점을 맞춘 후 AC로 모드전환하여 전압, 전류의 위상을 관찰하여라.

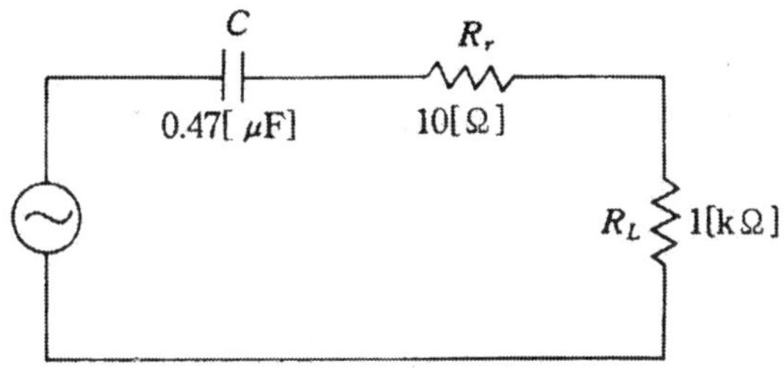

그림 17-2 C만 회로

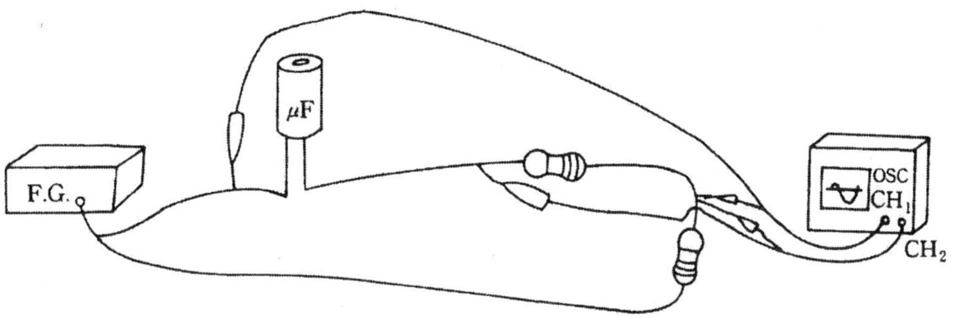

그림 17-3 C만의 회로 결선

5. 실험결과 및 고찰

① 모눈 종이에 파형을 그려라.

② 주기와 주파수를 구하여라.

③ 최대 전류값과 최대 전압값을 구하여라.

④ 위상차 θ를 구하여라.

실험 18

RL 직렬회로

1. 실험 목적

저항과 인덕턴스를 이용한 *RL* 회로를 해석하여 유도성 리액턴스의 주파수 연관성과 위상에 대하여 이해하고 수식적으로 일치하는지를 확인하는데 목적이 있다.

2. 실험 · 실습에 따른 예비지식

직렬회로에서는 전류가 R, L에 흐르는 전류가 같으며 전류는 다음과 같다.

$$i = \sqrt{2} I \sin \omega t \tag{18-1}$$

그림 18-1의 R, L 직렬회로에 각각의 전압강하는 다음과 같다.

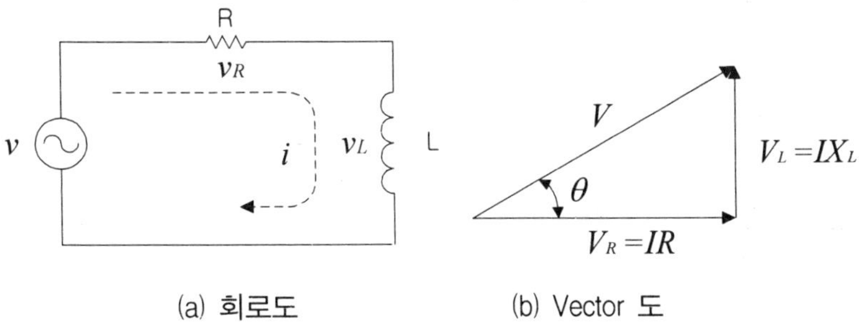

(a) 회로도 (b) Vector 도

그림 18-1 *RL* 직렬회로의 회로 및 벡터도

$$\left.\begin{aligned} v_R &= \sqrt{2}IR\sin\omega t \\ v_L &= \sqrt{2}I\omega L\sin(\omega t + 90^\circ) = \sqrt{2}I\omega L\cos\omega t \end{aligned}\right\} \quad (18\text{-}2)$$

키르히호프의 전압법칙(KVL)을 적용하여 전체 전압을 구하면 다음과 같다.

$$\begin{aligned} v &= v_R + v_L \\ &= \sqrt{2}I(R\sin\omega t + X_L\cos\omega t) \end{aligned} \quad (18\text{-}3)$$

식 (18-3)에 삼각함수의 공식을 통하여 정리하면 다음과 같다.

$$\left.\begin{aligned} v &= \sqrt{2}IZ\sin(\omega t + \phi) \\ Z &= \sqrt{R^2 + {X_L}^2} \\ \phi &= \tan^{-1}\left(\frac{X_L}{R}\right) \end{aligned}\right\} \quad (18\text{-}4)$$

식 (18-4)에서 ϕ는 저항과 유도성 리액턴스에 따른 위상차이며 그림 18-1 (b)의 벡터도를 보면 유도성 리액턴스는 저항에 비하여 위상이 90°만큼 늦은 것을 알 수 있다. 주파수에 따른 유도성 리액턴스(Inductive reactance)는 다음과 같다.

$$X_L = \omega L = 2\pi f L[\Omega] \quad (18\text{-}5)$$

실효값(rms)을 기준하여 전압의 관계를 보면 그림 18-1의 (b)에서 보이는 것과 같이 벡터의 합으로 구할 수 있으며 다음과 같다.

$$\left.\begin{aligned} V_R &= IR \\ V_L &= IX_L \\ V &= \sqrt{{V_R}^2 + {V_L}^2} \end{aligned}\right\} \quad (18\text{-}6)$$

3. 실험 · 실습 사용기기 및 재료

① AFG(auto frequency generator) : 1대

② 오실로스코프 : 1대

③ 저항(5[Ω]) : 1개

④ 인덕터(100[mH]) : 1개

⑤ Bread Board, Lead선 : 적당량

4. 실험순서 및 실험방법

① $R=5[\Omega]$, $L=250[\text{mH}]$를 직렬로 연결하여 실험한다.

② 표에 주어진 주파수값을 AFG를 이용하여 전압은 실효값 기준으로 3[V]를 유지하면서 주파수를 바꾸어 가면서 측정을 반복한다.

③ 전압을 측정할 때는 오실로스코프의 값을 읽은 뒤 실효값으로 환산하여 기록한다.

④ 시험을 재차 반복시에는 인덕터 양단을 단락시켜 초기값을 0으로 만든 뒤 시험을 실시한다.

⑤ 식 (18-4)에 의하여 전압, 전류 및 위상차를 계산하고 표에 기록한다.

⑥ 측정된 전압과 전류값을 이용하여 임피던스와 위상차를 계산하여 표에 기록한다.

⑦ 측정치와 계산치를 비교하여 차이점을 설명한다.

5. 실험결과 및 고찰

표 18-1 RL 직렬회로의 측정 및 계산 결과

주파수 [Hz]	측정값		계산값				비고
	V_R	V_L	R	X_L	Z	$\cos\theta$	
500							
1000							
2000							
3000							
5000							
10000							

① 주파수에 따른 V_R, V_L을 그래프로 그리고 현상에 대하여 설명하여라.

② 인덕턴스의 증감에 따른 역률에 대하여 설명하여라.

실험 19 *RC* 직렬회로

1. 실험 목적

저항과 커패시터를 이용한 *RC* 회로를 해석하여 용량성 리액턴스의 주파수 연관성과 위상에 대하여 이해하고 또한 페이저(phasor)를 이용하여 수식적으로 전개하며 실험치와 일치하는지를 확인하는데 목적이 있다.

2. 실험 · 실습에 따른 예비지식

그림 19-1의 회로에 키르히호프의 전압법칙(KVL)을 적용하여 전체 전압을 구하면 다음과 같다.

$$V = RI + \frac{I}{j\omega C} \tag{19-1}$$

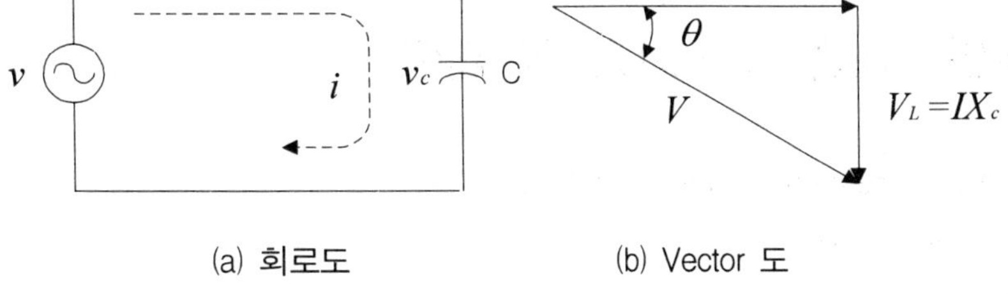

(a) 회로도 (b) Vector 도

그림 19-1 *RC* 직렬회로의 회로 및 벡터도

식 (19-1)에서 전류를 구하면 다음과 같은 결과를 얻을 수 있다.

$$I = \frac{V}{R + \frac{1}{j\omega C}} = \frac{j\omega C}{1 + j\omega C} V \tag{19-2}$$

식 (19-2)를 정리하면 다음과 같다.

$$I = \frac{V}{\sqrt{R^2 + \frac{1}{\omega^2 C^2}}} \angle \frac{\pi}{2} - \tan^{-1}\omega RC \tag{19-3}$$

식 (19-3)에서 $Z = \sqrt{R^2 + \frac{1}{\omega^2 C^2}}$ 이며 $\theta = \frac{\pi}{2} - \tan^{-1}\omega RC$ 이다. 저항과 용량성 리액턴스에 따른 위상차는 그림 19-1 (b)의 벡터도를 보면 용량성 리액턴스는 저항에 비하여 위상이 90°만큼 빠른 것을 알 수 있다. 주파수에 따른 커패시터의 용량성 리액턴스(Capacitive reactance)를 구하면 다음과 같다.

$$X_L = \frac{1}{\omega C} = \frac{1}{2\pi f C} [\Omega] \tag{19-4}$$

실효값(rms)을 기준하여 전압의 관계를 보면 그림 19-1의 (b)에서 보이는 것과 같이 벡터의 합으로 구할 수 있으며 다음과 같다.

$$\left.\begin{aligned} V_R &= IR \\ V_C &= IX_C \\ V &= \sqrt{V_R^2 + V_C^2} \end{aligned}\right\} \tag{19-5}$$

3. 실험 · 실습 사용기기 및 재료

① AFG(Auto Frequency Generator) : 1대

② 오실로스코프 : 1대

③ 저항(1[kΩ]) : 1개

④ 커패시터(10[μF]) : 1개

⑤ Bread Board, Lead선 : 적당량

4. 실험순서 및 실험방법

① $R=1[\text{k}\Omega]$, $C=10[\mu\text{F}]$를 직렬로 연결하여 실험한다.

② 표에 주어진 주파수값을 AFG를 이용하여 전압은 실효값 기준으로 3[V]를 유지하면서 주파수를 바꾸어 가면서 측정을 반복한다.

③ 전압을 측정할 때는 오실로스코프의 값을 읽은 뒤 실효값으로 환산하여 기록한다.

④ 시험을 재차 반복시에는 커패시터 양단을 단락시켜 초기값을 0으로 만든 뒤 시험을 실시한다.

⑤ 식 (19-4)에 의하여 전압, 전류 및 위상차를 계산하고 표에 기록한다.

⑥ 측정된 전압과 전류값을 이용하여 임피던스와 위상차를 계산하여 표에 기록한다.

⑦ 측정치와 계산치를 비교하여 차이점을 설명한다.

5. 실험결과 및 고찰

표 19-1 *RC* 직렬회로의 측정 및 계산 결과

주파수 [Hz]	V_R	V_C	R	X_C	Z	θ	$\cos\theta$
30							
60							
100							
300							
500							
1000							

① 측정치와 계산치가 다른 이유는 어떤 원인인지 설명하여라.

② 커패시터의 증감에 따른 역률에 대하여 설명하여라.

실험 20 단상전력 측정

1. 실험 목적

단상전력을 측정하고 이론치와 비교하여 실험치가 일치하는지 확인하는데 목적이 있다.

2. 실험 · 실습에 따른 예비지식

교류에서 부하에 흐르는 전류와 전압은 역률인 $\cos\theta$ 만큼 위상의 차이가 생긴다. 부하가 $R-L$로 구성되어 있으면 전압의 위상이 빠르고, $R-C$로 구성되어 있으면 전류의 위상이 빠르게 된다. 그림 20-1의 회로에서 단상전력계의 지시치는 유효전력인 W를 나타내게 되고 다음과 같다.

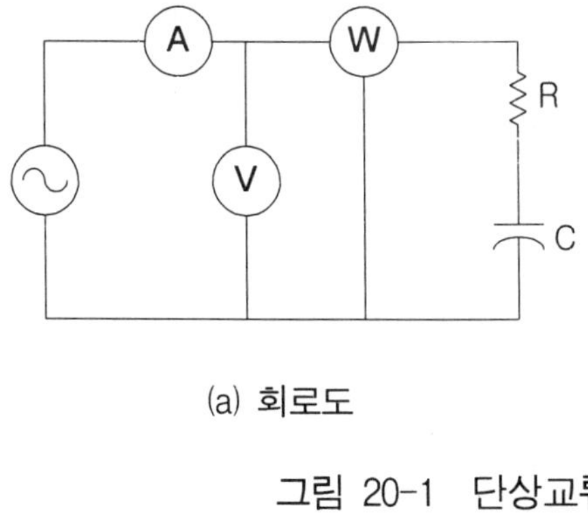

(a) 회로도

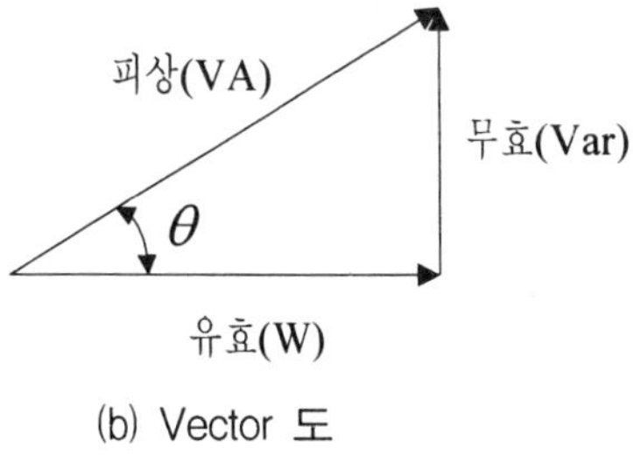

(b) Vector 도

그림 20-1 단상교류전력 측정 회로

$$P = VI\cos\theta[\text{W}] \tag{20-1}$$

또한 전류계와 전압계로 각각 전류와 전압값을 측정하여 곱하면 피상전력인 VA를 알 수 있으며 역률을 구하면 다음과 같다.

$$\cos\theta = \frac{P}{VI} \tag{20-2}$$

또한 무효전력의 값은 그림 20-1에서 볼 수 있듯이 다음과 같이 구할 수 있다.

$$\text{무효전력} = VI\sin\theta[\text{Var}] \tag{20-3}$$

3. 실험 · 실습 사용기기 및 재료

① 단상전압조정기(slidac) : 1대
② 단상교류전력계(0~100[W]) : 1대
③ 교류전압계(0~100[V]) : 1개
④ 교류전류계(0~1[A]) : 1개
⑤ 가변저항(0~1000[Ω]) : 1개
⑥ 커패시터(10[μF]) : 1개
⑦ Bread Board, Lead선 : 적당량

4. 실험순서 및 실험방법

① $R=1000[\Omega]$, $C=10[\mu\text{F}]$를 직렬로 연결하여 실험하며 표에 주어진 대로 가변저항의 값을 조정하여 실험을 반복한다.
② 단상전원의 출력 전압은 20[V]로 유지한다.
③ 시험을 재차 반복시에는 커패시터 양단을 단락시켜 초기값을 0으로 만든 뒤 시험을 실시한다.
④ 전력계 등을 이용하여 전압, 전류 및 유효전력을 측정하고 표에 기록한다.
⑤ 측정된 전압과 전류값을 이용하여 역률과 무효 전력을 계산하여 표에 기록한다.

⑥ 측정치와 계산치를 비교하여 차이점을 설명한다.

5. 실험결과 및 고찰

표 20-1 단상전력의 측정 및 계산 결과

R	V	I	유효전력 P [W]	역률 $\cos\theta$	θ	무효전력 [Var]
300						
500						
600						
700						
800						
1000						

① 측정치와 계산치가 다른 이유는 어떤 원인인지 설명하여라.

② 무효전력을 측정할 수 있는 방법에 대하여 설명하여라.

실험 21 3전압계법에 의한 단상전력 측정

1. 실험 목적

3개의 전압계를 이용하여 단상전력을 측정한다.

2. 실험 · 실습에 따른 예비지식

3개의 전압계와 무유도 저항이 있으면, 단상전력을 측정할 수 있다. 전력의 측정 방법은 부하와 알고 있는 저항을 직렬로 접속한다. 공급전압을 E_0[V], 저항의 전압강하를 E_R[V], 부하단자전압을 E_L[V]라 하면 공급전압은 다음과 같다.

$$E_0{}^2 = E_R{}^2 + E_L{}^2 + 2E_R E_L \cos\theta \tag{21-1}$$

부하 역률은 다음과 같다.

$$\cos\theta = \frac{(E_0{}^2 - E_R{}^2 - E_L{}^2)}{2E_R E_L} \tag{21-2}$$

그러므로 부하전력은 다음과 같이 된다.

$$P = \frac{1}{2R}(E_0{}^2 - E_R{}^2 - E_L{}^2) \tag{21-3}$$

알고 있는 저항 R은 부하 임피던스와 비슷한 값으로 한다.

3. 실험 · 실습 사용기기 및 재료

① 단상전압조정기 : 1대

② 교류전류계, 교류전압계 및 교류단상전력계 : 각 1대

③ 가변저항기 : 1대

④ 임피던스 부하(전동기, 코일, 콘덴서) : 1대

⑤ 나이프 스위치 : 1대

⑥ Lead선 : 약간

4. 실험순서 및 실험방법

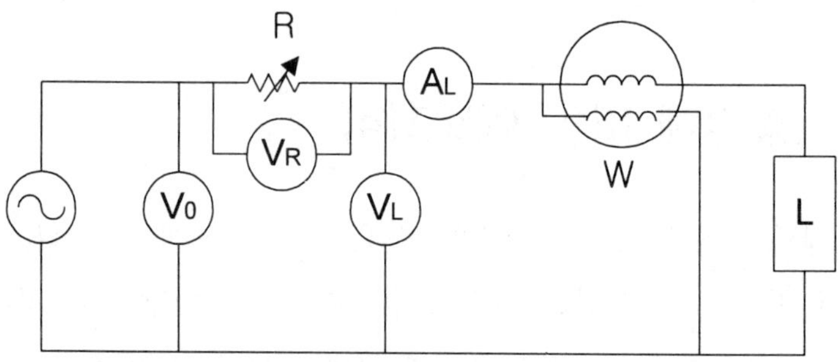

그림 21-1 3전압계법에 의한 전력 측정 회로도

① 그림 21-1과 같이 회로를 결선한다.

② 저항 R은 어느 정도 일정값에 고정하여 넣는다.(예 전구 1개의 저항값)

③ 전압조정기를 낮은 전압에서 천천히 증가시켜 100[V]까지 변화시킨다.(예 20~100)

④ 이때, 각 계기의 지시를 표에 기입한다.

⑤ 표가 완성되었으면, 전압조정기를 일정전압(100[V])으로 고정하여 놓고, 저항 R을 변화시키면서 각 계기의 지시를 표에 기입한다.

⑥ 이때, 저항 R을 너무 작게 하지 말고, 어느 정도 저항값을 가지는 위치로 변화시킨다.

5. 실험결과 및 고찰

표 21-1 3전압계법에 의한 전력 측정(전원 가변)

전압계 [V]			저항	전력	전압	계산 역률	계산 전력
V_0	V_1	V_2	$R[\Omega]$	P[W]	V[V]	$\cos\theta = \frac{P}{EI} \times 100$	$EI\cos\theta$[W]

표 21-2 3전압계법에 의한 전력 측정(저항 가변)

전압계 [V]			저항	전력	전압	계산 역률	계산 전력
V_0	V_1	V_2	$R[\Omega]$	P[W]	V[V]	$\cos\theta = \frac{P}{EI} \times 100$	$EI\cos\theta$[W]

① 표 21-1에서 평균 역률은 몇 [%]인가?

② 표 21-2에서 평균 전력과 역률은 얼마인가?

③ $V_1 = 120$[V], $V_2 = 30$[V], $V_3 = 100$[V], $R = 20$[Ω]일 때, 유효 전력과 역률은?

④ 전구 1개의 저항값은?

실험 22 3전류계법에 의한 단상전력 측정

1. 실험 목적

3개의 전류계를 이용하여 단상전력을 측정한다.

2. 실험 · 실습에 따른 예비지식

3개의 전류계와 값을 알고 있는 저항을 이용하여 전력을 측정할 수 있다. 부하측에 무유도 저항 R을 병렬로 연결한다. 이때, 저항 R은 부하 임피던스의 값과 너무 차이가 나지 않는 비슷한 크기의 값으로 한다. 부하전류를 I_1, 저항 R에 흐르는 전류를 I_2, I_1과 I_2의 합성전류 I_0를 측정한다. 부하 단자전압을 V[V]라 하면, R에 흐르는 전류 I_2는 V와 동상이고, I_1은 V와 θ만큼의 위상차가 있으므로 I_1과 I_2는 θ만큼의 위상차가 있다. 이들, 전류값에 대한 벡터값 I_0은 다음과 같다.

$$I_0^{\,2} = I_1^{\,2} + I_2^{\,2} + 2\,I_1 I_2 \cos\theta \qquad (22\text{-}1)$$

$V = I_2 R$이므로 $P = VI_1 \cos\theta$로 표시된다. 그러므로 부하전력은 다음과 같다.

$$P = (I_0^{\,2} - I_1^{\,2} - I_2^{\,2}) \times \frac{R}{2} = VI_1 \cos\theta \qquad (22\text{-}2)$$

부하 역률은 다음과 같이 된다.

$$\cos\theta = \frac{I_0^{\,2} - I_1^{\,2} - I_2^{\,2}}{2I_1 I_2} \tag{22-3}$$

3. 실험 · 실습 사용기기 및 재료

① 단상전압조정기 : 1대

② 교류전류계, 교류전압계 및 교류단상전력계 : 각 1대

③ 가변저항기 : 1대

④ 임피던스 부하(전동기, 코일, 콘덴서) : 1대

⑤ 나이프 스위치 : 1대

⑥ Lead선 : 약간

4. 실험순서 및 실험방법

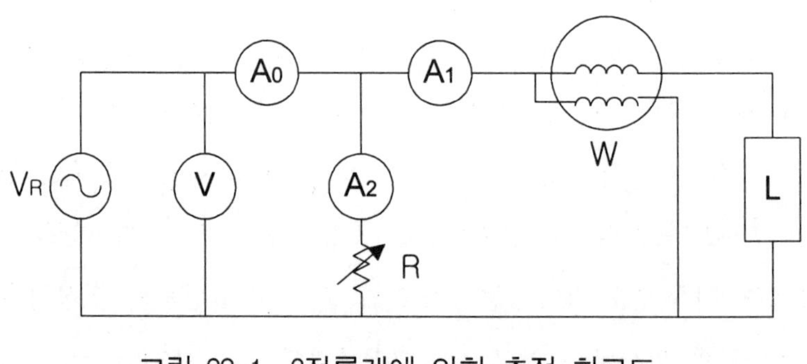

그림 22-1 3전류계에 의한 측정 회로도

① 전류계 A_0, A_1 전력계 전류코일을 부하와 직렬로 연결한다.

② 전류계 A_2와 저항 R을 직렬로 연결하여 전원에 병렬로 연결하고, 전력계의 전압 코일도 병렬로 연결한다.

③ 그림 22-1과 같이 회로를 결선한다.

④ 전압조정기를 조정하면서 각 계기의 지시를 표에 기입한다.

⑤ 각 계기의 지시에 의하여 역률과 전력을 계산하여 표에 기입한다.

⑥ 다음은 부하 전력을 일정하게 놓고 저항 R을 변화시키면서 각 계기의 지시를

표에 기입한다.

⑦ 이때, 저항 R값은 부하 임피던스의 값의 1/3 이상의 값에서 부터 변화시킨다. 저항이 너무 작으면 전류계 A_2가 탈 염려가 있다.

5. 실험결과 및 고찰

표 22-1 3전류계법에 의한 전력 측정(전원 가변)

전류계 [A]			저항	전력	전압	계산 역률	계산 전력
I_0	I_1	I_2	$R[\Omega]$	P[W]	V[V]	$\cos\theta = \frac{P}{EI} \times 100$	$EI\cos\theta$[W]

표 22-2 3전류계법에 의한 전력 측정(저항 가변)

전류계 [A]			저항	전력	전압	계산 역률	계산 전력
I_0	I_1	I_2	$R[\Omega]$	P[W]	V[V]	$\cos\theta = \frac{P}{EI} \times 100$	$EI\cos\theta$[W]

① 표 22-2에서 전력의 평균값과 역률의 평균값을 구하여라.

② I_1, I_2, I_0, V의 관계를 벡터그림으로 나타내어라.

③ $I_1 = 13$[A], $I_2 = 13$[A], $I_3 = 10$[A], $R = 50$[Ω]일 때, 유효전력과 역률은?

실험 23 다이오드의 특성

1. 실험 목적

PN 접합 다이오드에 순방향과 역방향 바이어스를 인가하여 I-V 특성곡선을 완성해 봄으로써 다이오드의 가장 중요한 정류특성을 이해하고, 순방향 바이어스 인가시 무릎전압(knee voltage)이 나타나는 것을 확인한다.

2. 실험 · 실습에 따른 예비지식

(1) 도체, 반도체, 부도체

물질의 구분은 전기 전도율에 따라 전류가 흐르기 쉬운 물질은 도체라 하고 전류가 흐르기 어려운 물질은 부도체라고 하며 도체와 부도체의 중간성질을 가지는 물질을 반도체라 한다.

반도체에는 진성 반도체와 불순물 반도체로 구분하는데 진성 반도체라 하면 불순물을 포함하고 있지 않거나 또는 극히 적은 미량의 불순물을 포함하여 일정한 저항값을 유지하는 물질이며, 불순물 반도체는 불순물을 포함하고 있으며 일정한 저항값을 유지하지 않는 물질로 구분한다. 반도체는 부의 온도특성을 가지고 있어 온도가 상승하면 도체와 달리 저항이 감소하는 특성을 가지고 있다. 그림 23-1은 표준 원소 주기율표를 나타내고 있다.

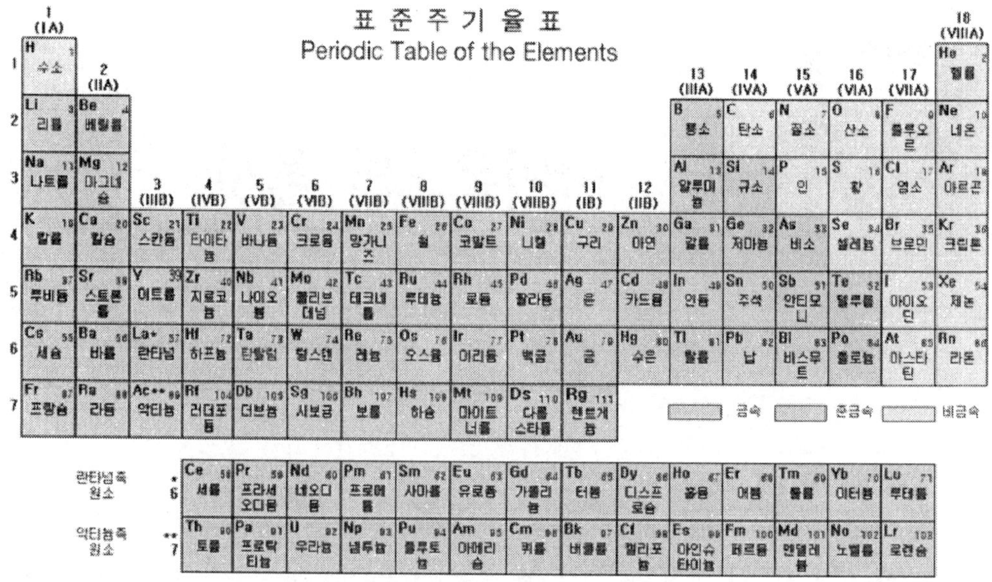

그림 23-1 표준 원소 주기율표

① 진성 반도체 : 진성 반도체는 규소, 게르마늄 등과 같이 4족 원소이다. 이들 원소는 완전한 공유결합을 하고 있어 전자가 자유롭게 움직일 수 없으므로 절연체가 되어 전기회로에 단독으로 사용할 수 없다. 따라서 4가 원자인 진성 반도체에 다른 성분의 Ⅲ가나 Ⅴ가 원자를 극소량으로 첨가시켜 불순물 반도체의 형태로 사용된다. 표 23-1은 반도체 재료로 사용하는 원소를 나타내고 있다.

표 23-1 반도체 재료

구분	Ⅱ	Ⅲ	Ⅳ	Ⅴ	Ⅵ
원소	Zn(아연) Cd(카드뮴)	B(붕소) Al(알루미늄) Ga(갈륨) In(인듐) Ti(티타늄)	C(탄소) Si(규소) Ge(게르마늄) Sn(주석)	P(인) As(비소) Sb(안티몬) Bi(비스무트)	S(황) Se(셀레늄) Te(텔루륨)

② 불순물 반도체 : 특정의 불순물을 도핑하여 전기 전도성을 증가시킨 반도체를 불순물 반도체라 하는데, Si와 같은 진성 반도체에 3가 원소인 B(붕소), Ga(갈륨)을 첨가시키면 P형 반도체가 되며, 5가 원소인 As(비소), Sb(안티몬) 등을 첨가시키면 N형 반도체로 된다.

이렇게 인공적으로 정공을 만들기 위해 첨가하는 3가 원소를 억셉터라 하고 자유전자를 만들기 위한 5가 원소를 도너(donor)라고 한다.

반도체에서 P형은 정공이 다수 캐리어가 되고 자유전자는 소수 캐리어가 되며, N형에서는 전자가 다수 캐리어가 되고 정공이 소수캐리어가 된다.

(2) 다이오드

3가 원소가 첨가된 P형 반도체와 5가 원소가 첨가된 N형 반도체를 접합한 다이오드를 PN접합 다이오드라고 하며 이렇게 PN접합을 하면 확산에 의해 P형 반도체측의 정공이 경계면을 넘어 N형측으로 넘어가며 P형측에 (−) 이온을 남기게 되고, 또한 N형 반도체측의 전자가 P형측으로 넘어가며 (+) 이온을 남기게 된다. 이 (+)와 (−) 이온들은 서로 대치하는 상태로 되며 전위장벽을 형성하게 된다. 이들 (+)와 (−) 이온으로 구성된 전하층은 전자나 정공이 없는 상태이므로 공핍층(그림 23-2)이라고 한다. 그림 23-3은 PN접합 다이오드의 기호를 나타내며 전류는 P형(애노드)에서 N형(캐소드)으로 흐르게 된다.

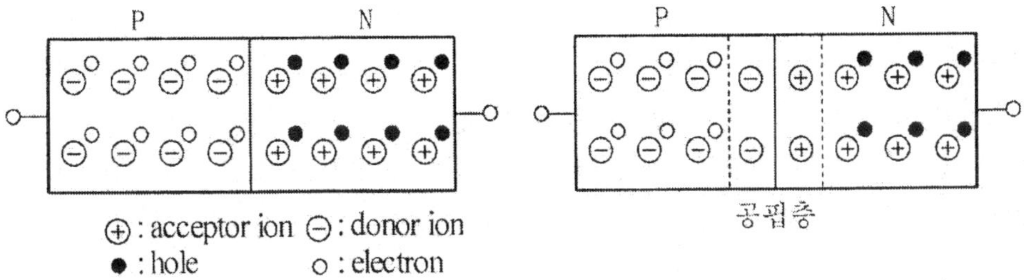

그림 23-2 PN접합 다이오드

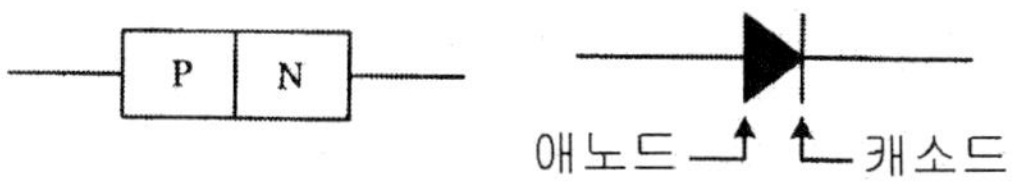

그림 23-3 PN접합 다이오드의 기호

(3) 바이어스(순방향 역방향)

P형측에 (+), N형측에 (−)의 전압을 인가하면 전류가 잘 흐르게 되는데 이 방향으로 전압을 인가하는 것을 **순방향** 바이어스라 한다. 순방향 바이어스 전압은 전위장벽을 낮추는 역할을 하게 되고 N측의 전자가 P측으로, P측의 정공이 N측으로 잘 이동함으로써 전류가 잘 흐르게 된다. 이때 순방향으로 전류가 흐르기 시작하는 시점의 인가된 전압을 **무릎전압**(knee Voltage)이라 한다.

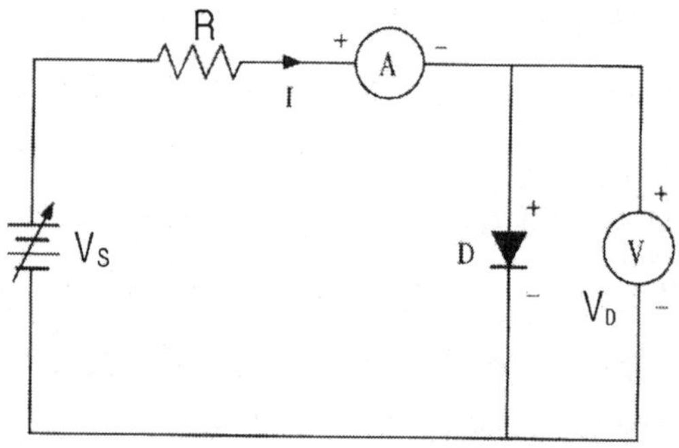

그림 23-4 순방향 바이어스 인가 회로

반대로 P형측에 (−), N형측에 (+)의 전압을 인가하면 전위장벽은 점점 높아지고 전자와 정공은 이동 할 수 없게 되어 전류가 흐르지 못하게 된다.

이와 같이 인가하는 전압의 극성에 따라 전류가 흐르고 흐르지 못하는 현상이 나타나는데 이것을 **정류특성**이라 한다. 그림 23-5는 순방향, 역방향 바이어스에 따른 I-V 특성곡선이다.

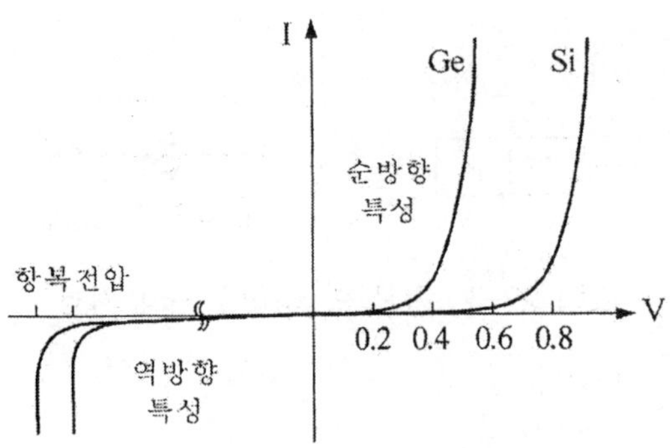

그림 23-5 PN접합 다이오드의 전류-전압(I-V) 특성곡선

3. 실험 · 실습 사용기기 및 재료

① 교류가변전원장치 : 1대
② DMM 또는 VOM : 1대
③ 직류전압계 : 1대
④ 직류전류계 : 1대
⑤ 실리콘 다이오드 1N4154, 게르마늄 다이오드 1N34A : 각 1개
⑥ 저항 1[kΩ], 5[kΩ] : 각 1개
⑦ Bread Board, Lead선 : 적당량

4. 실험순서 및 실험방법

① 실리콘 다이오드를 사용하여 극성을 확인한 후 그림 23-4와 같이 순방향 바이어스 회로를 구성하고 표 23-2에 따라 V_S와 R을 변화시켜가며 표를 완성하여라.
② 실험 ①에서 다이오드의 극성을 바꾸어 결선하여 역방향 바이어스 회로를 구성하고 표 23-3을 완성하여라.
③ 표 23-2와 23-3을 이용하여 표 23-4의 전류-전압(I-V) 특성곡선을 완성하여라.

5. 실험결과 및 고찰

표 23-2 순방향 바이어스

	V_S[V]	0.0	0.1	0.3	0.5	0.7	0.9	1.0	2.0	5.0
1[kΩ] 사용시	V_D[V]									
	V_R[V]									
	I_F[mA]									
5[kΩ] 사용시	V_S[V]	0.0	0.1	0.3	0.5	0.7	0.9	1.0	2.0	5.0
	V_D[V]									
	V_R[V]									
	I_F[mA]									

표 23-3 역방향 바이어스

	V_S[V]	0.0	0.3	0.6	1.0	2.0	5.0	10
1[kΩ] 사용시	V_D[V]							
	V_R[V]							
	I_F[mA]							
5[kΩ] 사용시	V_S[V]	0.0	0.3	0.6	1.0	2.0	5.0	10
	V_D[V]							
	V_R[V]							
	I_F[mA]							

표 23-4 전류-전압(I-V) 특성곡선

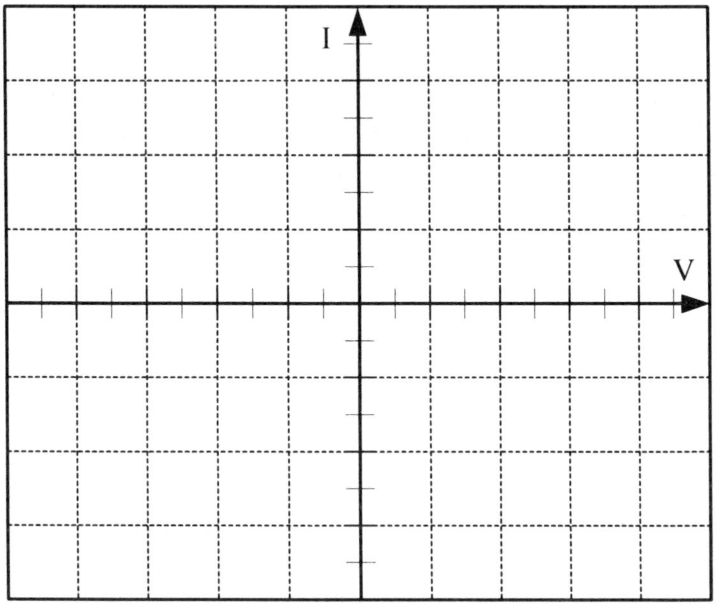

① 정류현상이 나타나는 이유를 설명하여라.

② 정류를 하는 이유와 용도를 설명하여라.

③ 무릎전압(knee voltage)에 관하여 설명하여라.

실험 24 제너 다이오드와 LED의 특성

1. 실험 목적

PN접합 다이오드의 역방향 바이어스 인가시 나타나는 항복현상을 이용한 제너(Zener) 다이오드의 동작을 살펴보고 전압 조정기로 사용되는 원리와 사용법을 이해한다. 또한 전압을 인가하여 전류를 흘려주면 빛을 발하는 발광 다이오드(LED : Light Emitting Diode)의 순방향, 역방향 바이어스에 따른 동작특성을 살펴본다.

2. 실험 · 실습에 따른 예비지식

(1) 제너 다이오드

다이오드에 역방향으로 전압을 증가시켜 가면 갑자기 전류가 크게 증가하는 항복(breakdown)현상이 나타난다. 이 항복영역을 잘 관찰하여 보면 전류는 크게 증가하는 반면에 전압은 거의 일정한 것을 볼 수 있는데 이 특성을 적극적으로 이용한 소자가 제너 다이오드(Zener Diode)이다. 즉 전류가 변화하여도 전압을 일정하게 하여 주는 정전압 소자로서 응용한 것이다. 제너 다이오드를 정전압 소자로 사용한다면 부하와 병렬로 접속한다.

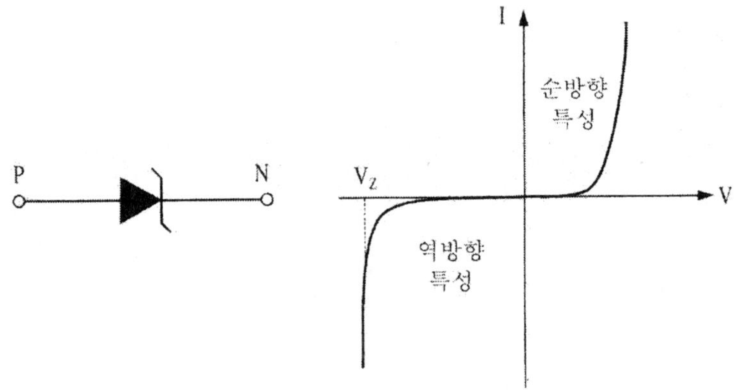

그림 24-1 제너 다이오드의 기호 및 전류-전압(I-V) 특성곡선

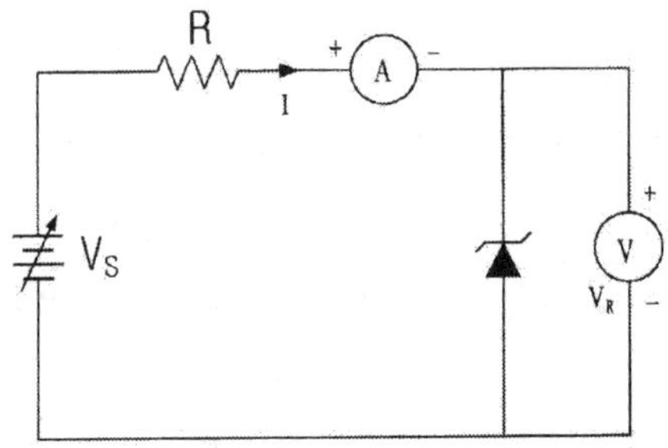

그림 24-2 제너 다이오드의 역방향 바이어스 특성

(2) 발광 다이오드(LED : Light Emitting Diode)

발광 다이오드는 PN 접합에 순방향 바이어스를 인가하여 전류를 흘릴 경우 과잉한 캐리어(전자)가 발생하고 이중 일부가 정공과 재결합 하는 과정에서 에너지를 방출하는데 이 에너지를 빛의 형태로 방출하는 재료를 첨가한 PN 접합 다이오드의 일종이다. 첨가하는 재료에 따라 방출하는 에너지의 파장을 다르게 할 수 있어 가시광선의 다양한 색 뿐만이 아니라 적외선, 자외선을 발산하는 다이오드를 만들 수 있다. LED는 긴 수명, 작은 소비전력, 빠른 응답속도 등의 많은 장점이 있다.

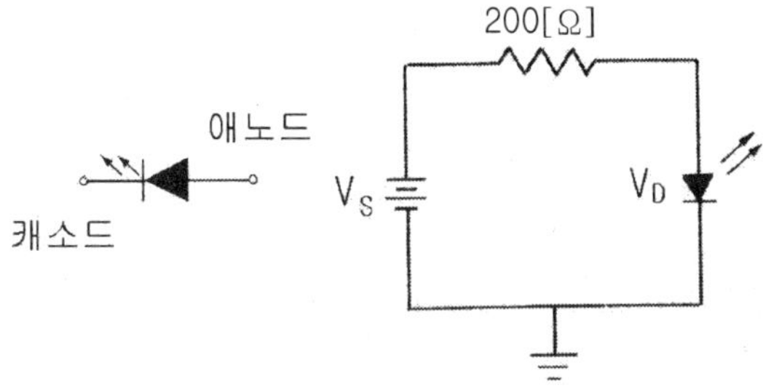

그림 24-3 발광 다이오드(LED)의 기호 및 회로

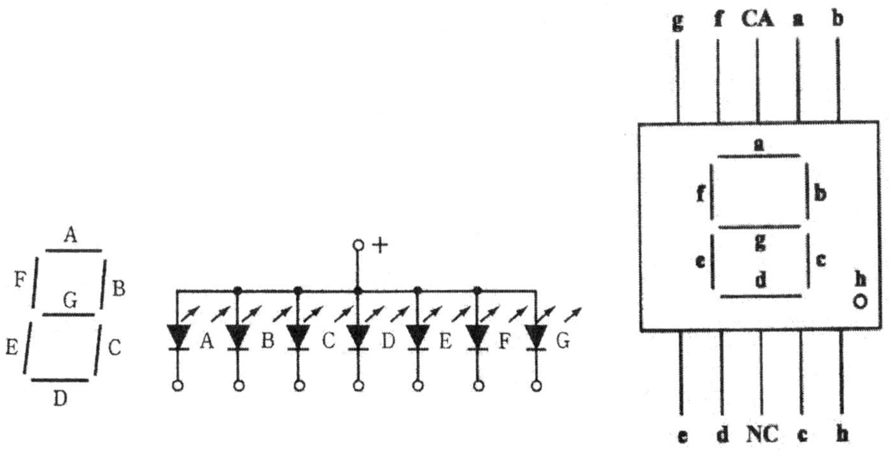

(a) 7세그먼트 표시기 (b) 핀 배열

그림 24-4 7세그먼트 표시기 및 핀 배열

그림 24-4의 7 세그먼트 소자는 애노드가 공통인 타입이다. 핀 배열을 살펴보면 CA는 애노드인 (+) 전압이 인가되는 단자이고 NC는 no connect의 약자로 연결할 필요가 없다. 만일 숫자 1을 표시하고자 한다면 CA에 (+)를 인가한 상태에서 b와 c 단자를 각각 접지시키면 된다.

3. 실험 · 실습 사용기기 및 재료

① 교류공급전원장치 : 1대
② DMM 또는 VOM : 1대
③ 직류전압계 : 1대

④ 직류전류계 : 1대

⑤ 제너 다이오드($V_z = 6$[V]) : 1개

⑥ LED(20[mA]) : 1개

⑦ 저항 500[Ω], 200[Ω] : 각 1개

⑧ 7 Segment 소자(공통 애노드 타입) : 1개

⑨ Bread Board, Lead선 : 적당량

4. 실험순서 및 실험방법

(1) 제너 다이오드

① 그림 24-2와 같이 제너 다이오드를 역방향으로 결선하고 표 24-1의 인가전압에 따른 전류를 측정하여 표를 완성하여라.

② 그림 24-2의 제너 다이오드 극성을 바꾸어서 순방향으로 결선하고 표 24-1의 나머지 부분을 완성하여라.

③ 표 24-1을 참고하여 표 24-2에 제너 다이오드의 전류전압(I-V) 특성곡선을 그려라.

(2) 발광 다이오드(LED)

① 그림 24-3과 같이 회로를 결선하고 표 24-3을 완성하여라.

② 그림 24-4의 7 세그먼트 소자의 핀 배열을 참고하여 표 24-4에 주어진 숫자를 나타내고 이때 접지한 핀 번호를 표에 기록하여라.

5. 실험결과 및 고찰

표 24-1 순방향, 역방향 바이어스 특성

역방향 바이어스	V_R[V]	0.0	2.0	4.0	5.8	6.0	6.2	8
	V_D[V]							
	I_R[mA]							
순방향 바이어스	V_F[V]	0.0	0.3	0.5	0.7	1.0	2.0	5.0
	V_D[V]							
	I_F[mA]							

표 24-2 제너 다이오드 전류-전압(I-V) 특성곡선

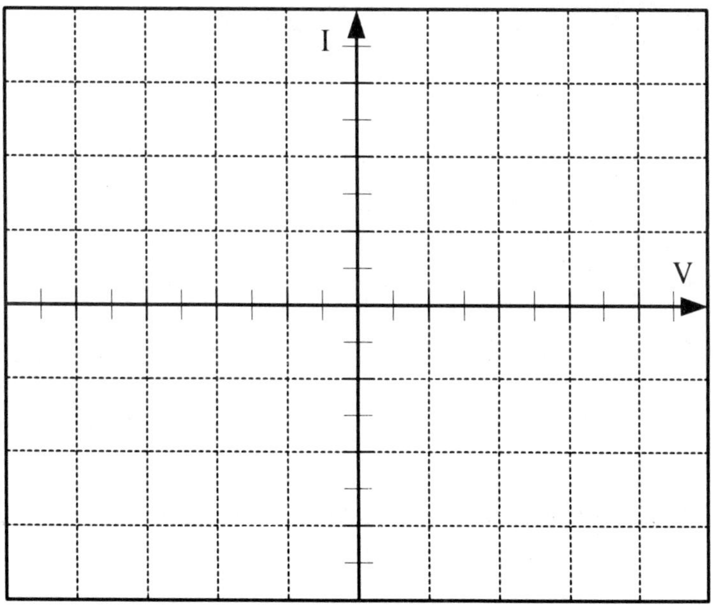

표 24-3 발광다이오드(LED) 특성 실험

V_S[V]	V_D[V]	I[mA]
1.0		
1.5		
2.0		
2.5		
3.0		
5.0		
7.0		

표 24-4 7 세그먼트 표시기 실험

표시할 숫자	접지할 단자
0	
2	
5	
7	

① 제너 다이오드의 동작원리와 부하와 병렬로 사용하는 이유를 설명하여라.

② 제너 다이오드를 순방향 접속으로 사용하면 어떻게 되는지 설명하여라.

③ 발광 다이오드(LED)의 응용에 관하여 3가지만 생각해 보라.

실험 25 반파, 전파 정류회로

1. 실험 목적

실생활에서 전기를 사용하는 많은 장치들은 직류를 사용하는데 직류전원 공급장치의 입력측에 위치한 정류회로의 구조 및 동작 파형을 관찰하여 살펴보고, 최대치, 평균치, 실효치의 전압 사이의 관계를 알아보자.

2. 실험 · 실습에 따른 예비지식

(1) 정현파 교류의 표시

교류에서는 시간에 따라 전압 및 전류의 크기와 방향이 변화하므로 다음에 설명하는 순시값, 최대값, 실효값 및 평균값으로 표시한다.

① 순시값 : 교류회로에서는 시간에 따라 매 순간 변하는 교류의 전압 또는 전류에 있어서 임의 시간에 있어서의 값을 순시값이라 한다.

· 전압의 순시값

$v = V_m \sin(\omega t)$[V] (단, v : 전압의 순시값 V_m : 전압의 최대값 ω : 각속도)

· 전류의 순시값

$i = I_m \sin(\omega t)$[A] (단, i : 전류의 순시값, I_m : 전류의 최대값)

② 최대값 : 교류에 있어서 최대값이란 순시값 중에서 가장 큰 값으로 정의한다. 전압의 최대값은 V_m, 전류의 최대값은 I_m으로 나타낸다.

③ 실효값 : 실효값이란 교류의 크기를 교류와 동일한 일을 하는 직류의 크기로 바꾸어서 나타내는 값으로 정의한다.

$$V=\sqrt{\frac{1}{\pi}\int_0^{\pi} V_m \sin(\omega t)^2 d(\omega t)}$$

$$= V_m\sqrt{\frac{1}{2\pi}\int_0^{\pi} 1-\cos(2\omega t)\, d(\omega t)}$$

$$= V_m\sqrt{\frac{1}{2\pi}\left[(\omega t)-\frac{\sin(2\omega t)}{2}\right]_0^{\pi}}$$

$$= \frac{V_m}{\sqrt{2}}\,[\mathrm{V}]$$

따라서, 전압과 전류의 실효값은 각각 다음과 같다.

$$V=\frac{1}{\sqrt{2}}V_m\ [\mathrm{V}]$$

$$=0.707\,V_m$$

$$I=\frac{1}{\sqrt{2}}I_m\ [\mathrm{A}]$$

$$=0.707\ I_m$$

실효값과 최대값과의 관계는 다음과 같다. 즉 실효값은 평균값에 약 1.11배의 값이 된다.

$$\frac{V}{V_{av}}=\frac{\frac{V_m}{\sqrt{2}}}{\frac{2V_m}{\pi}}=\frac{\pi}{2\sqrt{2}}=1.11\text{배}$$

④ 평균값 : 교류 순시값의 1주기 동안의 평균을 취하여 교류의 크기로 나타내는 값으로 정의한다.

$$V_{av}=\frac{1}{\pi}\int_0^{\pi} V_m \sin(\omega t)d(\omega t)=\frac{V_m}{\pi}[-\cos(\omega t)]_0^{\pi}=\frac{2V_m}{\pi}=0.637\ V_m$$

(2) 반파 및 전파 정류회로

교류는 발전 및 송전, 배전에 용이하며 경제적이지만 실제로 전기를 사용하는 장치들은 직류전원을 필요로 하는 경우가 매우 많다. 전력회사에서 공급된 교류는 직류로 변환하기 위해 먼저 다이오드의 기본특성인 정류특성을 이용하여 정류를 하고 필터링 회로를 통해 완전한 직류로 만들게 된다. 정류회로로는 반파와 전파 정류회로가 있다.

① 반파 정류회로 : 가장 간단한 정류회로로 다이오드 1개를 사용하여 구성한다. 순방향 바이어스인 경우에는 입력신호가 출력에 나타나게 되지만 역방향 바이어스인 경우에는 전류가 흐르지 못하게 되어 출력이 나타나지 않게 된다.

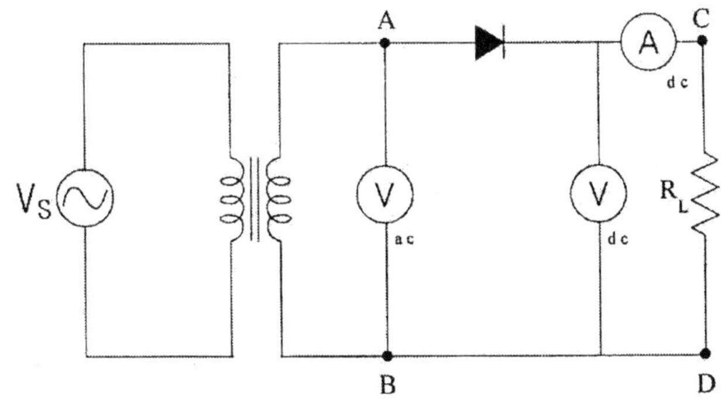

그림 25-1 반파 정류회로

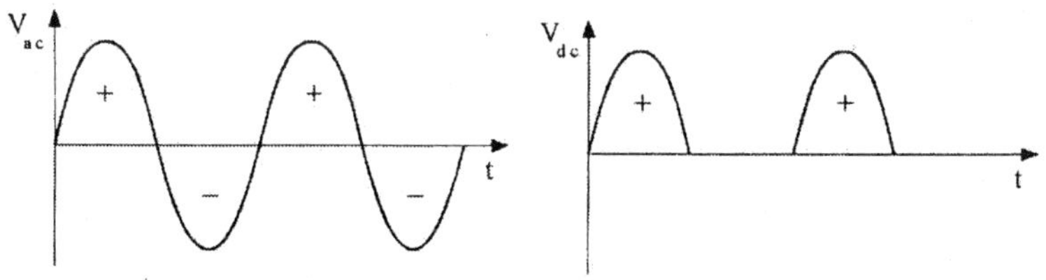

(a) 정류 전 (b) 정류 후

그림 25-2 반파 정류 전과 후의 파형

오실로스코프 상에서 파형을 관찰하면 맥동전압이 나타나게 되는데 이때 Volt/Div를 고려하면 바로 피크치 전압을 구할 수 있다.

다음은 반파 정류에서 피크치, 실효치, 평균치 전압과의 관계이다.

- $V_{\text{rms}} = \dfrac{V_{\text{peak}}}{\sqrt{2}} = 0.707\,V_{\text{peak}}$ (25-1)

- $V_{\text{ave}} = \dfrac{V_{\text{peak}}}{\pi} = 0.318\,V_{\text{peak}}$(반파 경우) (25-2)

- $V_{\text{ave}} = \dfrac{V_{\text{peak}}}{\pi} = \dfrac{\sqrt{2}\,V_{\text{rms}}}{\pi} = 0.45\,V_{\text{rms}}$(반파 경우) (25-3)

② 전파 정류회로 : 대표적인 전파 정류회로로 브리지 전파 정류기가 있다. 다이오드 4개를 사용하여 브리지 모양으로 구성하는데 다이오드 2개를 사용하여 구성하는 중간 탭 변압기의 2배의 출력을 얻을 수 있다.

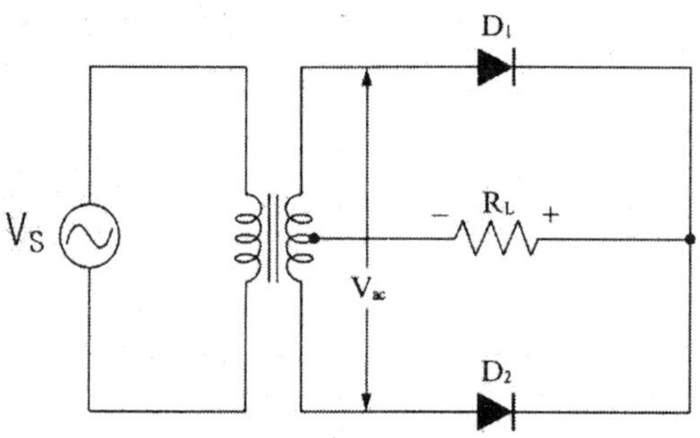

그림 25-3 중간 탭 변압기 전파 정류회로

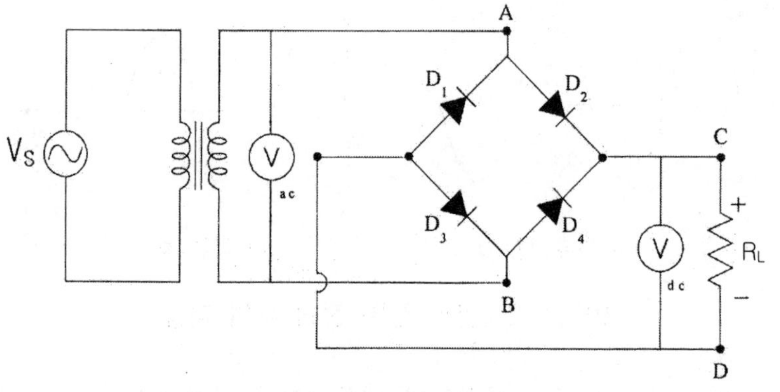

그림 25-4 브리지 전파 정류회로

다음은 전파 정류에서 피크치, 실효치, 평균치 전압과의 관계이다.

· $V_{\rm rms} = \frac{V_{\rm peak}}{\sqrt{2}} = 0.707\,V_{\rm peak}$ (25-4)

· $V_{\rm ave} = \frac{2\,V_{\rm peak}}{\pi} = 0.637\,V_{\rm peak}$(전파 경우) (25-5)

· $V_{\rm ave} = \frac{2\,V_{\rm peak}}{\pi} = \frac{2\sqrt{2}\,V_{\rm rms}}{\pi} = 0.9\,V_{\rm rms}$(전파 경우) (25-6)

3. 실험 · 실습 사용기기 및 재료

① 교류전압조정기(변압기) : 1대
② DMM 또는 VOM : 1대
③ 오실로스코프 : 1대
④ 직류전압계 : 1대
⑤ 직류전류계 : 1대
⑥ 다이오드 1N4001 : 6개
⑦ 저항 2[W] 1[kΩ] : 각 1개
⑧ Bread Board, Lead선 : 적당량

`4. 실험순서 및 실험방법

(1) 반파 정류회로

① 그림 25-1에서 부하저항은 1[kΩ]을 사용하여 반파 정류회로를 구성하여라.
② 오실로스코프의 A 채널을 2차측 입력에 접속하고, B 채널을 부하(R_L)에 연결한다. 2차측의 입력 전압이 $V_{p\text{-}p} = 10$[V]가 되도록 교류전압 조정기를 조절하고, 오실로스코프에 측정된 A, B채널 파형을 표 25-1에 각각 기록하여라.
③ 측정 결과를 이용하여 표 25-2를 완성하여라.

(2) 전파 정류회로

① 그림 25-3과 같이 브리지 전파 정류회로를 구성하여라. 오실로스코프의 A채널을 2차측 입력에 접속하고, B채널을 부하에 연결하여 파형을 측정하고, 측정된 파형을 표 25-3에 각각 기록하여라.

② 측정결과를 이용하여 표 25-4를 완성하여라.

5. 실험결과 및 고찰

표 25-1

(a) 반파 정류회로의 2차측 입력 파형

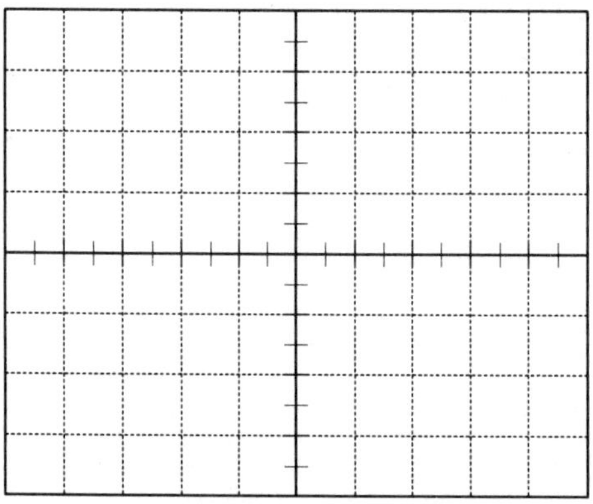

VOLTS/DIV TIME/DIV

(b) 반파 정류회로 부하에서의 출력

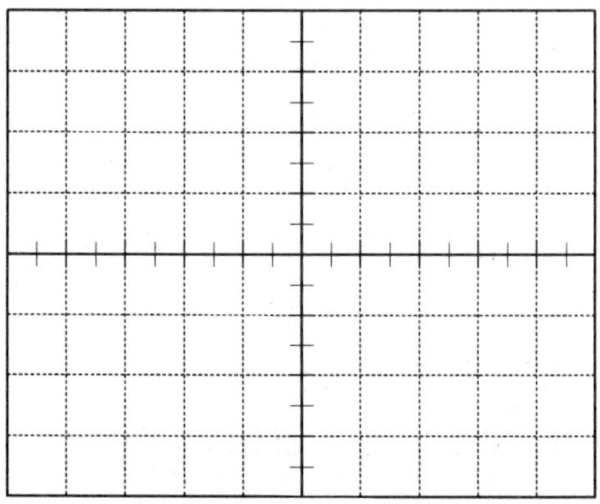

VOLTS/DIV TIME/DIV

표 25-2 반파 정류의 피크치, 평균치, 실효치 전압

피크치 전압	실효치 전압	평균치 전압

표 25-3 (a) 브리지 전파 정류회로의 2차측 입력 파형

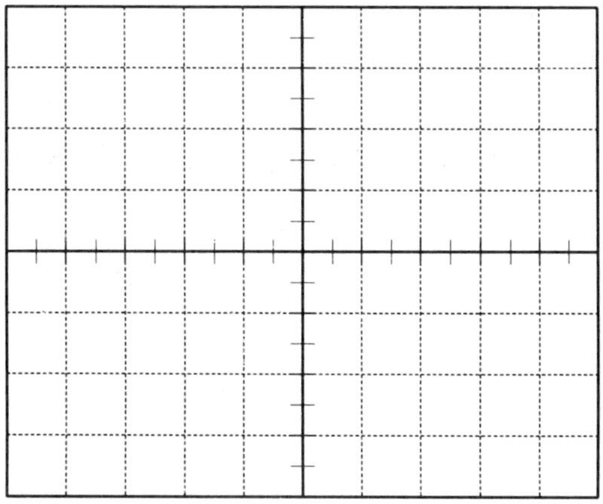

VOLTS/DIV TIME/DIV

표 25-3 (b) 브리지 전파 정류회로 부하에서의 출력

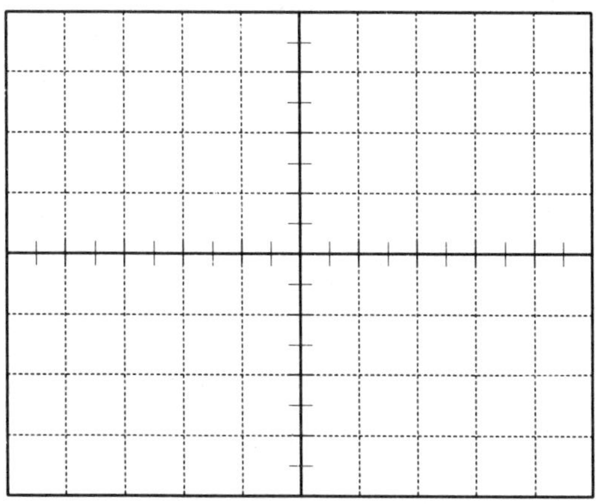

VOLTS/DIV TIME/DIV

표 25-4 전파 정류의 피크치, 평균치, 실효치 전압

피크치 전압(Vp)	실효치 전압(Vrms)	평균치 전압(Vave)

① 전파 정류와 반파 정류의 차이점에 대하여 설명하여라.

② 중간탭 전파 정류회로와 브리지 전파 정류회로의 차이점이 무엇인지 설명하여라.

③ 오실로스코프 상에서 다이오드에 의한 전압강하가 무릎전압(knee Voltage)에 의한 것임을 확인하고 강하된 전압의 크기를 체크해 보아라.

실험 26 클리퍼(Clipper)와 클램퍼(Clamper)

1. 실험 목적

다이오드를 이용한 응용회로로서 신호를 전송할 경우 일정 기준전압의 위, 아래 또는 특정 부분만을 전송하기 위한 클리퍼(clipper)와 입력신호의 형태는 그대로 유지한 채 전압레벨만을 변화시키는 클램퍼(clamper)의 입출력 파형 관계를 관찰한다.

2. 실험 · 실습에 따른 예비지식

(1) 클리퍼(Clipper)

클리퍼는 입력신호를 전송하는 경우 어떤 특정전압(기준전압)보다 높거나 낮은 부분만을 전송 하고자 할 때 사용하는 회로로서 기준전압 이상 또는 이하를 제한한다는 의미로 리미터(Limitter)라고도 한다.

클리핑 회로(클리퍼)는 다이오드를 부하와 직렬로 접속하는 직렬 클리핑 회로와 다이오드를 부하와 병렬로 접속하는 병렬 클리핑 회로가 있다.

다음은 다이오드의 순방향 전압강하를 고려하지 않은 병렬 클리핑 회로로 출력이 반파 정류와 비슷함을 볼 수 있다.

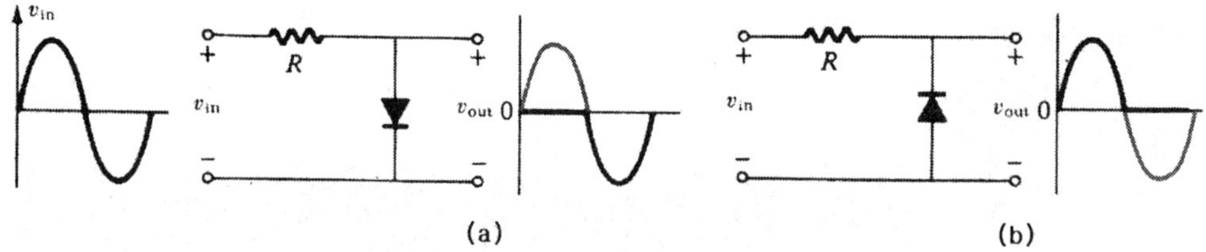

그림 26-1 병렬 클리핑 회로

그림 26-2는 원하는 전압에서 신호를 제한하는 직류전원을 이용한 클리핑 회로이다.

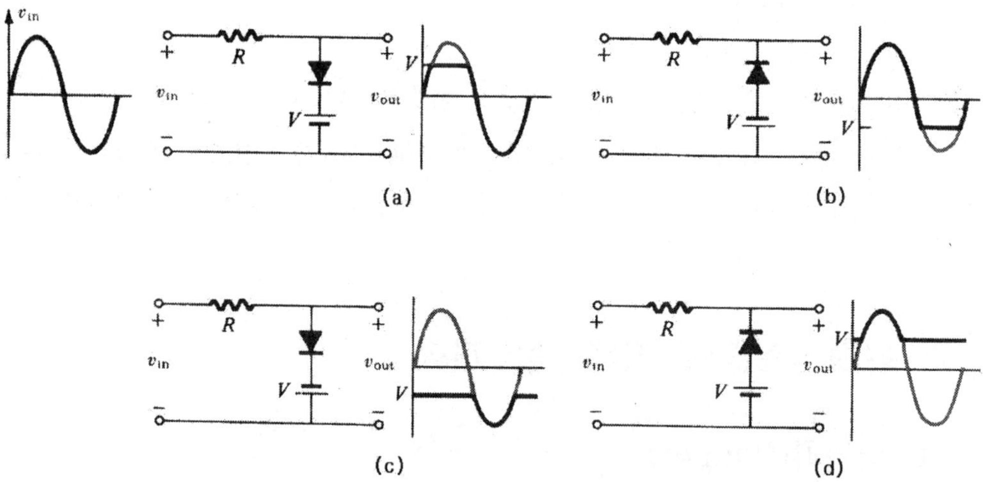

그림 26-2 직류전원을 이용한 클리핑 회로

클리핑 회로는 다이오드가 On과 Off되는 전압을 찾아서 다이오드가 On이 되는 경우는 부하가 병렬이므로 그 클리핑 되는 전압이 출력에 나타나고 다이오드가 Off되는 경우에는 입력이 출력으로 그대로 나타나는 것을 고려하면 해석이 수월하다.

다음은 클리핑 레벨이 2개가 되는 회로로 앞서의 경우와 같이 두개의 다이오드가 On, Off 되는 전압을 기준으로 회로를 해석하면 된다.

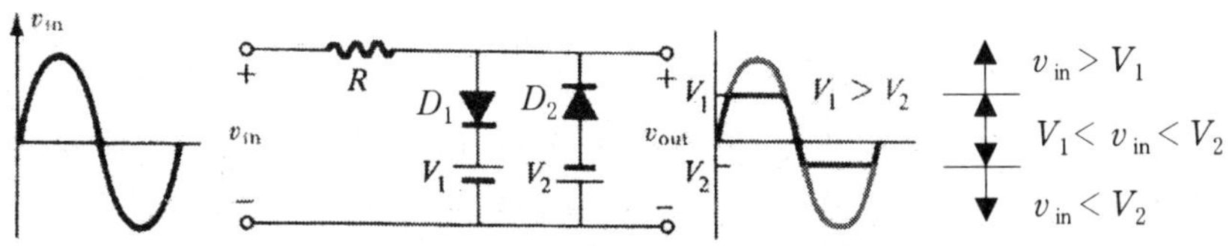

그림 26-3 2레벨 클리핑 회로

즉, $v_{in} \geq V_1$이면 $D_1 =$ on, $D_2 =$ off

$\therefore\ v_{out} = V_1$

$V_1 > v_{in} > V_2$이면 $D_1 =$ off, $D_2 =$ off

$\therefore\ v_{out} = v_{in}$

$v_{in} \leq V_2$이면 $D_1 =$ off, $D_2 =$ on

$\therefore\ v_{out} = V_2$

(2) 클램퍼(Clamper)

클램핑 회로(클램퍼)는 입력신호의 파형은 그대로 유지하고 신호의 전압레벨만을 위 또는 아래로 이동시키는 회로이다.

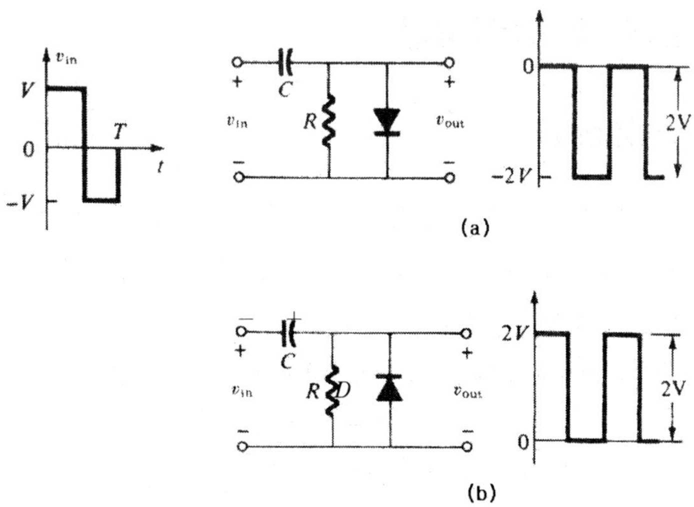

그림 26-4 클램핑 회로

그림 26-4 (b)를 해석해 보자. 입력신호 v_{in}이 (−)인 경우 다이오드는 on−1되어 충전전류가 급속히 D를 통해 콘덴서에 흘러 C는 V까지 충전된다. 콘덴서는 충전이 되면 회로의 RC 시정수가 충분히 크게 설계되어 있어 마치 전원전압이 V인 직류전원같이 동작한다.

따라서 충전이후에는 입력 v_{in}과 V가 더해져 출력으로 나타내게 된다. 그림 (a)도 해석해 보기 바란다.

3. 실험 · 실습 사용기기 및 재료

① 신호발생기(Function Generator) : 1대
② 가변 DC전원 : 1대
③ DMM 또는 VOM : 1대
④ 오실로스코프 : 1대
⑤ 다이오드 1N5625(신호용) : 2개
⑥ 콘덴서 0.1[μF] : 1개
⑦ 저항 50[kΩ] : 1개
⑧ Bread Board, Lead선 : 적당량

4. 실험순서 및 실험방법

(1) 클리퍼(Clipper)

① 그림 26-1 (a)에서 AF 신호발생기의 주파수는 1[kHz], 신호의 출력전압은 $V_{p\text{-}p}=10$[V], 저항은 50[kΩ]을 사용하여 회로를 구성하고 실험하여 오실로스코프로 관찰된 출력파형을 표 26-1 (a)에 그려라.
② 그림 26-1 (b)의 회로를 같은 조건으로 실험하여 출력파형을 표 26-1 (b)에 그려라.
③ 그림 26-2 (a), 26-2 (b) 회로에 대해서도 동일한 조건으로 실험하여 표 26-2 (a)와 표 26-2 (b)에 파형을 그려라. 직류전원은 $V=2$[V]로 한다.
④ 그림 26-3 회로에 대해서도 동일한 조건으로 실험하여 표 26-3의 파형을 완성

하여라. $V_1 = 2[V]$, $V_2 = -2[V]$로 한다.

(2) 클램퍼(Clamper)

① 그림 26-4 (a)에서 콘덴서는 0.1[μF], AF 신호발생기의 주파수는 1[kHz], 신호의 출력전압은 $V_{p-p} = 10[V]$, 저항은 50[kΩ]을 사용하여 구성하고 실험하여 오실로스코프로 관찰된 출력파형을 표 26-4 (a)에 그려라.

② 그림 26-4 (b) 회로에 대해서도 동일한 조건으로 실험하여 표 26-4 (b)의 파형을 완성하여라.

5. 실험결과 및 고찰

표 26-1 다이오드만을 이용한 병렬 클리핑 회로

(a)

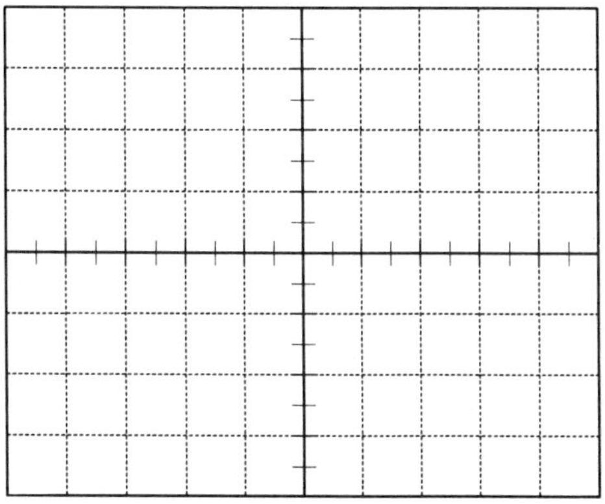

VOLTS/DIV TIME/DIV

(b)

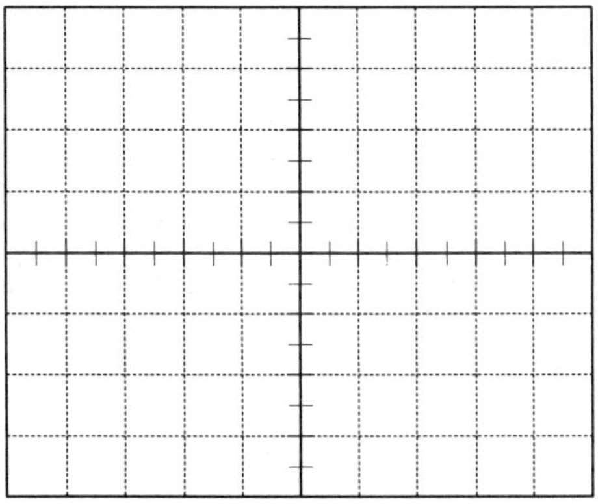

VOLTS/DIV TIME/DIV

표 26-2 직류전원을 사용한 클리핑 회로

(a)

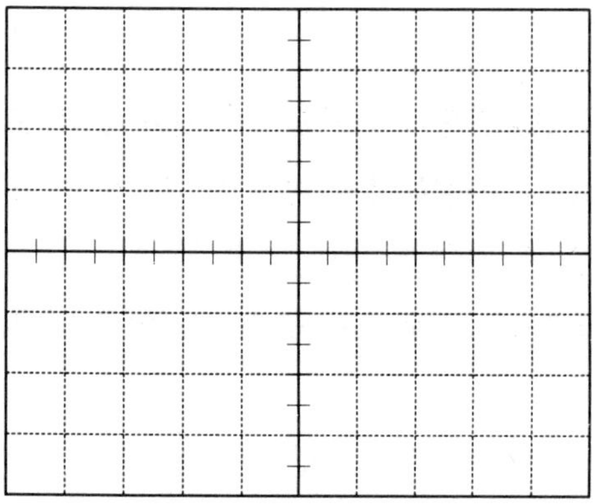

VOLTS/DIV TIME/DIV

(b)

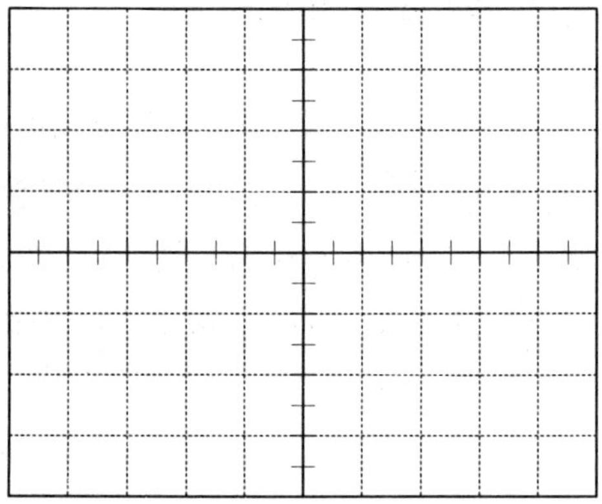

VOLTS/DIV TIME/DIV

표 26-3 2레벨 클리핑 회로

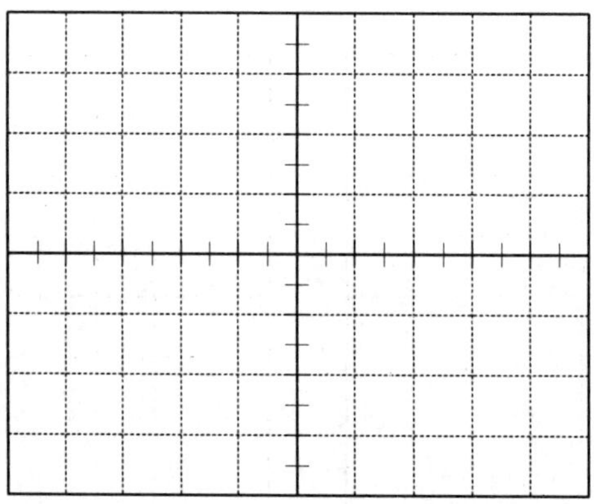

VOLTS/DIV TIME/DIV

표 26-4 클램핑 회로

(a)

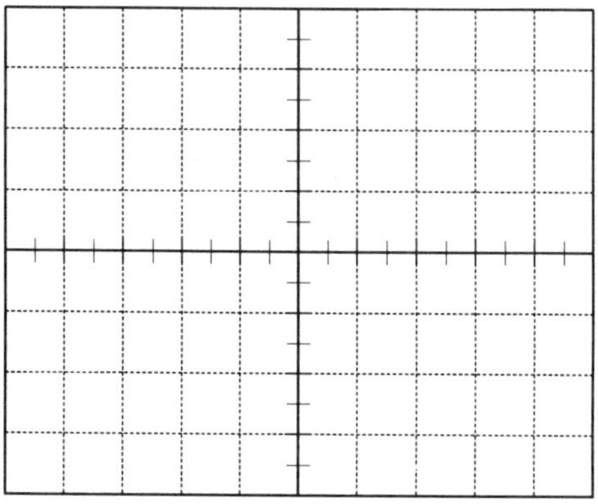

VOLTS/DIV TIME/DIV

(b)

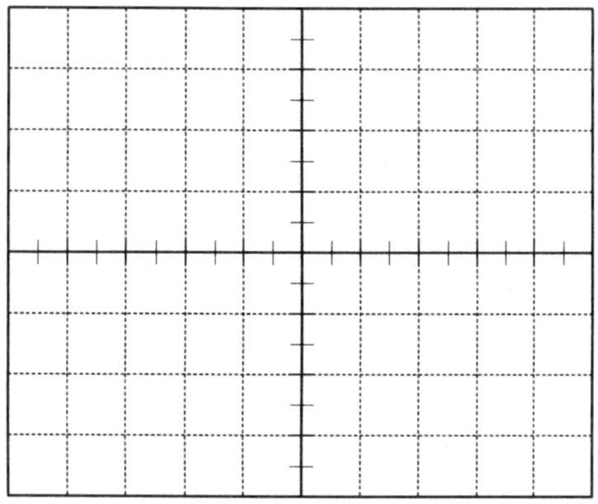

VOLTS/DIV TIME/DIV

① 클리핑 회로를 설계할 경우 제한하기 원하는 전압레벨은 어떻게 설정해야 하는지 방법을 설명하여라.

② 신호용 다이오드 대신에 제너 다이오드를 사용하면 결과가 어떻게 될 것인가 예측하고 설명하여라.

③ 클램핑 회로에서 콘덴서의 충방전 시간은 RC 시정수에 의해 결정된다. 만일 실험 26-4에서 저항을 50[kΩ]이 아닌 500[Ω]을 사용하면 출력이 어떻게 될 것인지 생각해 보아라.

실험 27 다이악(DIAC)의 특성

1. 실험 목적

다이악(Diac)의 기본구조와 동작원리를 이해하고 다이악의 사용용도 및 응용에 대해 이해한다.

2. 실험 · 실습에 따른 예비지식

(1) 다이악의 개요

다이악(DIAC : Diode AC Switch)은 2단자의 교류(AC) 스위칭 소자로 사용되는 소자로서 양방향으로 도통 가능한 쌍방향 2단자 사이리스터이다. 다이악의 구조는 NPN의 3층 구조로 되어 있다. 다이악은 다이오드와는 다르게 쌍방향성이므로 교류 전원을 한 순간만 도통시켜도 트리거 펄스를 발생시킨다. 따라서 다이악은 교류 전원으로부터 직접 트리거 펄스를 얻으므로 트리거 다이오드(trigger diode)라고도 한다. 사용 용도로는 조명회로의 조광장치 및 전기장판의 온도조절장치 그리고 SCR이나 트라이악의 트리거 등에 일반적으로 사용하고 있다. 그림 27-1은 다이악의 구조와 기호를 나타낸 것이다.

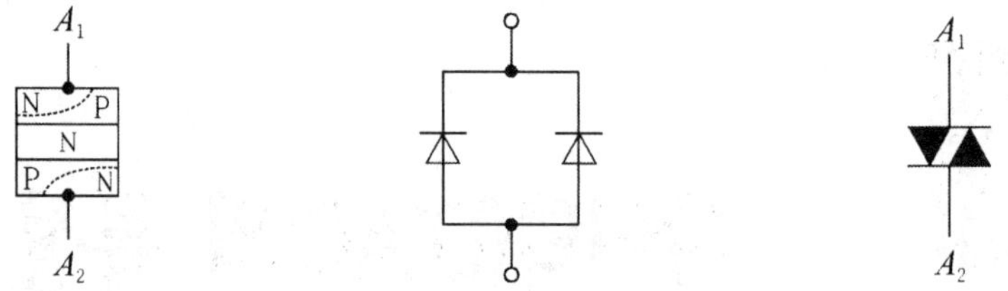

(a) 구조 (b) 다이오드의 역접속 (c) 기호

그림 27-1 다이악의 구조와 기호

다이악은 쌍방향성 스위칭 소자이므로 두 단자의 극성에 관계없이 다이악 양단 전압이 항복전압인 $+V_{BO}$ 이상, $-V_{BO}$ 이하에 도달하면 도통되고 유지전류 이하로 전류가 감소하면 개방된다. 다이악의 전류방향은 인가전압의 극성에 따라 결정 된다. 그림 27-2는 다이악의 전압-전류 특성 곡선을 나타내고 있다.

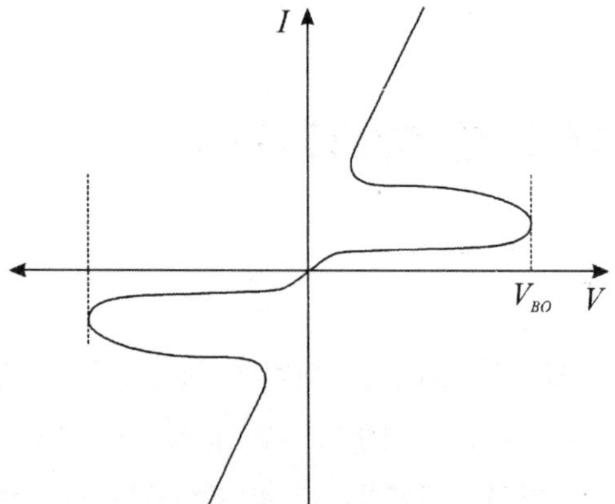

그림 27-2 다이악의 전압-전류 특성 곡선

3. 실험 · 실습 사용기기 및 재료

① 가변 직류 전원장치 : 1대

② 직류전류계 : 2대

③ 직류전압계 : 1대

④ 가변저항(10[kΩ]) : 1개

⑤ 저항(100[Ω], 1[kΩ]) : 각 1개

⑥ 콘덴서(220[pF]) : 1개
⑦ 트라이악 : 1개
⑧ 멀티테스터 : 1대
⑨ 오실로스코프 : 1대

4. 실험순서 및 실험방법

① 그림 27-3과 같이 다이악 회로를 결선하고 순방향 바이어스와 역방향 바이어스시에 표 27-1의 전압 및 전류를 측정하여 표를 완성하여라.
② 표 27-1을 참고하여 표 27-2에 다이악의 전류 - 전압($I-V$) 곡선을 완성하여라.
③ 가변저항을 조정하여 각각의 전압 및 전류를 측정하여라.

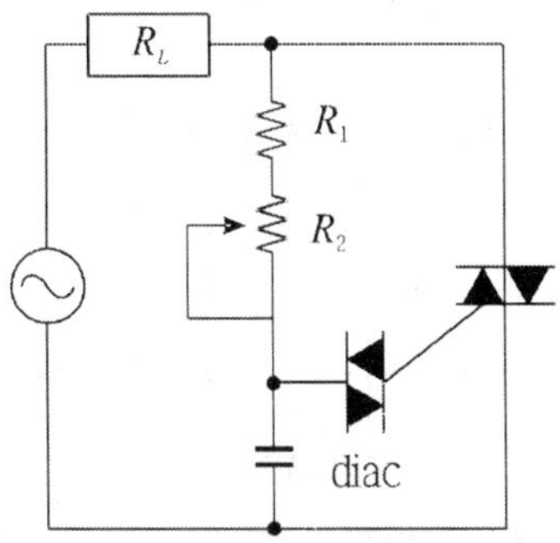

그림 27-3 다이악 실험회로

5. 실험결과 및 고찰

① 전원전압 순방향과 역방향으로 바이어스를 인가하여 부하저항에서의 전압-전류를 측정하고 기록하여라.

표 27-1 다이악의 전압-전류 특성

순방향 바이어스		역방향 바이어스	
V_L[V]	I_L[mA]	V_L[V]	I_L[mA]

② 부하 양단에 오실로스코프를 연결한 다음 가변저항을 변화시키면서 파형을 관찰하고 임의 저항값에서 그 파형을 그려라.

표 27-2 부하측 파형

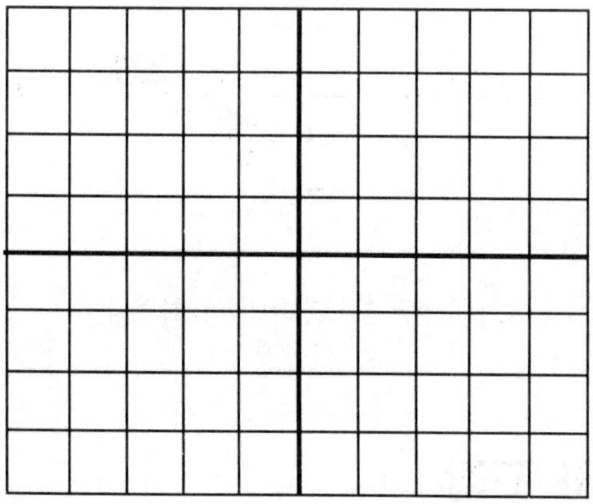

③ 다이악의 구조를 설명하고 특징은 다이오드와 비교하여 설명하여라.

실험 28 사이리스터(SCR)의 특성

1. 실험 목적

사이리스터(SCR)의 기본구조와 동작원리를 이해하고 사이리스터의 제어 특성을 이해한다.

2. 실험 · 실습에 따른 예비지식

(1) 사이리스터의 개요

사이리스터(SCR)는 정류작용만 하고 제어 능력이 없는 일반 다이오드와 달리 소전류에서 대전류까지 게이트 신호에 의해 제어를 할 수 있는 반도체 소자이다. SCR은 그림 28-1 (a), (b)와 같이 PNPN 4층 구조로 되어 있으며 애노드, 캐소드, 게이트의 3단자로 구성되어 있으며 애노드에서 캐소드로 전류를 흘려주기 위해서는 게이트 단자의 신호를 주면 전류를 제어할 수 있다. 그림 28-1 (c), (d)는 트랜지스터를 이용한 SCR의 구조 및 등가회로도를 나타내었다.

TR을 이용한 그림 28-1 (d) 회로에서 SCR과 동일한 동작을 하게 되는데 이를 설명하면 TR2 베이스전류를 증가시키면 TR2의 컬렉터 전류가 증가하여 TR1의 베이스 전류를 증가시고, 증가하는 TR1의 베이스 전류로 인해 TR2의 베이스 전류도 증가하게 되므로 이 동작을 반복하여 TR1과 TR2가 포화되면 애노드(A)에서 캐소드(K)로 도통(ON)하게 되어 전류가 흐르게 된다. 또한 차단하고자 할 경우는 TR2의 베이스 전류를 감소시키면 컬렉터 전류가 감소하고 TR1의 베이스 전류도 감소하게 되고, 이로 인해 TR2의 베이스 전류도 감소하게 되며, 이 동작을 계속하여 반복동작하면 TR1과 TR2는 애노드(A)에서 캐소드(K)로 흐르는 전류를 차단(OFF)하게 된다.

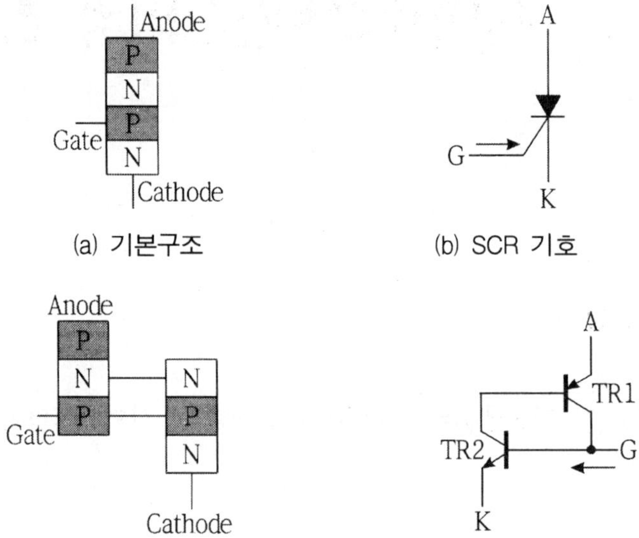

(a) 기본구조 (b) SCR 기호

(c) TR을 이용한 SCR (d) TR을 이용한 등가회로

그림 28-1 SCR 구조 및 TR을 이용한 SCR 구조

(2) 사이리스터의 특성

사이리스터 초기상태 즉, 게이트 전류가 흐르지 않는 상태에서 순방향 바이어스 전압을 인가하면 순저지 상태가 되어 SCR은 차단 상태를 유지한다. 그러나 계속 순방향 바이어스를 증가시켜 항복전압(V_{BO})에 도달하면 누설 전류의 급격한 증대로 SCR은 도통 상태로 된다.

한편, 역방향 바이어스에서는 항상 저지영역에 있는 일반 다이오드와 같은 동작 특성을 나타낸다.

게이트 전류(I_G)를 계속 증가(+)시키면 항복전압인 브레이크 오버전압(V_{BO})이 점차 작아지고, 마침내 순저지 영역이 없는 상태가 되어 일반 다이오드와 같은 특성이 되며 정류 작용이 시작된다. 일반적으로 SCR은 V_{BO} 이하에서 사용하며 게이트 전류에 의해 도통된다. 일단 도통이 된 SCR은 게이트 전류를 0으로 하여도 차단되지 않고 지속적으로 도통 상태를 유지하는 특성이 있다.

그림 28-2는 SCR의 전압 - 전류 특성곡선을 나타낸 것이다.

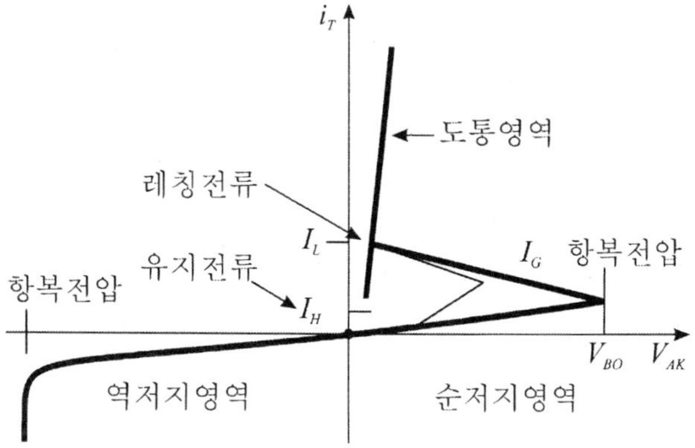

그림 28-2 SCR의 전압 - 전류 특성곡선

① 사이리스터의 특징

- PNPN접합의 4층 구조이며 단방향 3단자 사이리스터
- 고전압, 대전류의 제어가 용이하다.
- 자기소호능력이 없어 게이트 신호가 소멸해도 온 상태를 유지한다.
- 용도가 다양하고 DC 및 AC에 사용 가능하다.

② 사이리스터의 용도

사이리스터는 스위칭제어, 위상제어, 쵸퍼, 인버터, 정류기 등 다양한 분야에 응용되어 사용된다.

3. 실험 · 실습 사용기기 및 재료

① 가변 직류 전원장치 : 2대
② 직류전류계(0~500[mA]) : 2대
③ 직류전압계(0~200[V]) : 1대
④ 저항(100[Ω], 1[kΩ]) : 각 1개
⑤ SCR : 1대
⑥ 오실로스코프 : 1대

4. 실험순서 및 실험방법

① 그림 28-3과 같이 사이리스터를 결선하고 표 28-1의 인가전압에 따른 전류를 측정하여 표를 완성하여라.

② 표 28-1을 참고하여 표 28-2에 사이리스터의 전류전압($I-V$) 특성곡선을 그려라.

③ 전원전압을 조정하여 각각의 전압 및 전류를 측정하여라.

④ 또한 애노드 전류를 오옴의 법칙을 적용하여 계산하여라.

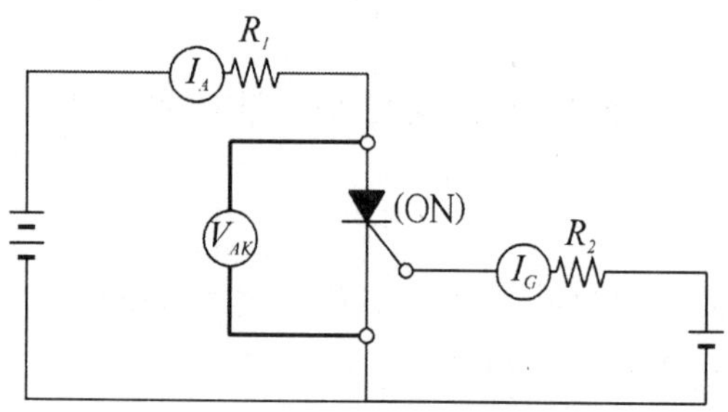

그림 28-3 SCR 실험회로

5. 실험결과 및 고찰

① 사이리스터에 순방향 바이어스와 역방향 바이어스를 인가하여 표 28-1의 표를 완성하시오.

표 28-1 순방향, 역방향 바이어스 특성

구분		전압[V]	전류[mA]	저항[Ω]
		50	100	150
순방향 바이어스	V_{AK}			
	I_G			
	I_A			
역방향 바이어스	V_{AK}			
	I_G			
	I_A			

② 표 28-1을 참고하여 표 28-2 사이리스터 전류-전압($I-V$) 특성곡선을 그려라.

표 28-2 사이리스터 전류-전압($I-V$) 특성곡선

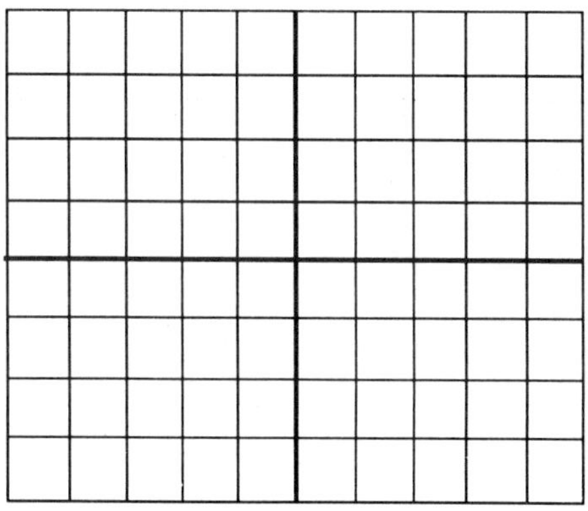

③ SCR의 동작원리와 전류-전압특성에 대하여 설명하여라.

④ SCR의 도통방법과 차단방법을 설명하여라.

실험 29

트라이액(TRIAC)의 특성

1. 실험 목적

트라이액(Triac)의 기본구조와 동작원리를 이해하고 트라이액의 사용 용도 및 응용에 대해 이해한다.

2. 실험 · 실습에 따른 예비지식

(1) 트라이액의 개요

TRIAC는 양방향 도통이 가능하여 대표적인 교류전력제어용 스위칭 소자로 알려져 있고 일반적으로 AC위상제어에 사용된다. 트라이액의 구조는 두 개의 SCR이 게이트를 공통으로 하고 역병렬 접속한 것이다. 또한 게이트 단자가 하나로 되어 있는데 게이트 신호에 의해 양방향 제어가 가능하다.

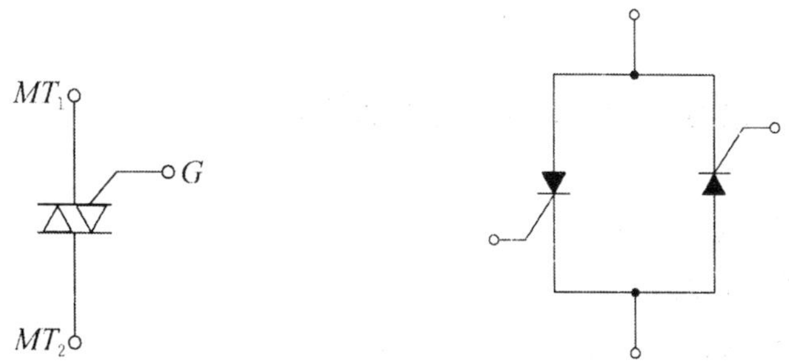

(a) 기호　　　　(b) 등가회로

그림 29-1 트라이액의 기호 및 등가회로

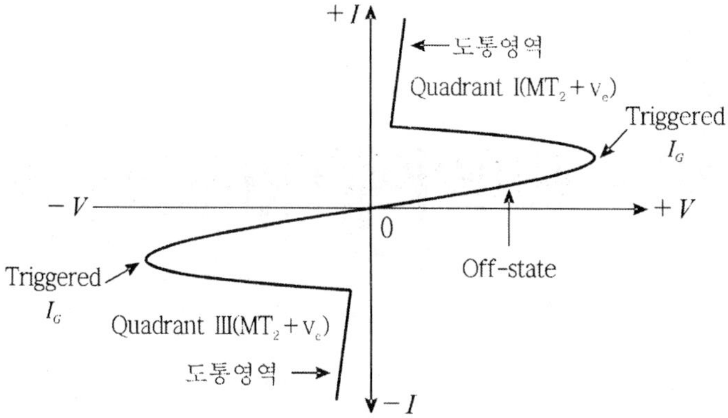

그림 29-2 트라이액의 전류-전압 특성 곡선

(2) 트라이액의 동작원리 및 용도

트라이액은 교류회로에 사용하는 소자로서 순방향과 역방향 모두 저지상태로 있으며 어느 방향으로도 도통되는 것을 알 수 있다. 트라이액은 SCR과 같이 동작 중 도통 상태를 유지하기 위한 유지전류(I_H)가 필요하며, 게이트 전류가 0일 때 트라이액은 순방향과 역방향 모두 브레이크 오버전압(V_{BO})까지 양방향 모두 차단 상태이고 브레이크오버전압(V_{BO})를 넘으면 도통하게 된다. 트라이액에서는 SCR과는 달리 항복전압이 양방향에 모두 존재하므로 이 항복전압에 대한 보호 기능을 가지고 있다. 즉 항복전압이 인가되면 트라이액은 즉시 도통되며, 부하 전류가 정격치 이하에서는 파괴되지 않고 사용할 수 있다.

트라이액의 용도로는 각종 부하의 종류에 따라 조광제어, 속도제어, 온도제어 등 위상제어 및 스위칭 소자로 사용되고 있다.

3. 실험 · 실습 사용기기 및 재료

① 가변 교류 전원장치 : 1대
② 교류전류계(0~500[mA]) : 2대
③ 교류전압계(0~200[V]) : 1대
④ 가변저항(10[kΩ]) : 1대
⑤ 저항(100[Ω], 1[kΩ]) : 각 1개

⑥ 트라이액 : 1대

⑦ 오실로스코프 : 1대

4. 실험순서 및 실험방법

① 그림 29-3과 같이 트라이액 회로를 결선하고 표 27-1의 인가전압에 따른 전류를 측정하여 표를 완성하여라.

② 오실로스코프에서 표시하는 그래프를 참고하여 표 27-2에 트라이액의 전류-전압($I-V$) 특성곡선을 그려라.

③ 가변저항을 조정하여 각각의 전압 및 전류를 측정하여라.

④ 또한 T1의 전류를 오옴의 법칙을 적용하여 계산하여라.

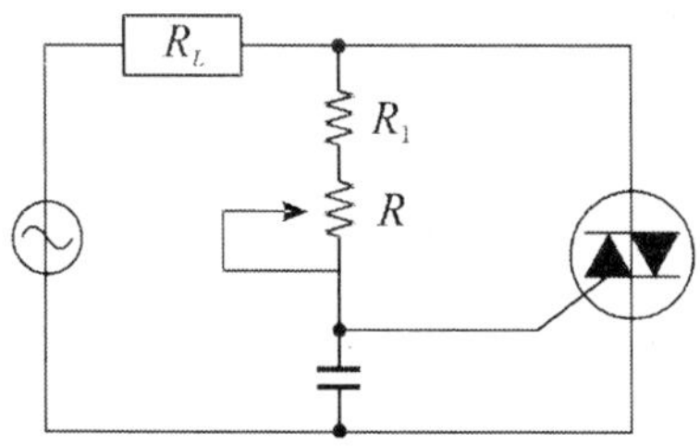

그림 29-3 트라이액 실험회로

5. 실험결과 및 고찰

① 전원전압 인가에 따른 부하저항의 전압-전류를 측정하고 기록하여라.

표 29-1 전원전압 인가에 따른 전압-전류 특성

구 분	인가전압[V]		
V_L			
I_L			

② 콘덴서 양단에 오실로스코프를 연결한 다음 가변저항을 변화시키면서 파형을 관찰하고 임의 저항값에서 그 파형을 그려라.

표 29-2 콘덴서 파형

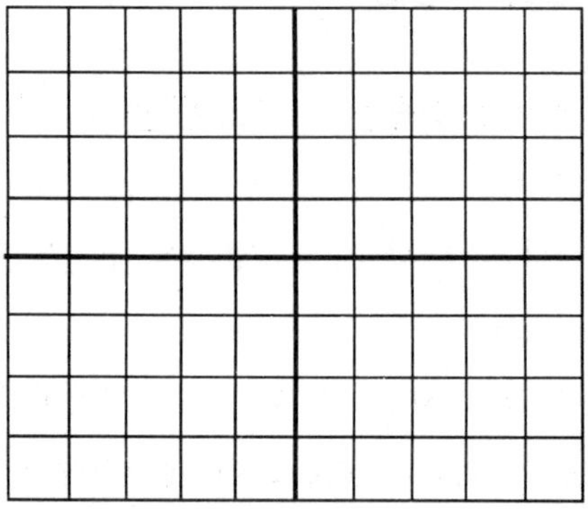

③ 부하 양단에 오실로스코프를 연결한 다음 가변저항을 변화시키면서 파형을 관찰하고 임의 저항값에서 그 파형을 그려라.

표 29-3 부하측 파형

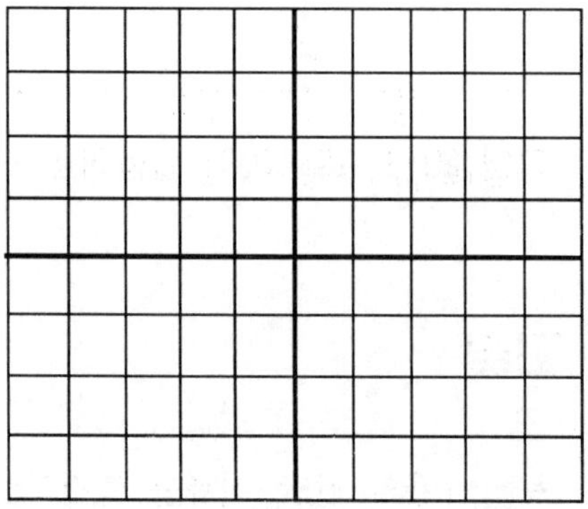

④ 트라이액과 사이리스터의 구조와 특징을 비교 설명하여라.

⑤ 트라이액의 제어대상과 용도에 대해 설명하여라.

실험 30

브리지 정류회로

1. 실험 목적

① 브리지 정류기는 직렬 연결된 두개의 저항이 교대로 도통되는 것을 확인하다.
② 입력과 출력파형을 관측하고 측정한다.
③ 여파기 회로가 직류 전압 출력과 리플에 미치는 영향을 측정한다.

2. 실험 · 실습에 따른 예비지식

(1) 브리지 전파 정류회로

그림 30-1은 트랜스와 4개의 다이오드를 사용한 변압기 공급 브리지 정류의 개략적인 회로이다.

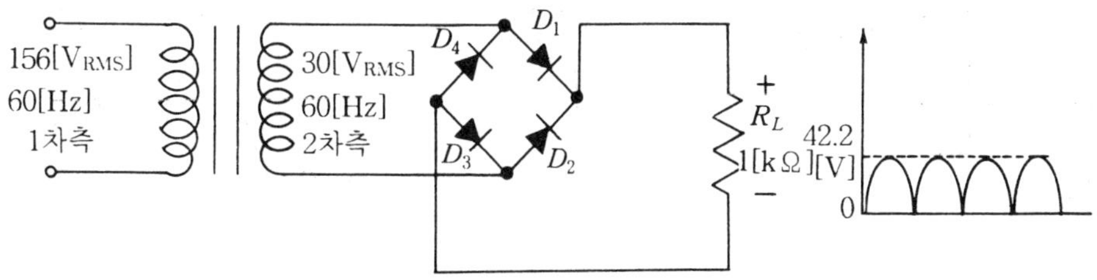

그림 30-1

전파정류 동작은 직류 입력전압을 부가하여 다이오드가 어떻게 스위치 동작을 하는가로 기술되어진다. 그림 30-2 (a)에서 +전압은 D_1, D_3 다이오드를 ON되게 하고 D_2, D_4의 다이오드는 OFF되게 하여 결과적으로 그림 30-2 (b)와 같은 전압이 R_L 양단에 나타난다.

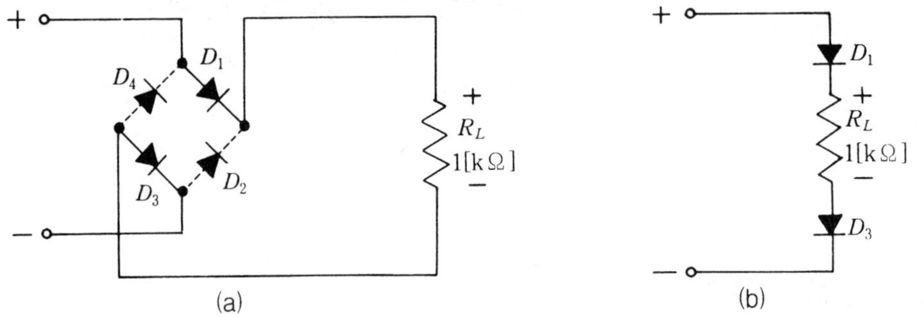

그림 30-2

−전위를 인가하였을 경우는 그림 30-3과 같다. 이 경우 회로내의 전압 및 전류는 중간 탭이 있는 전파 정류회로의 경우와 같아지며 단지 다이오드 D_1, D_2, D_3, D_4의 PIV만 차이가 난다.

$$\mathrm{PIV} = V_P = 42.42[\mathrm{V}] \tag{30-1}$$

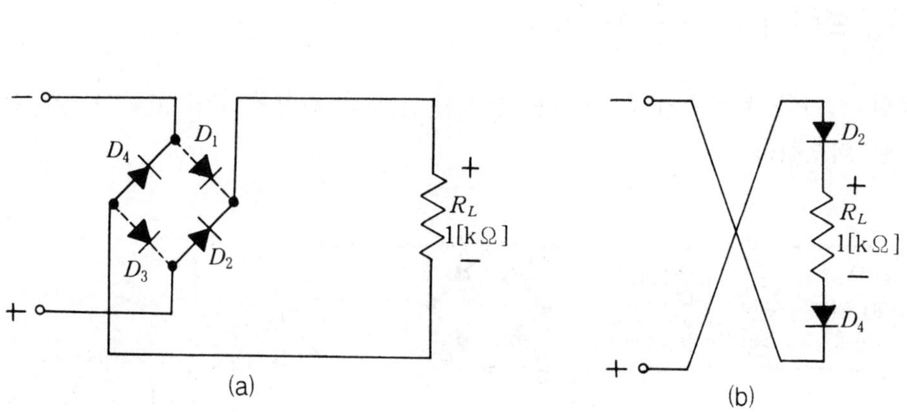

그림 30-3

그림 30-4에서와 같이 각각 2개의 다이오드 사이에 $2V_P$의 역전압이 가해지게 되므로 PIV는 각 다이오드마다 V_P의 전압이 되는 것이다.

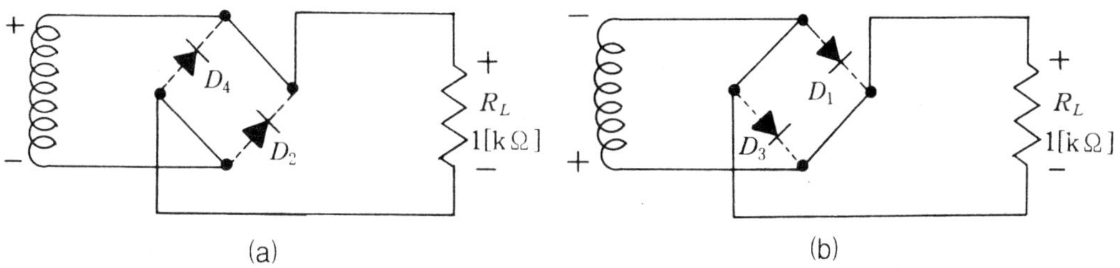

그림 30-4

① 트랜스 2차측의 peak-to-peak 전압 V_{P-P}는

$$V_{P-P} = V_{\text{RMS}} \times 2\sqrt{2} = 30[\text{V}] \times 2.828 = 84.84[\text{V}]$$

② 부하양단 전압의 최대값 V_{peak}

$$V_{\text{peak}} = V_{P-P}/2 = 84.84[\text{V}]/2 = 42.42[\text{V}]$$

③ 부하전류의 최대값 I_{peak}

$$I_{\text{peak}} = V_{\text{peak}}/R_L = 42.42/1[\text{k}\Omega] = 42.42[\text{mA}]$$

$$= I_P(D_1,\ D_3) = I_P(D_2,\ D_4)$$

④ 부하전압의 평균값 V_{DC}

$$V_{DC} = V_P/\pi \times 2 = 42.42[\text{V}]/3.14 \times 2 = 27[\text{V}]$$

⑤ 부하전류의 평균값 I_{DC}

$$I_{DC} = V_{DC}/R_L = 27[\text{V}]/1[\text{k}\Omega] = 27[\text{mA}]$$

⑥ 각 다이오드에 흐르는 전류의 평균값 $I_{DC}(D_1,\ D_3)$, $I_{DC}(D_2,\ D_4)$

$$I_{DC}(D_1,\ D_3) = I_{DC}(D_2,\ D_4) = I_{DC}/2 = 27[\text{mA}]/2 = 13.5[\text{mA}]$$

⑦ 부하에서 리플 전압의 실효값 $V_{\text{AC(RMS)}}$

$$V_{\text{AC(RMS)}} = V_P/3.25 = 42.42[\text{V}]/3.25 = 13.05[\text{V}]$$

⑧ 부하에서 총 출력전압의 실효값 V_{RMS}

$$V_{\text{RMS}} = V_P/\sqrt{2} = 42.42[\text{V}]/1.414 \fallingdotseq 30[\text{V}]$$

⑨ [%]리플 $= V_{\text{AC(RMS)}}/V_{DC} \times 100 = 13.05[\text{V}]/27[\text{V}] \times 100 = 48.3[\%]$

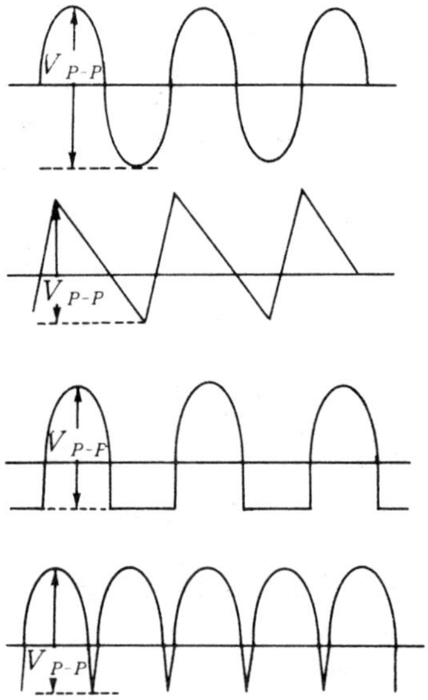

그림 30-5

참고 각 파형에 따른 peak-to-peak 전압값의 실효값

정현파 $V_{AC}=\frac{V_{P-P}}{2\sqrt{2}} \fallingdotseq 0.3536\,V_{P-P}$

톱니파 $V_{AC}=\frac{V_{P-P}}{3\sqrt{2}}=0.2887\,V_{P-P}$

반파정류파 $V_{AC}=0.3856\,V_{P-P}$

전파정류파 $V_{AC}=0.3077\,V_{P-P}$

(2) 필터회로가 있는 브리지 전파 정류회로

필터회로가 있는 브리지 전파 정류회로는 트랜스 2차측에 중간 탭을 필요로 하지 않으며 그림 30-6과 같다.

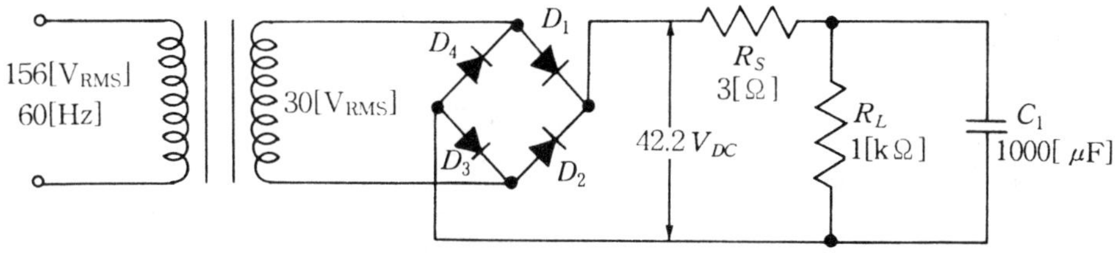

그림 30-6

이 회로내의 전압, 전류값도 커패시터가 있는 중간 탭 전파 정류회로의 경우와 모두 동일하며 각 다이오드의 PIV만 PIV = V_P = 42.42[V]가 된다.

① $V_{P-P} = V_{\mathrm{RMS}} \times 2\sqrt{2} = 30[\mathrm{V}] \times 2.828 = 84.84[\mathrm{V}]$

② $V_{\mathrm{peak}} = V_{P-P} = 42.42[\mathrm{V}]$

③ $I_{\mathrm{peak}} = V_{\mathrm{peak}} / R_L = 42.42/1[\mathrm{k}\Omega] = 42.42[\mathrm{mA}]$

④ 부하전압의 평균값 V_{DC}

$$V_{DC} = V_P - \varDelta V_{CI}/2 = 42.42[\mathrm{V}] - 0.35[\mathrm{V}]/2 = 42.245[\mathrm{V}]$$

$$\fallingdotseq 42.25[\mathrm{V}] \fallingdotseq V_{\mathrm{peak}}$$

⑤ 커패시터 양단 리플 전압 $\varDelta V_{CI}$

$$\varDelta V_{CI} = T/C \times I_{RL} \fallingdotseq T/C \times V_{DC}/R_L$$

$$= (1/120 \times 42.42[\mathrm{V}])/(1000[\mu\mathrm{F}] \times 1[\mathrm{k}\Omega]) \fallingdotseq 0.35\, V_{P-P}$$

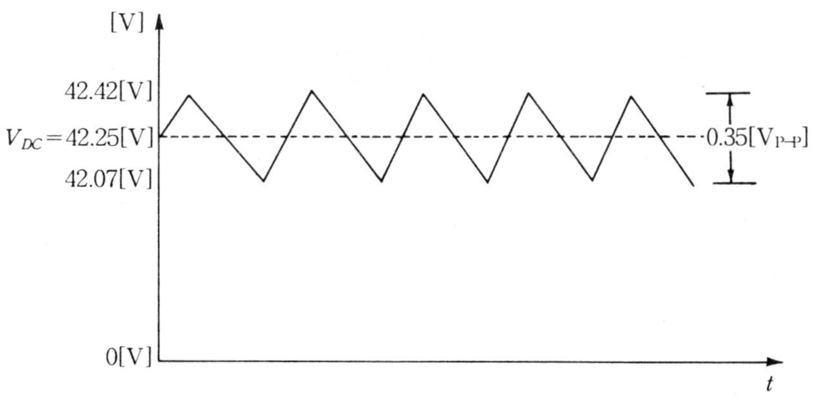

그림 30-7

⑥ 부하에서 리플 전압의 실효값 $V_{AC(RMS)}$

$$V_{AC(RMS)} = \Delta V_{CI}/2\sqrt{3} = 350[mV]/3.46 \fallingdotseq 101[mV]$$

⑦ 부하에 흐르는 전류의 평균값 I_{DC}

$$I_{DC} = V_{DC}/R_L = 42.25[V]/1[k\Omega] = 42.25[mA]$$

⑧ 커패시터의 충방전비가 1 : 4일 때 다이오드에 흐르는 충전전류

$$I_{DC\,(recurring)} = \frac{I_{DC} \times \text{방전시간}}{\text{충전시간}} = \frac{42.25[mA] \times 4}{1} = 170[mA]$$

⑨ 다이오드에 흐르는 충전전류의 최대값 $I_{P\,(recurring)}$는 R_s양단에 전압이 그림 30-8과 같이 $1.5V_P$일 때 $I_{P\,(recurring)} = 1.5V_P/3[\Omega] = 500[mA]$

⑩ [%]리플 $= (V_{AC}/V_{DC}) \times 100 = (0.101[V]/42.25[V]) \times 100 = 0.24[\%]$

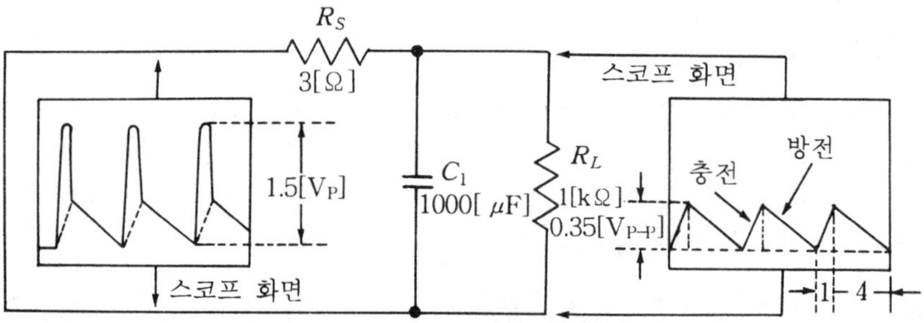

그림 30-8

3. 실험 · 실습 사용기기 및 재료

① 트랜스 : 120[V], 24[V]

② 다이오드 : 2SC1815×4

③ 저항 : 10[Ω], 1[kΩ]

④ 커패시터 : 1000[μF]

⑤ 오실로스코프

⑥ 전압계

⑦ 전류계

4. 실험순서 및 실험방법

(1) 브리지 전파 정류회로

① 그림 30-9의 회로를 결선하여라.

② 트랜스 2차측에서 V_{P-P}와 V_{RMS}를 측정하여라.

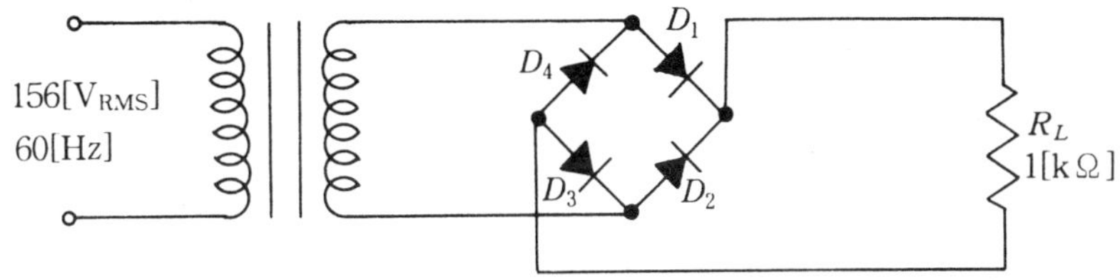

그림 30-9

③ 부하에서 V_P를 계산하고 측정하여라.

$$V_P = V_{P-P}/2$$

④ I_P를 계산하여라.

$$I_P = V_P/R_L$$

⑤ 부하에서 V_{DC}를 계산하고 측정하여라.

$$V_{DC} = 2 \times V_P/\pi$$

⑥ 부하저항을 통하여 흐르는 직류전류 I_{DC}를 계산하고 측정하여라.

$$I_{DC} = V_{DC}/R_L$$

⑦ ㉠ D_1, D_3 및 D_2, D_4를 통하여 흐르는 직류전류를 계산하여라.

$$I(D_1,\ D_3) = I(D_2,\ D_4) = IR_L/2$$

㉡ 그림 30-10과 같이 전류계를 이용하여 다이오드에 흐르는 전류를 측정하여라.

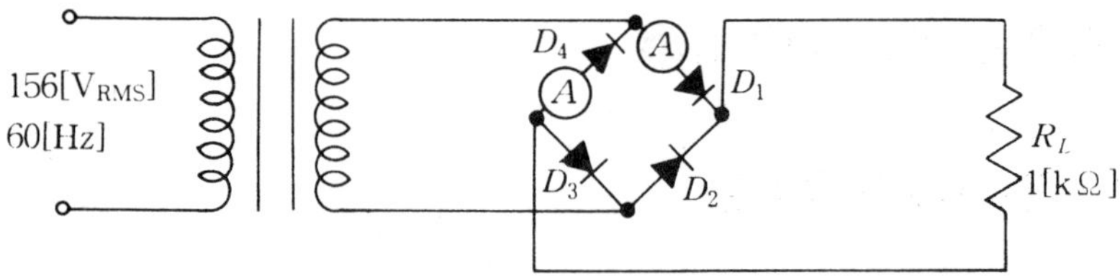

그림 30-10

⑧ 부하에서 리플 전압 V_{AC}를 계산하고 교류전압계로 측정하여라.

$$V_{AC} = 0.3077 \times V_P$$

⑨ 부하에서 총 실효전압값을 계산하여라.

$$V_{\text{RMS}} = V_P\sqrt{2} \quad \text{또는} \quad V_{\text{RMS}} = \sqrt{V_{DC}^{\ 2} + V_{AC}^{\ 2}}$$

⑩ 다이오드의 PIV을 계산하여라.

⑪ [%]리플을 계산하여라.

$$[\%]\text{리플} = V_{AC} / V_{DC} \times 100$$

⑫ 계산값 및 측정값을 표 30-1에 기입하여라.

(2) 필터 회로가 있는 브리지 전파 정류회로

① 그림 30-11의 회로를 결선하여라.

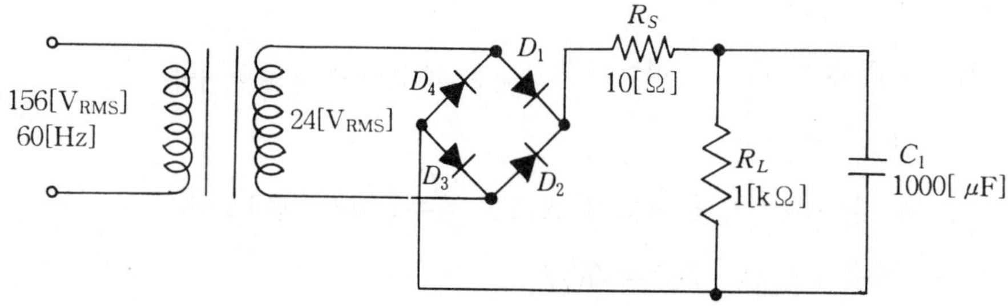

그림 30-11

② 부하에서 V_{DC}를 계산하고 측정하여라.

$$V_{DC} = V_P - \Delta V_{CI}/2 \fallingdotseq V_P$$

③ 부하에 흐르는 직류전류 I_{DC}를 계산하고 측정하여라.

$I_{DC} = V_{DC}/R_L$

④ 교류 리플 전압을 계산하고 오실로스코프를 사용하여 측정하여라.

$\Delta V_{CI} = T/C \times I_{RL} = T/C \times (V_P/R_L) = V_P/fCR_L$

⑤ 그림 30-12에서와 같이 오실로스코프를 연결하고 최대 충전전류 $I_{P\,(\mathrm{recurring})}$을 측정하고 계산하여라.

㉠ 부하에서 톱니파 전압 ΔV_{CI}을 측정하여라.

$I_{DC\,(\mathrm{recurring})} = I_{DC} \times$ 방전시간/충전시간(스코프 #1)

㉡ 브리지가 있는 곳에 최대 충전전류를 측정하여라.

$I_{P\,(\mathrm{recurring})} = V_{P\,(\mathrm{recurring})}/R_s$(스코프 #1)

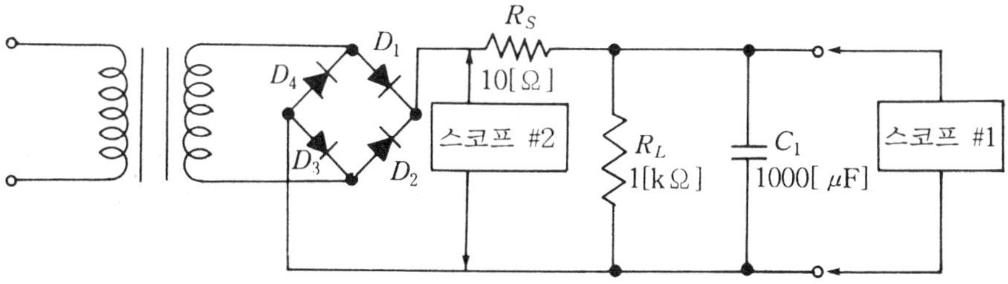

그림 30-12

⑥ 다이오드의 PIV를 계산하여라.

⑦ ㉠ peak-to-peak 리플 전압의 실효값을 계산하여라.

$V_{AC} = \Delta V_{CI}/2\sqrt{3}$

㉡ V_{AC}를 표준 교류전압계로 측정하여라.

⑧ [%]리플을 계산하여라.

[%]리플 $= V_{AC}/V_{DC} \times 100$

⑨ 계산값 및 측정값을 표 30-2에 기입하여라.

5. 실험결과 및 고찰

① 실험순서에 따라 다음 표에 실험결과를 나타내어라.

표 30-1

	V_{P-P} 트랜스 2차측	V_{RMS} 트랜스 2차측	V_P 부하측	I_P 부하측	V_{DC} 부하측
계 산 값					
측 정 값					

	I_{DC}			V_{AC}	V_{RMS}	PIV				[%]리플
	부하측	D_1, D_3	D_2, D_4			D_1	D_2	D_3	D_4	
계 산 값										
측 정 값										

표 30-2

	부하측		I(recurring)		$\varDelta V_{CI}$	V_{AC}	PIV D_1-D_2 D_3-D_4	[%]리플
	V_{DC}	I_{DC}	I_{DC}	I_P				
계 산 값								
측 정 값								

② 필터회로가 없는 반파 정류회로와 비교하여 필터회로가 없는 전파 정류회로의 V_{DC}값이 2배가 되는 이유는?

③ 반파 정류회로에 비하여 전파 브리지 정류회로를 사용하는 것은 무슨 이점이 있는가?

④ 브리지 전파 정류회로에서 필터회로를 사용하며 다이오드의 PIV값은 필터회로가 없는 경우에 비하여 변화되는가?

실험 31 TR의 구조 및 판별법

1. 실험 목적

① 접합 트랜스터의 구조 및 트랜지스터 검사법을 이해한다.
② 트랜지스터의 전압과 전류 관계를 이해한다.

2. 실험·실습에 따른 예비지식

(1) 트랜지스터 개요

반도체에 관한 과학적 관심은 트랜지스터의 발달을 가져왔다. 트랜지스터의 장점중 하나는 작고 가볍기 때문에 전자 장비의 소형화를 가능케 한다는 것이다. 트랜지스터는 낮은 공급전압에서 동작하며 전력소모가 적다. 또한 예열시간이 필요 없기 때문에 전력이 인가되면 즉시 작동하며, 내부에는 회로 연결이 거의 없다. 트랜지스터의 단점은 열에 민감한 것이지만 많은 열을 발생하지는 않는 것이 장점이다.

많은 종류의 트랜지스터가 있는데 이들은 만들어지는 기본 물질에 따라 분류된다. 이런 범주 내에서 게르마늄과 실리콘 트랜지스터를 찾을 수 있는데 대부분의 트랜지스터는 실리콘으로 만들어져 있다. 또한 구성하는 과정에 따라 분류되기도 하는데 여기에는 성장 접합형, 합금 접합형, 표동 전계형, 메사형, 에피택시 메사형 및 평면 트랜지스터 등의 접합 트랜지스터와 점 접촉 트랜지스터가 있다. 뿐만 아니고 전력 소모 능력에 따라 분류되기도 하는데 저전력(50[mW] 이하)형에서부터 고전력(2[W] 이상)형으로 나누어진다.

(2) 접합 트랜지스터의 구조

트랜지스터는 이미터, 베이스, 콜렉터라고 불리는 3개의 서로 다른 구역을 갖고 있으며 2개의 접합면을 형성하고 있다. 이들 두 접합면의 상호작용으로 트랜지스터 작용이 이루어진다. 이들의 구조와 기호는 그림 31-1과 같다.

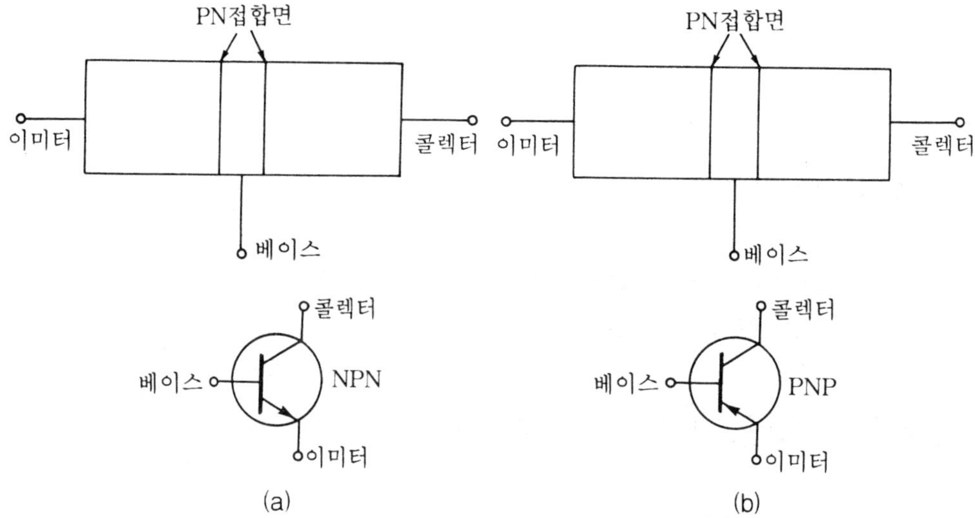

그림 31-1

PN 접합면의 베이스 영역은 매우 얇고 약하게 도핑되어 있으며, 이미터는 강하게 도핑하고 콜렉터 영역은 일반적으로 적절하게 도핑되어 있다.

물리적 구조는 콜렉터가 보통 대전력 트랜지스터의 경우 케이스와 전기적으로 접속되어져 콜렉터 영역에서의 열을 발산시키도록 되어 있다.

(3) 트랜지스터의 형명 및 외형

대부분의 트랜지스터는 2N3904, 2N3906과 같이 앞에 2N을 붙여 표시하며, 2N은 2개의 접합을 갖고 있는 반도체를 의미한다. 다른 트랜지스터는 MTE5192, FA3333과 같이 제조회사의 번호 등을 붙여 표시하는 것도 있다.

트랜지스터에는 여러 가지 모양과 크기(그림 31-2)가 있으며 핀의 배열과 회로에 트랜지스터를 설치하는 방법에 따라 여러 가지 변화를 줄 수 있다. 어떤 것은 소켓에 정착되어 있고, 어떤 트랜지스터는 회로에 직접 납땜이 가능하도록 유연성 있는 발을 가진 것도 있다.

그림 31-2 트랜지스터의 모형틀

(4) 트랜지스터의 동작

트랜지스터는 선형(활성) 모드, 차단 모드, 포화 모드, 불활성 모드 등 4개의 서로 다른 모드로 동작한다.

트랜지스터의 선형 모드는 그림 31-3과 같이 항상 베이스-이미터 접합은 순방향 바이어스 되어지고 콜렉터-베이스 접합은 역방향 바이어스가 된 상태에서 동작될 경우이다.

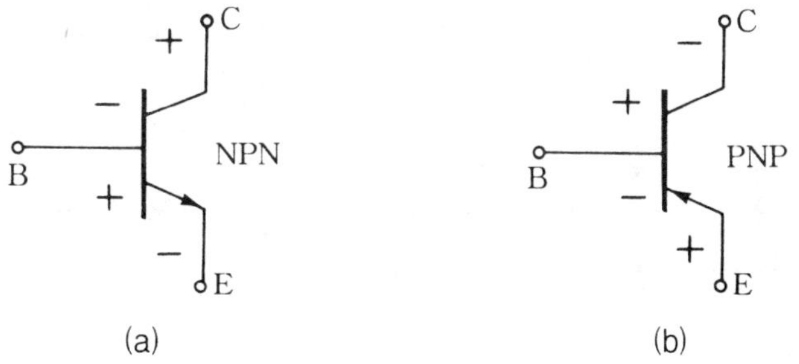

그림 31-3

그러므로 베이스-이미터 접합은 보통 100[Ω] 이하의 저항을 가지며 콜렉터-베이스 접합은 100[kΩ] 이상의 저항을 나타낸다.

만일 그림 31-4와 같은 얇은 베이스 영역을 둘로 나눈다면 2개의 다이오드가 접속되어져 있는 형태로 트랜지스터를 표시할 수 있다. 따라서 순방향 및 역방향 바이어스된 일반 다이오드와 같은 방법으로 접합 사이의 저항을 계산할 수 있다.

다이오드가 순방향 바이어스 되었을 때 저항은 이론적으로 $r_j = 26[\mathrm{mV}]/ I_F$이므로 순방향 바이어스된 베이스-이미터 접합의 교류저항 $r_e{}' = 26[\mathrm{mV}]/ I_E$가 된다.

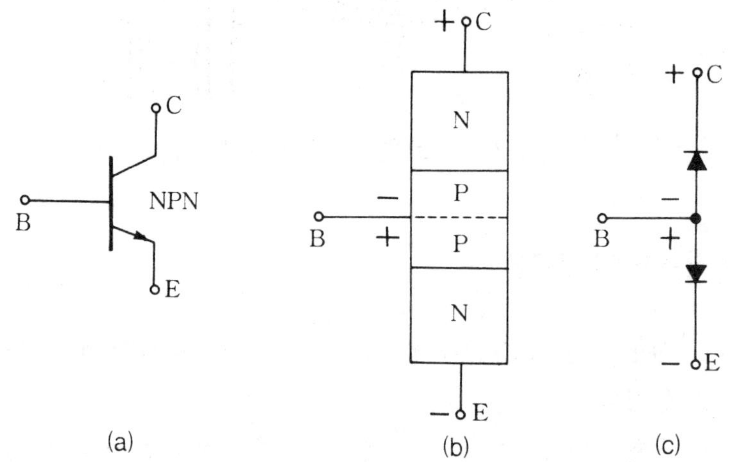

그림 31-4

또한 순방향 바이어스에 의한 이미터-베이스간의 전압강하는 실리콘 트랜지스터의 경우 0.6[V]이고 게르마늄 트랜지스터의 경우 0.25[V]정도가 된다.

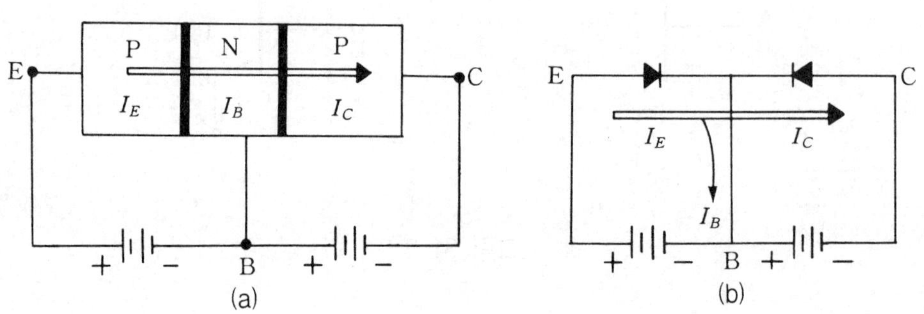

그림 31-5

그림 31-5와 같이 이미터-베이스 접합과 베이스-콜렉터 접합 사이에 동시에 바이어스 전압을 가해주면 트랜지스터 작용이 일어난다.

P형 이미터 영역에서 다수 케리어인 정공인 N형 베이스 영역으로 흘러들어가고

베이스 영역내에서 일부는 전자와 재결합하지만 대부분은 역바이어스된 콜렉터 영역으로 넘어가게 된다. 그러므로 $I_E = I_B + I_C$이며 베이스 이미터나 콜렉터 전류에 비하여 아주 작다.

이미터로부터 방출되어 흐르는 전류의 양과 콜렉터 영역에 도달하는 전류의 비를 α라 하며

$$\alpha = I_C / I_E \fallingdotseq 1 \qquad (31\text{-}1)$$

또한 베이스 전류에 대한 콜렉터 전류의 비를 β라 한다.

$$\beta = I_C / I_B = \frac{\alpha}{1-\alpha} \qquad (31\text{-}2)$$

(5) 회로시험기를 사용한 트랜지스터의 검사

간단하게 트랜지스터의 양, 부의 판단을 할 수 있는 방법은 트랜지스터의 베이스-이미터 접합과 베이스-콜렉터 접합을 회로시험기의 저항계로 측정하는 방법이다.

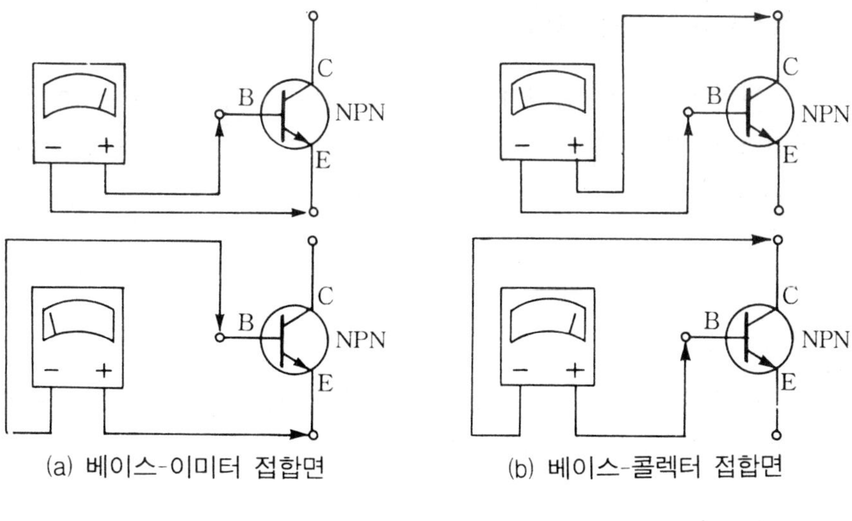

(a) 베이스-이미터 접합면 (b) 베이스-콜렉터 접합면

그림 31-6

만일 측정하는 어느 접합이 순, 역방향 바이어스 상태에서 모두 낮은 저항을 나

타내면 그 접합은 아마도 단락되어 있으며 모두 높은 저항을 나타내면 개방되어 있음을 의미한다.

그림 31-6은 베이스-이미터 및 베이스-콜렉터 접합을 저항계로 측정하는 방법을 표시한 것이다. 그러나 순방향 대 역방향 저항비는 상대적임을 유의하여라.

왜냐하면 각 $R\times100[\Omega]$, $R\times1[k\Omega]$, $R\times100[k\Omega]$범위의 설정은 각기 다른 직류전류를 순방향 바이어스된 다이오드 접합에 흘리게 하므로 각기 다른 저항값을 나타내기 때문이다.

또한 이 방법은 단지 트랜지스터 접합의 양, 부 상태만을 검사할 뿐 β, I_{CO} 등의 다른 파라미트를 알 수가 없다.

(6) 트랜지스터 손상에 관한 주의

1 회로에 트랜지스터의 삽입

전원이 켜져 있을 때 트랜지스터를 삽입하거나 제거하지 말아라. 이 경우 전달되는 높은 과도 전류 때문에 트랜지스터에 영구적인 손상을 입힐 수 있다.

트랜지스터나 혹은 회로상에 다른 부품을 삽입하거나 제거하기 전 전원이 꺼져 있는가 확인하라.

2 콜렉터 바이어스와 전압값

콜렉터의 바이어스 전압 극성이 전원을 인가하기전 맞는지 확인하라. 콜렉터는 역방향 바이어스여야 한다. 나아가 콜렉터와 이미터전압은 규정치를 넘지 않아야 한다. 그러므로 여러분은 회로에 전원을 인가하기전 이 전압을 측정하고 적절한 값으로 조정해야 한다.

3 회로 연결의 검사

모든 연결은 전원이 인가되기전 회로도에 따라 검사되어야 한다. 트랜지스터는 제한 저항없이 전압원에 바로 연결하면 안된다.

4 트랜지스터 땜질

트랜지스터 땜질은 빨리해야 한다. 저 전력인두(25[W])가 적당하다. 트랜지스터

발을 열전달을 줄이기 위해 회로 설계조건을 고려하여 가능한 길어야 한다.

트랜지스터 리드를 땜질할 때는 열방출장치를 사용할 수도 있다. 효과적인 열방출은 그림 31-7처럼 롱 노우즈 집게를 트랜지스터 몸체와 열 발생 지점 사이의 트랜지스터 발에 물림으로 가능하다.

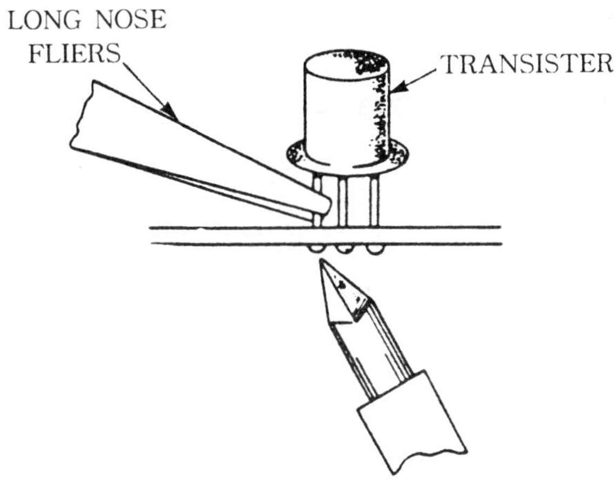

그림 31-7 트랜지스터를 납땜할 때 방열작용을 하는 집게

5 전압측정

모든 측정장비는 전원라인으로부터 분리되어야 한다. 그렇지 않으면 분리 변압기가 사용되어야 한다. 트랜지스터 회로로 전압측정을 할 때 가까운 곳의 터미널들이 단락되지 않도록 해야 한다. 갑작스런 단락회로는 트랜지스터에 과도한 전압이 걸리게 하고 이것은 트랜지스터를 파괴시킬지도 모른다.

6 저항측정

트랜지스터는 저항측정 중에도 손상을 입을지 모른다. 그렇기 때문에 병렬형 저항계가 낮은 저항 범위에서 사용될 때 트랜지스터에 과도전류가 공급되어 손상될 수 있으므로 트랜지스터 회로에서 저항계 검사를 할 때 주의해야 한다.

좋은 방법은 트랜지스터 접합을 체크하기 전에 저항계 리드의 전위와 극성을 체크하는 것이다. 또한 트랜지스터를 먼저 제거해야 한다. 이 회로에 트랜지스터가 있는 상태로 저항을 측정할 때는 트랜지스터를 통해 흐르는 허용량을 정해야 한다. 추천할만한 방법은 원하는 지시치를 위해 저항계 단자를 바꾸는 방법이다. 높은 지시치에서 트랜지스터가 역방향 바이어스되기 때문에 더 정확하다. 전자 전압계(EVM)에는 트랜지스터 회로에서 저항측정을 위해 특별히 설계된 저전력 오옴(LPΩ)기능이 있다. LPΩ기능에서는 트랜지스터 기능이 순방향 바이어스가 될 만큼 전압이 충분하지 못하므로 LPΩ기능은 고체소자가 있는 회로의 저항 측정에 사용된다.

7 트랜지스터 회로의 신호원으로서 신호발생기가 사용될 때

과도한 신호발생기 출력은 트랜지스터를 파괴할지 모른다. 그러므로 발생시 출력은 신호 주입 초기에는 최소치로 맞추어야 한다. 또한 발생기를 회로에 바로 연결하면 안된다. 가능하면 여유있는 용량성 결합으로 하라.

(7) 트랜지스터 제품 소개

형명	사명	용도	구조	최대정격 ($T_a=25$[℃])					전기적 특성 ($T_a=25$[℃])													외형	비고
									I_{CBO} 최대치		또는 펄스 h_{FE}		바이어스										
				V_{CBO} [V]	V_{EBO} [V]	I_C [mA]	P_C [mW]	T_j [℃]	[μA]	V_{CE}[V]	V_{CE}[V]	I_C[mA]	V_{CE}[V]	I_E[mA]	h_{fe} * h_{fb}	h_{ie} * h_{ib} [Ω]	h_{re} * h_{rb} (×10^{-4})	h_{oe} * h_{ob} [μΩ]	f_{ab} * f_T [M_c]	C_{ob} [pF]	r_{bb}' $h_{ie(real)}$ *[Ω]		
①	②	③	④			⑤				⑥	⑦				⑧				⑨	⑩		⑪	⑫

① EIAJ에 등록된 트랜지스터 형명이다.

② 그 형명과 규격 EIAJ에 등록한 회사명이다.

③ EIAJ에 등록되었을 때의 용도를 들었다. 따라서 이 이외의 용도에는 사용하지 않는다는 뜻은 아니다.

④ 트랜지스터의 재료와 구조명을 들었다. 모두 EIAJ에 등록하였을 때의 것이다.

⑤ 트랜지스터의 최대정격이다.

I_{CBO}의 최대치와 그 측정조건 V_{CB}의 값이다.

⑥ 직류 h_{FE} 또는 펄스 h_{FE}의 표준치와 그 측정조건인 V_{CE}, I_C의 값이다.

⑦ h파라미터의 표준치와 그 측정조건인 바이어스 V_{CE}, I_E의 값이다.

⑧ 보통 이미터접지의 값이지만, *표를 붙인 경우에는 베이스접지의 값을 가리킨다.

고주파 특성의 f_{ab}이다. *표를 붙인 경우에는 f_T의 값을 가르킨다.

⑨ 고주파 특성의 C_{ob}와 r_{bb}'이다. r_{bb}'란에서 *표를 붙인 경우에는 h_{ie}(real)의 값을 들었다.

⑩ 이 규격표 뒤쪽에 종합한 외형도의 번호이다.

⑪ 필요에 따라서 그 트랜지스터에 대한 특별한 주석을 달았다.

⑫ ≪각 항목의 상세한 설명은 다음 페이지 이하의 번호란을 참조하기 바란다.≫

(8) 트랜지스터의 규격

1 형 명

트랜지스터는 JIS의 트랜지스터 형명부여법(JIS－C－7012)에 기준해서 정해진 형명과, 규격을 EIAJ에 등록하는 것으로 되어 있다. EIAJ라는 것은 전자기계공업회이며, 옛날에는 CES형명 혹은 CES명칭 등이라는 호칭으로 알려져 있었다. 지금은 EIAJ 형명, 정확하게는 JIS 형명이라고 한다. 이 이름을 붙이는 법은 다음과 같이 되어 있다.

	2S	문 자	숫 자	문 자
예	2S	A	244	A

최초의 2S는 유효전극수가 3인 반도체 소자를 표시한다.

다이오드에서는 유효전극수가 4인 트랜지스터(4극 트랜지스터 같은)에서는 3S를 사용한다.

2S에 이은 문자는 트랜지스터로서는 A, B, C, D의 어느 것을 사용한다. 그 사용법은 다음과 같다.

A … PNP형 고주파용　　B … PNP형 저주파용
C … NPN형 고주파형　　D … NPN형 저주파용

고주파와 저주파의 구별은 별로 명확하지 않으며, 등록하는 메이커의 지정용도에 따르고 있으므로 f_T가 200[MHz] 정도의 저주파용이 있다거나, 반대로 50[MHz] 정도의 고주파용이 있는 경우도 있다. 2S에 이은 문자는 다른 구조의 소자에는 또 다른 문자를 사용하는 것으로 되어 있으며, 이 규격표에서는 관계가 없으나 하나의 예를 소개해두면 다음과 같은 것이 지금까지 결정되어 있다.

F … SCR M … 단접합 트랜지스터
J … P채널 FET K … N채널 FET M … 트라이액

다음에 이 A, B, C, D의 문자에 이은 숫자는, 등록순으로 붙이는 번호이며, 11부터 시작하는 것으로 되어 있다.

최후의 문자는 개량품종을 가리키는 것이며, 처음에는 붙이지 않는다. 개량품종이 되는 것마다 A, B, C, D, E, F, H, J, K까지 붙인다.

이상의 원칙에 따라서 트랜지스터의 형명을 들여다 보면, 가령 2SA244A라는 것은 PNP 고주파용 트랜지스터이며, 244번째의 품종(11번부터 시작하므로, 정확하게는 234번째에 등록된 품종) 2SA244의 개량품종이라는 뜻이다.

이 개량을 가리키는 문자에 대해서는 위의 A~K외에, 각 사에서 독자적으로 정한 문자, 예를 들면 Ⓢ, Ⓗ, (1)등을 사용하는 경우가 있으며, 이러한 경우에는 각 사의 카탈로그를 살펴볼 필요가 있다. 메이커에 따라서는 EIAJ 형명이 정해져 있으면서도 그것을 사용하지 않고, 각사의 형명으로 카달로그를 만들거나, 현품에 표시를 하고 있는 경우도 있다.

2 용 도

EIAJ에 등록된 용도이다. 따라서 사용법에 있어서는 이외에도 사용할 수 있는 것은 물론이다.

본 규격표에서는 다음과 같은 기호를 사용하고 있다.

AF	저주파증폭	Conv	저주파변환	Ch	초퍼	Diff	차동증폭
IF	증간주파증폭	LM	저잡음증폭	Mix	주파수혼합	Osc	발진
PA	전력증폭	RF	고주파증폭	SW	스위칭		

型 名	社 名	用 途	構 造	최대정격 (T_a = 25°C) V_{CBO} (V)	V_{CEO} (V)	I_C (mA)	P_C (mW)	T_j (°C)	電氣的 特性 (T_a = 25°C) I_{CBO} 最大値 (μA)	V_{CB}(V)	직류 또는 펄스 h_{FE}	V_{CE}(V)	I_C(mA)	바이어스 V_{CE}(V)	I_C(mA)	h_{fe} h_{fb}*	h_{ie} h_{ib}* (Ω)	h_{re} h_{rb}* (×10⁻⁴)	h_{oe} h_{ob}* (μS)	f_{ab} f_T* (MHz)	C_{ob} (pF)	$r_{bb'}$ $h_{ie(real)}$* (Ω)	外形	備 考
2SC4032	본	RF.AF	Si.EP	40	32	300	300	125	1	24	10000	5	100	5	−10					250*	5	$C_c r_{bb'}$ 100ps	415	발매전
〃 4033	〃	〃	Si.TP	130	130	30	150	125	1	80	120	3	5	5	−2					60*	6	$C_c r_{bb'}$ 200ps	415	
〃 4034	〃	〃	Si.EP	80	80	50	150	125	1	75	390	6	2	6	−1		10.8k	0.54	4	140*	3	$C_c r_{bb'}$ 120ps	415	
〃 4035	〃	〃	Si.TP	180	180	30	150	125	1	120	120	3	5	5	−2					60*	6	$C_c r_{bb'}$ 200ps	415	
〃 4035	〃	〃	〃	210	210	30	150	125	1	120	120	3	5	5	−2					60*	6	$C_c r_{bb'}$ 200ps	415	
〃 4037	〃	〃	Si.EP	40	32	500	400	125	1	20	180	3	100	5	−20					250*	6.2	$C_c r_{bb'}$ 60ps	415	
〃 4038	〃	RF.AF.LN	〃	50	40	100	300	125	0.5	30	220	6	1	6	−1		13k	0.49	9.6	180*	2.5	$C_c r_{bb'}$ 120ps	415	
〃 4039	〃	RF.AF	〃	40	25	50	250	125	0.5	24	120	6	1	6	−1					300*	1.6	$C_c r_{bb'}$ 20ps	415	
〃 4040	〃	〃	〃	40	32	1 A	600	125	0.5	20	180	3	100	5	−50					150*	15	$C_c r_{bb'}$ 80ps	415	
〃 4041	〃	RF	〃	30	19	50	300	125	0.5	20	120	10	5	5	−10					1100*	1.2	$C_c r_{bb'}$ 10ps	415	
〃 4042	〃	〃	〃	30	18	50	150	125	0.5	15	70	10	10	10	−10					1500*	1.1	$C_c r_{bb'}$ 7ps	138	
〃 4043	〃	〃	〃	20	11	50	150	125	0.5	10	90	10	5	10	−10					3200*	1.0	$C_c r_{bb'}$ 4.5ps	138	
〃 4044	〃	〃	〃	30	20	50	150	125	0.5	15	90	10	5	10	−10					2000*	1.0	$C_c r_{bb'}$ 4ps	138	
〃 4045	〃	〃	〃	20	11	50	150	125	0.5	10	90	10	5	10	−10					3200*	1.1	$C_c r_{bb'}$ 4.5ps	235	
〃 4046	〃	〃	Si.E	120	120	200	1 W	150	100	80	500	10	10	10	−50					350*	3.6	10	160	
〃 4047	三 洋	SW	Si.EP	50	50	100	200	150	0.1	40	130	5	5	바이어스 抵抗內藏形 (R_B=10kΩ, R_{BE}=47kΩ)									176	
〃 4048	〃	〃	〃	50	50	100	300	150	0.1	40	130	5	5	〃									92	
〃 4049	〃	〃	〃	50	50	100	300	150	0.1	40	130	5	5	〃									92C	
〃 4050	日 立	RF	Si.E	120	120	100	150	150	0.1	70	400	12	2	6	−10					310*	3	30	176	2SA1566 와 콤플리
〃 4051	新電元	SW	Si.TP	600	450	3 A	40W (T_c=25°C)	150	100	600	16	5	1.5A	10	−300	t_{on}<0.5μs, t_f<0.2μs, t_{stg}<2μs				20*			268	T3V45FX
〃 4052	〃	〃	〃	600	450	3 A	25W (T_c=25°C)	150	100	600	16	5	1.5A	10	−300	〃				20*			410	TP3V45FX
〃 4053	〃	〃	〃	600	450	5 A	50W (T_c=25°C)	150	100	600	16	5	2.5A	10	−500	〃				20*			268	T5V45FX
〃 4054	〃	〃	〃	600	450	5 A	30W (T_c=25°C)	150	100	600	16	5	2.5A	10	−500	〃				20*			410	TP5V45FX
〃 4055	〃	〃	〃	600	450	8 A	60W (T_c=25°C)	150	100	600	16	5	4 A	10	−800	〃				20*			268	T8V45FX
〃 4056	〃	〃	〃	600	450	8 A	45W (T_c=25°C)	150	100	600	16	5	4 A	10	−800	〃				20*			410	TP8V45FX
〃 4057	〃	〃	〃	600	450	8 A	80W (T_c=25°C)	150	100	600	16	5	4 A	10	−800	〃				20*			119	T8W45FX
〃 4058	〃	〃	〃	500	450	10A	100W (T_c=25°C)	150	100	600	16	5	5 A	10	−1A	〃				20*			119	T10W45FX
〃 4059	〃	〃	〃	600	450	15A	130W (T_c=25°C)	150	100	600	16	5	7.5A	10	−1.5A	〃				20*			119	T15W45FX
〃 4060	〃	〃	〃	600	450	20A	150W (T_c=25°C)	150	100	600	16	5	10A	10	−2A	〃				20*			119	T20W45FX
〃 4061																								

3. 실험 · 실습 사용기기 및 재료

① 가변직류전원장치
② VOM
③ 직류전류계 : 0~50[mA]
④ 저항(1/2[W]), 100[Ω], 1[kΩ]
⑤ 가변저항(2[W]), 2[kΩ]
⑥ 트랜지스터, 2SA562, 2SC1815
⑦ 건전지, 1.5[V]

4. 실험순서 및 실험방법

(1) 회로시험기를 사용한 트랜지스터의 검사

① 회로시험기를 R×1[kΩ] 위치에 놓고 트랜지스터의 베이스-이미터 사이의 저항을 각각 순방향 및 역방향 바이어스 상태로 하여 측정하여라. 순방향 바이어스의 경우 R×1[kΩ]보다 낮은 위치로 놓고 측정할 수도 있으며 역방향 바이어스의 경우에는 더 높은 저항 위치에 놓고 측정할 수도 있다.

② 트랜지스터의 콜렉터-베이스 사이 및 콜렉터-이미터 사이의 저항을 위와 같은 방법으로 측정하여 표 31-1에 기록하여라.

(2) P-N-P 트랜지스터

③ P-N-P 트랜지스터와 N-P-N 트랜지스터를 한개씩 준비하여, P-N-P형과 N-P-N형임을 확인하고, 각 트랜지스터의 이미터, 베이스, 콜렉터 단자를 확인하여라.

④ 스위치 S_1을 열어 놓은 상태에서 그림 31-8의 회로를 구성하여라. 이 때 저항 R_2는 최대로 한다.

⑤ S_1을 닫고, 이미터 전류 · 전압과 콜렉터의 전류 · 전압을 측정하여 표 31-2에 기록하여라.

⑥ 그림 31-8의 회로에 콜렉터 전원 V_{cc}와 스위치 S_2를 넣어 그림 31-9의 회로를 구성하여라.

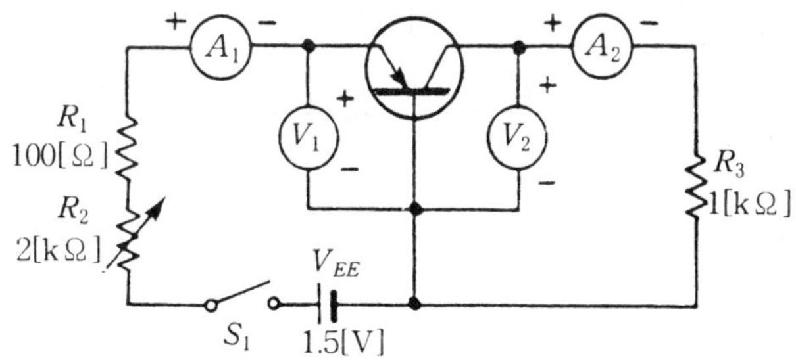

그림 31-8 이미터-베이스의 전압 · 전류 측정

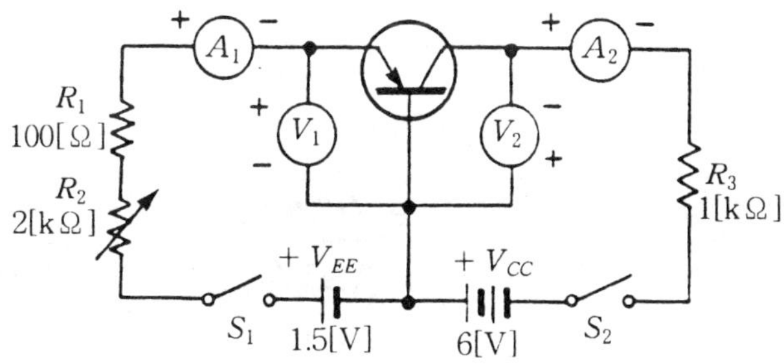

그림 31-9 P-N-P 트랜지스터의 전류 · 전압 측정

⑦ R_2를 최대로 유지한 상태에서 그림 31-9의 이미터 전류 · 전압과 콜렉터 전류 · 전압을 측정하여 표 31-2에 기록하여라.

⑧ R_2를 최소로 하고, 실험 절차 ⑦를 되풀이 하여라. 이 때, R_2를 서서히 증가시키면서, 이미터 전류와 콜렉터 전류를 살펴본다. 이 두 전류 사이에는 어떤 관계가 있는가?

⑨ 그림 31-9 회로에서 이미터 전원 V_{EE}의 극성을 바꾸고, 실험절차 ⑦을 되풀이 하여라. 이 때 물론 A_1과 V_1의 극성도 바꾼다.

⑩ 그림 31-9의 회로를 해체하고, N-P-N 트랜지스터를 이용하여 그림 31-10의 회로를 구성하라. 이 때, 전원 V_{EE}, V_{CC} 및 모든 기계 A_1, A_2, V_1, V_2의 방향이 P-N-P 트랜지스터에서와는 반대로 되어야 한다.

⑪ 그림 31-10의 회로에 의하여 실험 과정 ⑤~⑨을 되풀이 하여라.

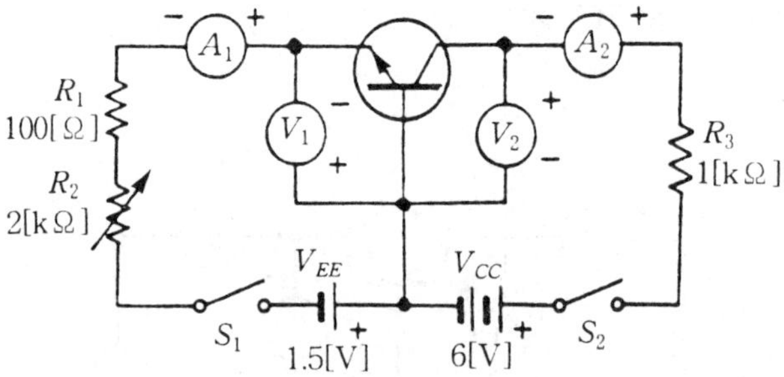

그림 31-10 N-P-N 트랜지스터의 전류 · 전압 측정

5. 실험결과 및 고찰

① 실험순서에 따라 다음 표에 실험결과를 기록하여라.

표 31-1

	베이스-이미터		콜렉터-베이스		콜렉터-이미터	
	순방향저항	역방향저항	순방향저항	역방향저항	순방향저항	역방향저항
PNP 측정값						
NPN 측정값						

표 31-2

P-N-P 트랜지스터			N-P-N 트랜지스터		
트랜지스터의 형명 :			트랜지스터의 형명 :		
실험 과정	이미터-베이스	콜렉터-베이스	실험 과정	이미터-베이스	콜렉터-베이스
	전류 전압	전류 전압		전류 전압	전류 전압
⑤			⑩-⑤		
⑦			⑩-⑦		
⑧			⑩-⑧		
⑨			⑩-⑨		

② 트랜지스터의 바이어스 거는 방법을 생각해 보아라.

③ P-N-P 트랜지스터와 N-P-N 트랜지스터의 차이점은 무엇인가?

④ 트랜지스터에 흐르는 전류의 성분을 분석해 보아라.

실험 32

TR의 특성곡선

1. 실험 목적

트랜지스터의 입력 및 출력특성곡선을 실험을 통하여 확인한다.

2. 실험 · 실습에 따른 예비지식

(1) 출력특성곡선

실험실에서 쉽게 트랜지스터를 검사하는 방법은 입력 및 출력특성곡선을 측정하는 방법이다. 출력특성곡선을 얻기 위하여 먼저 I_B를 고정시키고 V_{CE}전압을 0[V]부터 12[V]까지 변화시켜가며 I_C를 측정하여 그림 32-1과 같은 특성곡선을 얻는 것이다.

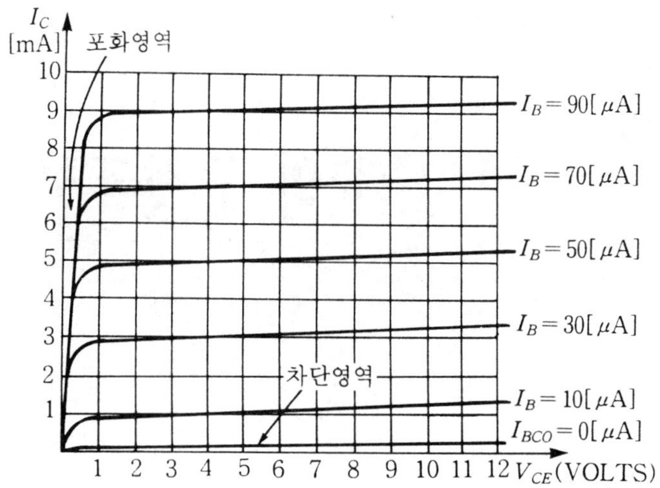

그림 32-1 출력특성곡선

$$V_{BB} = V_{BB} - V_{BE} = 1.6[V] - 0.6[V] = 1[V]$$

$$V_{RB} = V_{BB} - V_{BE} = 3.6[V] - 0.6[V] = 3[V]$$

$$I_B = V_{RB}/R_B = 1[V]/100[k\Omega] = 10[\mu A]$$

$$I_B = V_{RB}/R_B = 3[V]/100[k\Omega] = 30[\mu A]$$

$$I_C = \beta I_B = 100 \times 10[\mu A] = 1[mA]$$

$$I_C = \beta I_B = 100 \times 30[\mu A] = 3[mA]$$

$$V_{RC} = I_C R_C = 1[mA] \times 1[k\Omega] = 1[V]$$

$$V_{RC} = I_C R_C = 3[mA] \times 1[k\Omega] = 3[V]$$

$$V_{CC(\max)} = V_{CE} + V_{RC} = 12[V] + 3[V] = 15[V]$$

$$V_{CC(\max)} = V_{CE} + V_{RC} = 12[V] + 3[V] = 15[V]$$

$$V_{CC(\min)} = V_{CE(SAT)} + V_{RC} \fallingdotseq 0.2[V] + 1[V] = 1.2[V]$$

$$V_{CC(\min)} = V_{CE(SAT)} + V_{RC} = 0.2[V] + 3[V] = 3.2[V]$$

이 측정에 사용된 회로는 그림 32-2와 같으며 $\beta = 100$, $R_B = 100[k\Omega]$, $V_{BE} = 0.6[V]$이다. 그러므로 $V_{BB} = 1.6[V]$일 때 $I_B = 10[\mu A]$, $V_{BB} = 3.6[V]$일 때 $I_B = 30[\mu A]$, $V_{BB} = 5.6[V]$일 때 $I_B = 50[\mu A]$, $V_{BB} = 7.6[V]$일 때, $I_B = 70[\mu A]$, V_{BB}

$=9.6$[V]일 때 $I_B=90[\mu A]$가 된다.

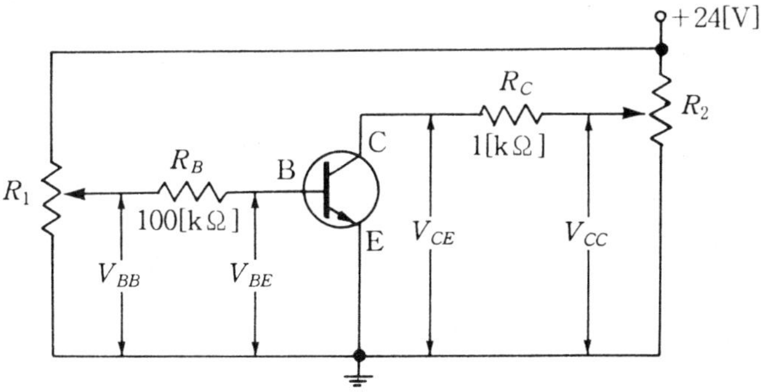

그림 32-2 출력특성곡선을 결정하기 위한 회로

(2) 입력특성곡선

베이스-이미터 접합의 입력특성곡선은 그림 32-3처럼 다이오드의 특성과 동일하다. 만일 $V_{CE}=6$[V]로 콜렉터-베이스 접합을 역바이어스 상태로 놓고 V_{BB}를 0[V]로부터 증가시켜 가면서 I_B와 V_{BE}의 관계를 그리면 입력특성곡선을 얻는다.

I_B는 $V_{BE}=0.5$[V]에서 급격히 증가한다.

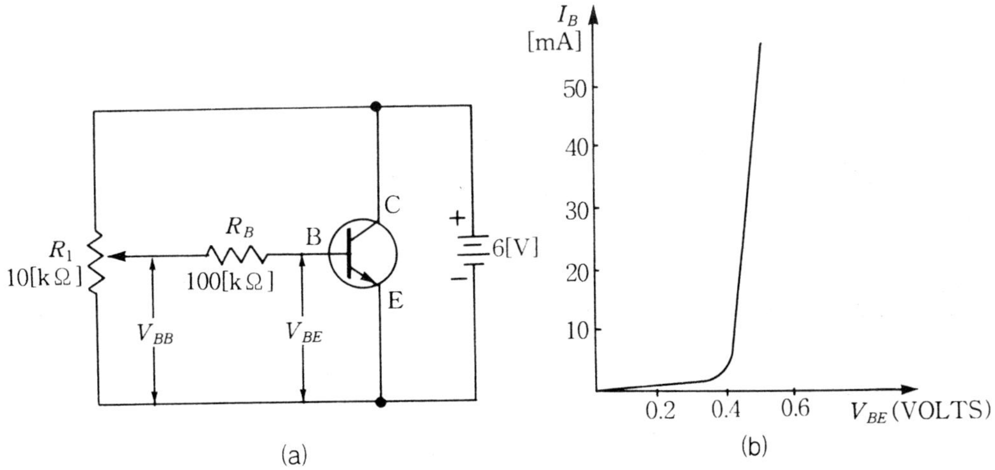

그림 32-3

(3) 오실로스코프를 사용한 출력특성곡선의 측정

그림 32-4의 회로를 구성하면 간단하게 오실로스코프로 트랜지스터의 각 출력 특성곡선을 측정할 수 있다. 베이스 전류를 V_{BB}와 R_B로 조정하며 $V_{BE} \fallingdotseq 0.6$[V]로 간주한다.

콜렉터 전압은 반파 정류회로에 의하여 0[V]에서 최대 약 9[V]까지 60회/초 변화하게 되므로 오실로스코프의 수평입력은 V_{CE}를 약 9[V]까지 가하게 되고 R_S 양단전압이 수직입력단자에 가해진다. $I_C = V_{RS}/R_S$이므로 콜렉터 전류는 V_{RS}에 비례하고 I_C가 오실로스코프상에서 측정되어진다.

트랜지스터의 $\beta = 100$이고 I_B가 0[μA]에서 10[μA]씩 50[μA]까지 증가되어 진다면 출력특성곡선은 약 0[mA]에서 5[mA]까지 범위에 걸쳐 나타난다.

측정 순서는 다음과 같다.

① 오실로스코프의 좌측 하단에 원점을 위치시킨다. 수직증폭기를 100[mV]/DIV에 수평증폭기는 1[V]/DIV에 놓는다. $I_C = V_{RS}/R_S = 100$[mV]/ 100[Ω]=1[mA]이므로 수직측은 최대 10[mA] 정도까지 표시될 수 있다.

② 트랜스의 전원만 ON시키고 저항 R_1 양단의 반파정류전압을 확인하여라. 스코프의 전원을 넣고 수평 스위프 모드로 하여라.

③ 회로의 바이어스 전원을 가하고 V_{BB}를 조정하여 I_B를 50[μA]되게 하여 출력특성곡선을 관찰하여라. $V_{CE} = 5$[V]에서 I_C를 계산하고 $\beta = I_C/I_B$에서 β값을 계산하여라.

④ I_B를 40[μA], 30[μA], 20[μA], 10[μA] 등으로 감소시키고 출력특성곡선을 측정하여라. $V_{CE} = 6$[V]에서 각 β값을 계산하여라.

⑤ $I_B = 0$[μA]로 놓고 $V_{CE} = 6$[V]에서 $I_C = I_{CEO}$를 측정하여라.(I_{CEO}는 $I_{BCO} =$ 0.0[mA]에서 콜렉터 누설전류이다.)

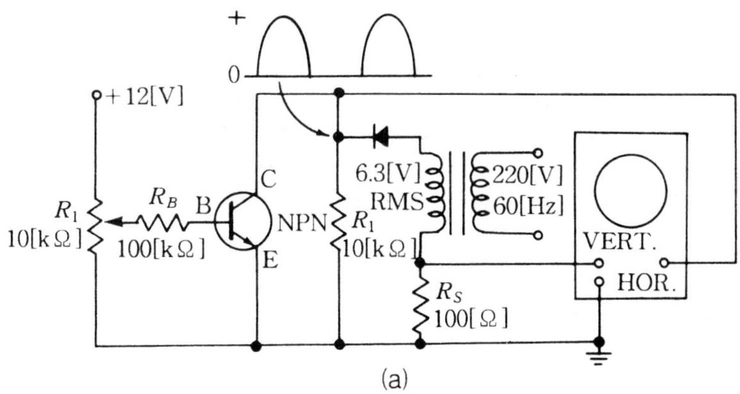

(a)

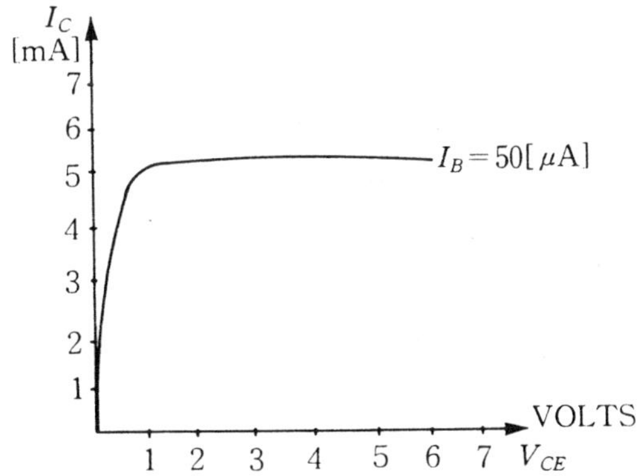

(b)

그림 32-4

⑥ 그림 32-5와 같은 곡선을 완성하여라. 활성영역은 차단영역과 포화영역을 제외한 전체 영역이며 $V_{CE(sat)} = 0.2$[V]임을 유의하고 I_{CEO}가 아주 낮음을 기억하여라.

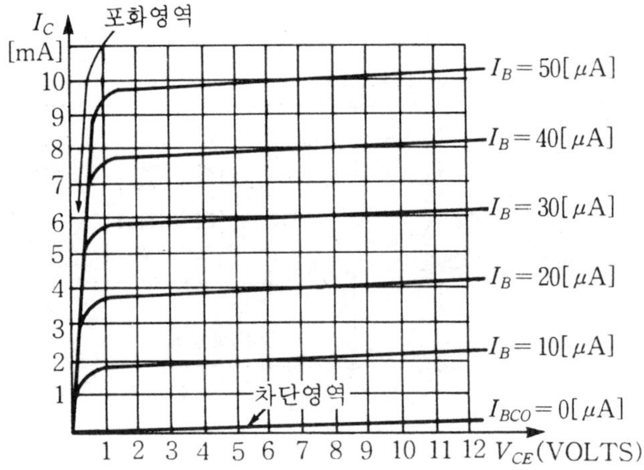

그림 32-5

3. 실험 · 실습 사용기기 및 재료

① 트랜지스터 : 2N3904
② 다이오드 : 2SC1815
③ 저항 : 100[Ω], 100[kΩ]×2
④ 가변저항 : 10[kΩ]×2
⑤ 트랜스 : 120[V] : 6.3[V]
⑥ 오실로스코프
⑦ 직류전원장치

4. 실험순서 및 실험방법

(1) 출력특성곡선

① 그림 32-6의 회로를 결선하여라.

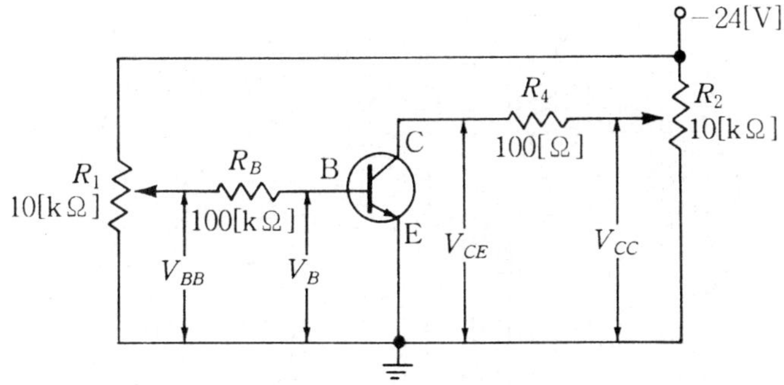

그림 32-6 실험회로

② V_{BB}를 1.6[V], V_{CE}를 12[V]에 놓고 V_B와 V_{CC}를 측정한 후 다음 식으로 I_C, I_B를 계산하여라.

$$I_B = (V_{BB} - V_B)/R_B$$

$$I_C = (V_{CC} - V_C)/R_C$$

③ R_2를 조정하여 V_{CE}를 6[V], 3[V], 1.5[V], 1[V], 0.5[V]로 감소시켜서 반복 측정하여라.

④ 계산값 및 측정값을 표 32-1에 기입하여라.

⑤ V_{BB}를 3.6[V]로 놓고 위 과정을 반복 실습하여라.

⑥ V_{BB}를 5.6[V]로 놓고 위 과정을 반복 실습하여라.

⑦ 표 32-1의 결과를 이용하여 특성곡선의 그래프를 완성하여라.

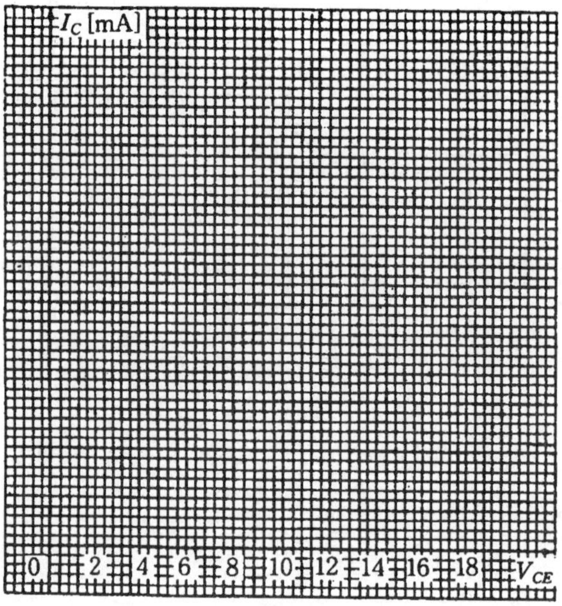

그림 32-7

(2) 오실로스코프를 사용한 출력특성곡선의 측정

① 그림 32-8 회로를 결선하여라.

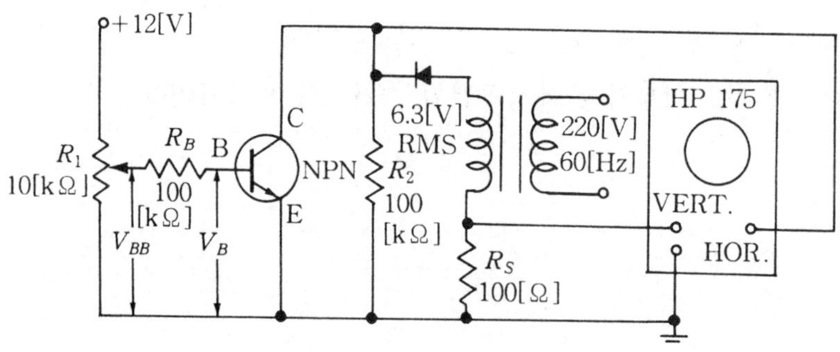

그림 32-8

② 모든 전원을 연결하지 않는 상태에서 오실로스코프 그래프의 좌측 하단에 0, 0 (x, y) 원점을 위치시켜 보아라.

③ 수치 셀렉터를 100[mV]/DIV에 놓고 수평 셀렉터를 1[V]/DIV에서 스위프 모드(sweep mode)로 놓아 보아라.

④ 120, 60[Hz]의 전원을 넣고 스코프상의 왼쪽에서 오른쪽으로의 편향을 관찰하여라. 실효값 6.3[V]에 대한 편향은 실효손실이 최소일 때 약 9[V] 정도가 되어야 한다. 만일 수평편향이 나타나지 않으면 저항 R_2 양단의 반파 펄스를 검사하여 보아라.

⑤ V_{CE} 수평편향이 얻어졌을 때 V_{CC}전원을 연결하고 R_1을 조정하여 베이스 전류가 약 50[μA]가 되도록 하여라.

⑥ 수직 셀렉터가 100[mV]/DIV에 놓여져 있으므로 각 수직 구간은 $R_S = 100[\Omega]$이므로 1[mA]/DIV를 나타낸다. 베이스 전류 I_B를 30[μA], 10[μA]로 변화시켜 가면서 표 32-2에 표시된 V_{CE}값에 따른 I_C의 값을 측정하여라.

⑦ 표 32-2에 계산값 및 측정값을 기입하여라.

⑧ 표 32-2에서 얻은 자료를 사용하여 특성곡선을 그려보아라.

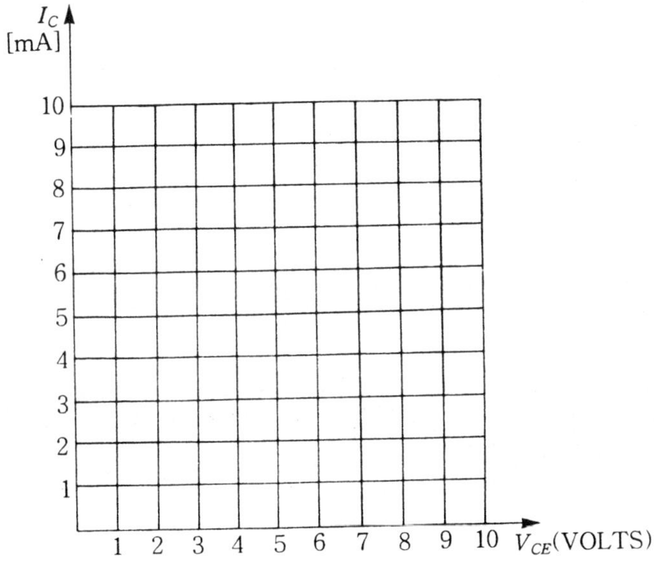

그림 32-9

5. 실험결과 및 고찰

① 실험순서에 따라 다음 표에 실험결과를 기록하여라.

표 32-1

$V_{BB}=1.6$[V], $I_B=10[\mu A]$							
측 정 값 V_{CE}	12[V]	6[V]	3[V]	1.5[V]	1[V]	0.5[V]	0[V]
측 정 값 V_{CC}							
계 산 값 V_{RC}							
계 산 값 V_{RB}							
계 산 값 I_C							
계 산 값 I_B							
계 산 값 β							

$V_{BB}=3.6$[V], $I_B=30[\mu A]$							
측 정 값 V_{CE}	12[V]	6[V]	3[V]	1.5[V]	1[V]	0.5[V]	0[V]
측 정 값 V_{CC}							
계 산 값 V_{RC}							
계 산 값 V_{RB}							
계 산 값 I_C							
계 산 값 I_B							
계 산 값 β							

$V_{BB}=5.6$[V], $I_B=50[\mu A]$							
측 정 값 V_{CE}	12[V]	6[V]	3[V]	1.5[V]	1[V]	0.5[V]	0[V]
측 정 값 V_{CC}							
계 산 값 V_{RC}							
계 산 값 V_{RB}							
계 산 값 I_C							
계 산 값 I_B							
계 산 값 β							

표 32-2

$V_{BB}=1.6[V]$						
측 정 값 V_{CE}	6[V]	3[V]	1.5[V]	1[V]	0.5[V]	0[V]
측 정 값 V_{RB}						
계 산 값 I_B						
측 정 값 I_C						
계 산 값 β						

$V_{BB}=3.6[V]$						
측 정 값 V_{CE}	6[V]	3[V]	1.5[V]	1[V]	0.5[V]	0[V]
측 정 값 V_{RB}						
계 산 값 I_B						
측 정 값 I_C						
계 산 값 β						

$V_{BB}=5.6[V]$						
측 정 값 V_{CE}	6[V]	3[V]	1.5[V]	1[V]	0.5[V]	0[V]
측 정 값 V_{RB}						
계 산 값 I_B						
측 정 값 I_C						
계 산 값 β						

② 트랜지스터에서 베이스 영역을 이미터나 콜렉터에 비하여 얇고 약하게 도핑시키는 이유는?

③ 트랜지스터의 4개의 동작 모드는 무엇인가?

④ 트랜지스터의 베이스-콜렉터 및 베이스-이미터 접합 사이에 모두 순방향 바이어스를 가하면 이 트랜지스터는 어떤 동작 모드 내에 있게 되는가?

⑤ 선형동작 모드에 있어서 실리콘 및 게르마늄 트랜지스터의 베이스-이미터 다이오드 사이의 전압은?

⑥ B_{VEBO}를 측정하려면 어느 단자를 개방하여야 하는가?

⑦ 순방향 바이어스 되어진 접합의 측정된 저항값이 저항계의 범위를 바꿈에 따라서 변하는 이유는?

⑧ I_C를 증가시킴에 따라 트랜지스터의 β값은 증가되는가? 데이터 표를 이용하여 답하고, 증가가 가능한지 또는 가능하지 않다면 이유를 설명하여라.

⑨ 그림 32-10에서 $V_{BE}=0.6[V]$, $V_{BB}=3[V]$이고, $\beta=150$ 일 때 V_{RB}, I_B, I_C, V_{RC}, V_{CE}를 구하여라.

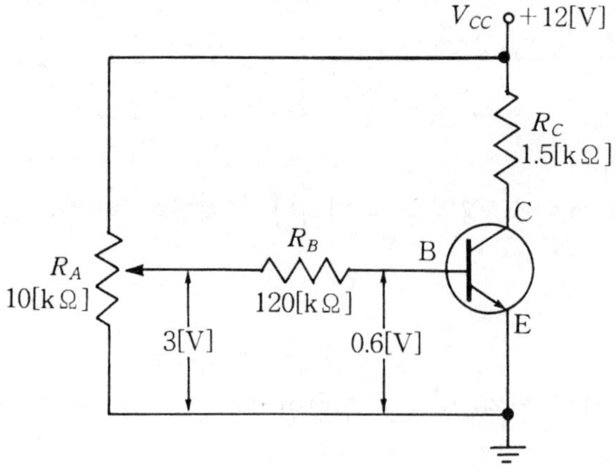

그림 32-10

실험 33 베이스 바이어스 회로

1. 실험 목적

베이스 바이어스된 트랜지스터 회로의 직류특성을 조사한다.

2. 실험 · 실습에 따른 예비지식

(1) 이미터 저항이 없는 경우

베이스 바이어스 회로는 간단하며 하나의 전원이 사용되는 장점을 갖고 있다. 그러나 이 바이어스 회로는 베이스 전류가 고정되어 있어서 콜렉터 전류와 회로내 전압강하가 트랜지스터의 β값에 너무 의존되는 점이 단점이다.

따라서, 만일 온도의 변화나 다른 β값을 갖는 트랜지스터로 대치되어질 때 회로내의 전압강하는 변화하게 된다. 베이스 바이어스의 기본형태는 그림 33-1과 같으며 β값과 회로소자가 알려지면 해석되어질 수 있다.

$$V_{CC} = V_{RB} + V_{BE}$$
$$V_{CC} - V_{BE} = V_{RB}$$
$$V_{CC} - V_{BE} = I_B R_B$$
$$\frac{V_{CC} - V_{BE}}{R_B} = I_B$$

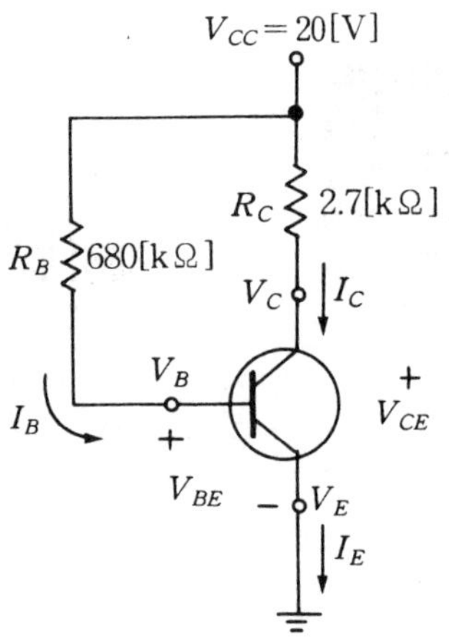

그림 33-1 고정 바이어스

$\beta = 100$이고, $V_{CC} = 20[V]$일 때

$$I_B = \frac{V_{CC} - V_{BE}}{R_B} = \frac{20[V] - 0.6[V]}{680[k\Omega]} \fallingdotseq 28.5[\mu A]$$

$$I_C = \beta I_B = 100 \times 28.5[\mu A] = 2.85\ [\mu A]$$

$$V_{RC} = I_C R_C = 2.85[\mu A] \times 2.7[k\Omega] \fallingdotseq 7.7[V]$$

$$V_{CE} = V_{CC} - V_{RC} = 20[V] - 7.7[V] = 12.3[V]$$

$$V_{RB} = I_B R_B = 28.5[\mu A] \times 680[k\Omega] = 19.4[V]$$

또는 $V_{RB} = V_{CC} - V_{BE} = 20 - 0.4 = 19.4[V]$

(2) 이미터 저항을 갖는 베이스 바이어스 회로

베이스 바이어스 회로는 온도의 변화에 따라서 베이스 이미터 접합의 전압과 트랜지스터의 β값이 변화하므로 직류 안정도가 나쁘다. 베이스 바이어스 회로의 β값은 I_C에 비례하므로 I_C가 증가하면 회로내에서의 전압강하가 변화하게 된다. 만일 이미터 저항이 회로내에 접속되어지면 I_C가 증가함에 따라서 I_E가 증가하여 이미터 저항 양단의 전압강하가 증가되므로 V_{RB}가 감소하여 I_E가 증가하여 이미터 저항 양단의 전압강하가 증가되므로 V_{RB}가 감소하여 I_B가 감소하게 되므로 안정도를 개선하여 준다.

$$V_{CC} = V_{RB} + V_{BE} + V_{RE}$$

$$V_{CC} - V_{BE} = V_{RB} + V_{RE}$$

$$V_{CC} - V_{BE} = I_B R_B + (\beta + 1) I_B R_E$$

$$V_{CC} - V_{BE} = I_B [R_B + (\beta + 1) R_E]$$

$$\frac{V_{CC} - V_{BE}}{R_B + \beta R_E} \fallingdotseq I_B$$

단, $\beta = \beta + 1$

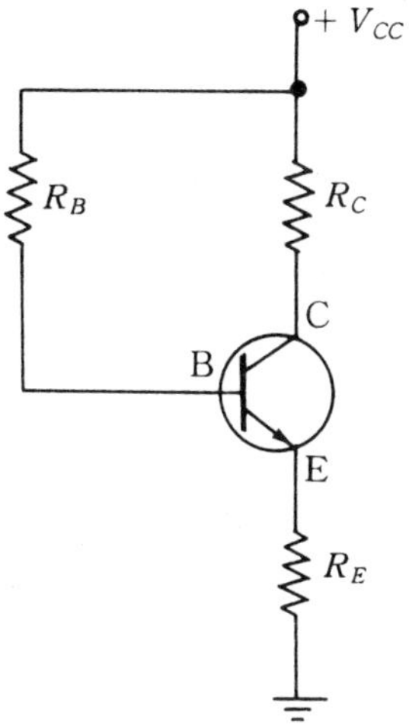

그림 33-2

3. 실험 · 실습 사용기기 및 재료

① 트랜지스터 : 2SC1815
② 저항 : 1[kΩ], 6.8[kΩ], 2.2[MΩ]
③ 직류전원장치
④ 전압계

4. 실험순서 및 실험방법

(1) 베이스 바이어스 회로

① 그림 33-3의 회로를 결선하여라.

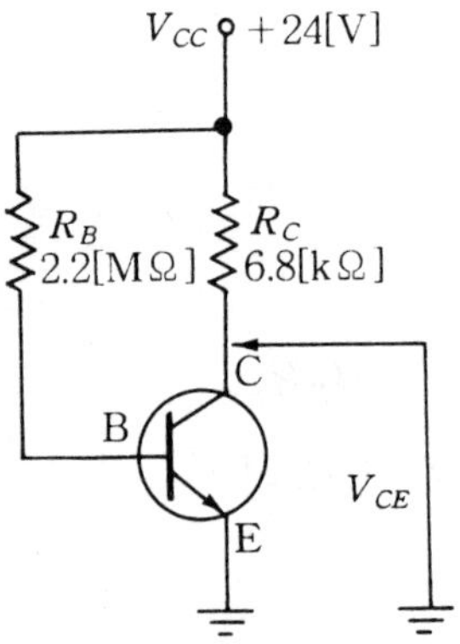

그림 33-3

② V_C값을 측정하여라. 단 이 회로에서 $V_C = V_{CE}$이다.

③ 측정된 V_C값을 사용하여 V_{RC}와 V_{CE}를 계산하여라.

$$V_{RC} = V_{CC} - V_C$$

$$V_{CE} = V_C - V_E \quad \text{단, } V_E = 0[\text{V}]$$

④ V_B를 측정하여라. 단, 회로 $V_B = V_{BE}$이다.

⑤ 측정된 V_B값을 사용하여 V_{RB}와 V_{BE}를 계산하여라.

$$V_{RB} = V_{CC} - V_B$$

$$V_{BE} = V_B - V_E \quad \text{단, } V_E = 0[\text{V}]$$

⑥ 다음 식으로 I_C 및 I_B를 계산하여라.

$$I_C = V_{RC} / R_C$$

$$I_B = V_{BB} / R_B$$

⑦ 측정값 및 계산값을 표 33-1에 기입하여라.

(2) 이미터 저항을 갖는 베이스 바이어스 회로

① 그림 33-4의 회로를 결선하여라.

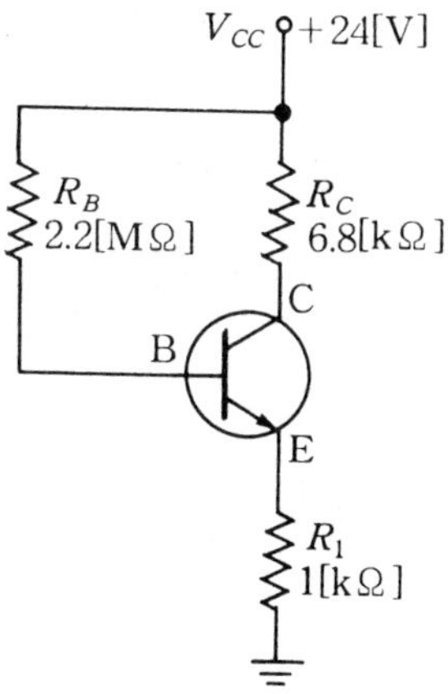

그림 33-4

② 다음 식을 사용하여 I_C를 계산하여라.

$$I_C = \frac{V_{CC} - V_{BE}}{R_B/\beta + R_E}$$

주의 β값이 큰 경우 $\beta = \beta + 1$이므로 $I_C \fallingdotseq I_E$

③ V_{RC}, V_{RE}, V_{RB}의 전압강하를 계산하고 이 값을 이용하여 나머지 회로의 전압을 계산하여라.

㉠ 콜렉터 저항 R_C 양단 전압을 계산하여라.

$$V_{RC} = I_C R_C$$

㉡ 이미터 저항 R_E 양단 전압을 계산하여라.

$$V_{RE} = I_E R_E$$

㉢ 접지에 대한 트랜지스터의 콜렉터 전위를 계산하여라.

$$V_C = V_{CC} - V_{RC}$$

㉣ 접지에 대한 트랜지스터의 베이스 전위를 계산하여라.

$$V_B = V_{RE} + V_{BE}$$

㉤ 베이스 저항 양단 전압강하를 계산하여라.

$$V_{RB} = V_{CC} - V_B \quad \text{또는} \quad V_{RB} = I_R R_B \quad \text{단, } I_B = I_C / \beta$$

④ 회로에서 접지에 대한 콜렉터, 이미터, 베이스의 직류전압 V_C, V_E, V_B를 측정하여라.

주의 좋은 전압 측정결과를 얻기 위해서 모든 직류 측정은 항상 접지를 기준으로 하여야 한다. 예를 들어 V_{CE}값을 측정하기 위해서는 V_C 및 V_E를 측정하여 V_{CE}를 구함이 좋다. 접지에 대하여 측정을 하는 것은 접지 되어진 측정기기에 의하여 발생할 수도 있는 접지 루프(ground loops)를 피하기 위함이다.

⑤ 측정된 V_C, V_E, V_B값을 이용하여 V_{RC}, V_{RB}, V_{CE}를 계산하여라.

$$V_{RC} = V_{CC} - V_C$$

$$V_{RB} = V_{CC} - V_B$$

$$V_{CE} = V_C - V_E$$

⑥ 표 33-2에 계산값 및 측정값을 기입하여라.

5. 실험결과 및 고찰

① 실험순서에 따라 다음 표에 실험결과를 기록하여라.

표 33-1

	V_C	V_{RC}	V_{CE}	V_B	V_{RB}	V_{BE}	I_C	I_B	β
계 산 값									
측 정 값									

표 33-2

	I_C	V_{RC}	V_{RB}	V_{RE}	V_{CE}	V_C	V_B	I_B	β
계 산 값									
측 정 값									

② 베이스 바이어스 회로는 베이스 전류가 고정되어 있는 회로인가, 이미터 전류가 고정되어 있는 회로인가?

③ 베이스 바이어스 회로의 단점은 무엇인가?

④ 이 회로에 이미터 저항의 부가는 직류안정도를 높여주는가? 아니면 감소시켜 주는가?

⑤ 그림 33-4에서 I_C를 직접 구하려면 어느 사이 전압을 측정해야 하는가? 또한 I_B를 직접 구하는 경우는 어떠한가?

⑥ 그림 33-3과 그림 33-4 회로에서 β값은 변화하는가?

⑦ 그림 33-5에서 $\beta=100$, $V_{BE}=0.6[V]$일 때 I_C, V_{RC}, V_{RE}, V_{CE}, V_{RB}를 구하여라.

⑧ 그림 33-5에서 $\beta=120$, $V_{BE}=0.6[V]$일 때 I_C, V_{RC}, V_{RE}, V_{CE}, V_{RB}를

구하고 ①에서 구한 결과와 비교하여 베이스 바이어스 회로에서 β값의 변화를 설명하여라.

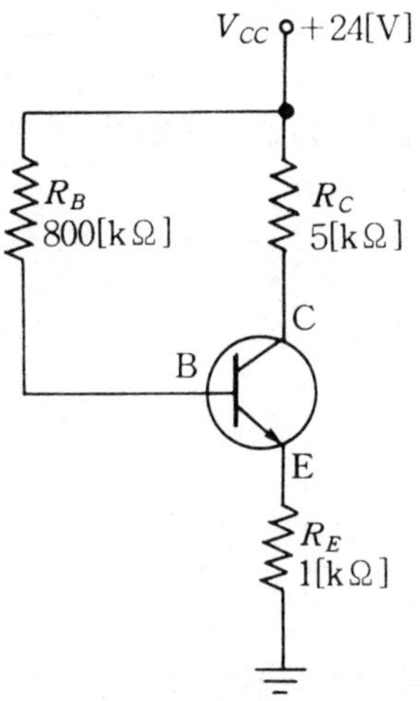

그림 33-5

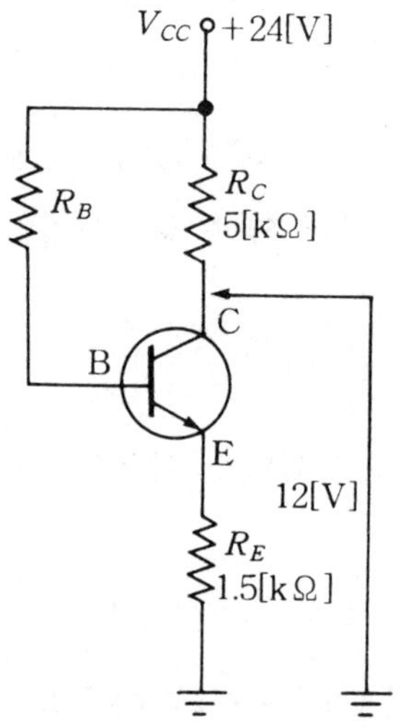

그림 33-6

⑨ 그림 33-6에서 $\beta=100$, $V_{BE}=0.6$[V]이고 $V_C=12$[V]일 때 V_{RC}, I_C, V_{CE}, V_B, V_{RB}, R_B를 구하여라.

⑩ 그림 33-7에서 $\beta=150$, $V_{BE}=0.6$[V], $V_{RE}=2.4$[V]이고 $I_C \doteqdot I_E$일 때 I_E, V_{RC}, V_{CE}, V_{RB}, R_B를 구하여라.

⑪ 그림 33-8에서 $\beta=100$, $V_{BE}=0.6$[V], $V_B=3.6$[V]이고, $I_C=I_E$일 때 V_{RB}, I_B, V_{RE}, V_{RC}, V_{CE}, R_E를 구하여라.

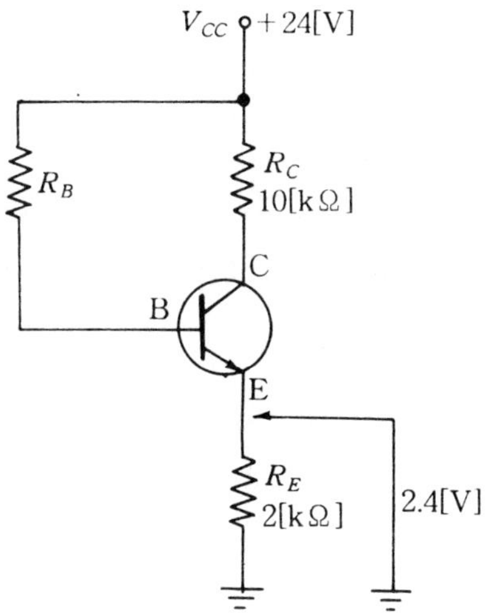

V_{CC} +24[V]
R_B
R_C
10[kΩ]
C
B
E
R_E
2[kΩ]
2.4[V]

그림 33-7

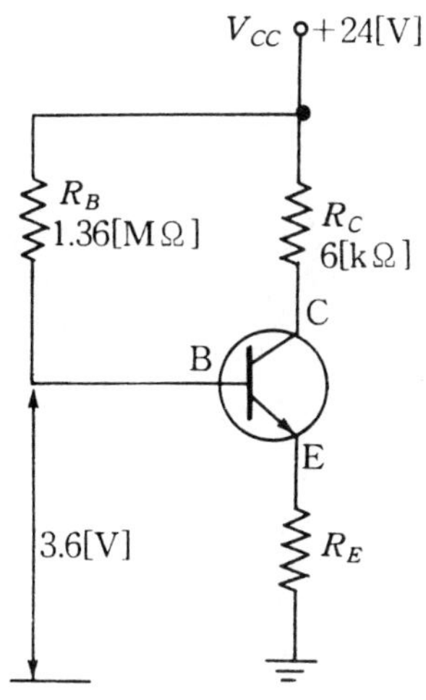

V_{CC} +24[V]
R_B
1.36[MΩ]
R_C
6[kΩ]
C
B
E
3.6[V]
R_E

그림 33-8

실험 34 이미터 바이어스 회로

1. 실험 목적

양 전원 바이어스 회로인 이미터 바이어스 회로의 직류특성을 실험한다.

2. 실험 · 실습에 따른 예비지식

(1) 이미터 바이어스 회로

이미터 바이어스 구성은 단일 또는 양 전원을 사용하여 구성할 수 있다. 특히, 이미터 저항기의 저항에 트랜지스터의 β를 곱한 값이 베이스 저항기의 저항에 비해 크면 이미터 전류는 트랜지스터의 β에 독립적으로 된다. 따라서, 만약 우리가 적절하게 설계된 이미터 바이어스 회로에서 트랜지스터를 교환하더라도 I_C와 V_{CE}에서의 변화는 작을 것이다.

이미터 바이어스 회로를 사용하는 주된 이점은 트랜지스터의 β값이 회로의 직류전압에 아주 작은 영향을 준다는 점이다. 이 회로는 2개의 바이어스 전원을 사용하고 있는데 그림 34-1에서 보는 바와 같이 V_{EE}의 전압은 R_E, R_B 및 V_{BE}로 분배되어진다.

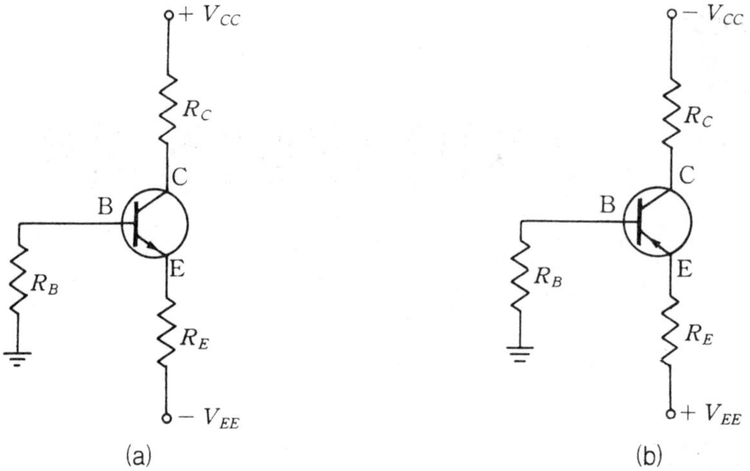

그림 34-1

그러나 V_{BE}≒0.6[V]이고, V_{RB}는 거의 1[V]이하이므로 대부분의 전압은 이미터저항 R_E 양단에 나타나게 되므로 $I_E = V_{RE}/R_E$이고 β는 단지 I_B에만 영향을 주며 β값이 변화하면 $V_{RB} = I_B R_B$가 변화한다.

그림 34-1은 NPN, PNP의 경우 바이어스 전원을 나타내었다. 잘 설계된 이미터 바이어스 회로에서 β값을 100으로 하여 계산하여도 큰 지장은 없다. 실제로 β값을 100으로 하여 사용함으로써 생기는 오차는 저항 R_B값의 부정확으로 인한 오차보다 작다.

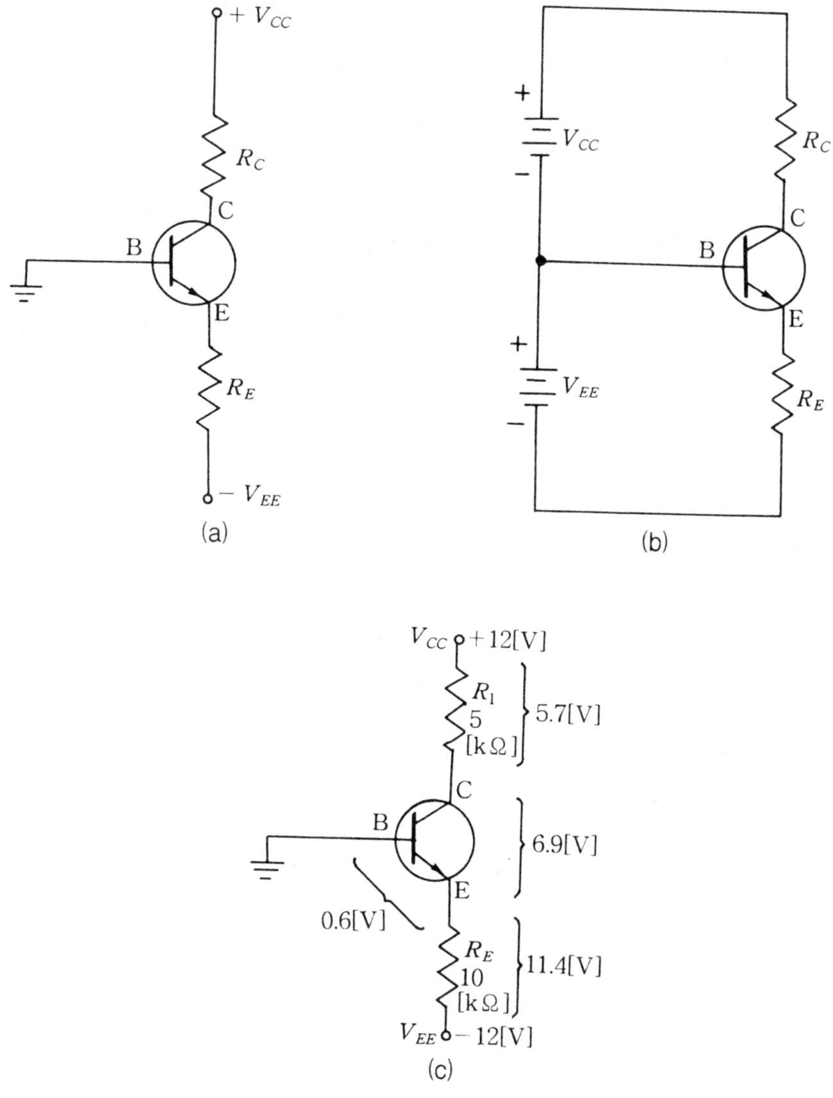

그림 34-2

$$I_E = \frac{V_{EE} - V_{BE}}{R_E} = \frac{12[\mathrm{V}] - 0.6[\mathrm{V}]}{10[\mathrm{k\Omega}]} = \frac{11.4[\mathrm{V}]}{10[\mathrm{k\Omega}]} = 1.14[\mathrm{mA}]$$

$$V_{RC} = I_C R_C = I_E R_C = 1.14[\mathrm{mA}] \times 5[\mathrm{k\Omega}] = 5.7[\mathrm{V}]$$

$$V_C = V_{CC} - V_{RC} = 12[\mathrm{V}] - 5.7[\mathrm{V}] = 6.3[\mathrm{V}]$$

$$V_E = V_B - V_{BE} = 0[\mathrm{V}] - 0.6[\mathrm{V}] = -0.6[\mathrm{V}]$$

$$V_{RE} = V_E - V_{EE} = -0.6[V] - (-12[V]) = -0.6[V] + 12[V] = 11.4[V]$$

$$V_{CE} = V_C - V_E = 6.3[V] - (-0.6[V]) = 6.3[V] + 0.6[V] = 6.9[V]$$

$$V_{CB} = V_C - V_B = 6.3[V] - 0[V] = 6.3[V]$$

(2) 베이스 저항을 갖는 이미터 바이어스 회로

이미터 바이어스 회로가 증폭기에 사용되어질 때 베이스 저항을 갖는 회로가 요구되며 교류전압은 베이스 단자에 가해지게 된다. 베이스 저항값은 요구되는 I_B와 V_{RB}의 값에 따라 고려하여야 한다.

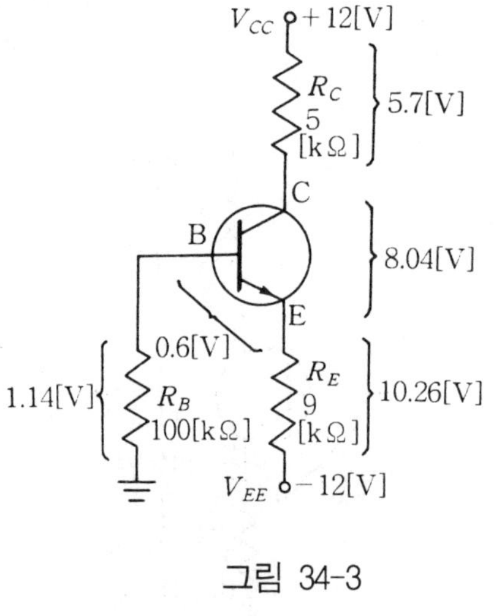

그림 34-3

$$V_{EE} = V_{RB} + V_{BE} + V_{RE}$$

$$V_{EE} - V_{BE} = V_{RB} + V_{RE}$$

$$V_{EE} - V_{BE} = I_B R_B + I_E R_E$$

$$V_{EE} - V_{BE} = (I_E R_B / [\beta + 1]) + I_E R_E$$

$$V_{EE} - V_{BE} = I_E (R_B / [\beta + 1] + R_E)$$

$$I_E = \frac{V_{EE} - V_{BE}}{R_B(\beta + 1) + R_E} = \frac{V_{EE} - V_{BE}}{R_B / \beta + R_E}$$

단, $\beta = 100$, $V_{CC} = 12\,[\mathrm{V}]$, 그리고 $V_{EE} = -12\,[\mathrm{V}]$

$$I_E = \frac{V_{EE} - V_{BE}}{R_B/\beta + R_E} = \frac{12[\mathrm{V}] - 0.6[\mathrm{V}]}{100[\mathrm{k\Omega}]/100 + 9[\mathrm{k\Omega}]} = \frac{11.4[\mathrm{V}]}{10[\mathrm{k\Omega}]} = 1.14[\mathrm{mA}]$$

$$I_B = I_E/\beta + 1 = I_E/\beta = 1.14[\mathrm{mA}]\,/100 = 11.4[\mu\mathrm{A}]$$

$$I_C = \beta I_B = 100 \times 11.4[\mu\mathrm{A}] = 1.14[\mathrm{mA}]$$

$$V_{RB} = I_B R_B = 11.4[\mu\mathrm{A}] \times 100[\mathrm{k\Omega}] = 1.14[\mathrm{V}]$$

$$V_{RE} = I_E R_E = 1.14[\mathrm{mA}] \times 9[\mathrm{k\Omega}] = 10.26[\mathrm{V}]$$

$$V_{RC} = I_C R_C = 1.14[\mathrm{mA}] \times 5[\mathrm{k\Omega}] = 5.7[\mathrm{V}]$$

$$V_C = V_{CC} - V_{RC} = 12[\mathrm{V}] - 5.7[\mathrm{V}] = 6.3[\mathrm{V}]$$

$$V_B = \mathrm{Ground} - V_{RB} = 0.0[\mathrm{V}] - 1.14[\mathrm{V}] = -1.14[\mathrm{V}]$$

$$V_E = V_B - V_{BE} = -1.14[\mathrm{V}] - (-0.6[\mathrm{V}]) = -1.74[\mathrm{V}]$$

$$V_{RE} = V_E - V_{EE} = -1.74[\mathrm{V}] - (-12[\mathrm{V}]) = 10.26[\mathrm{V}]$$

$$V_{CB} = V_C - V_B = 6.3[\mathrm{V}] - (-1.14[\mathrm{V}]) = 7.44[\mathrm{V}]$$

$$V_{CE} = V_C - V_E = 6.3[\mathrm{V}] - (-1.74[\mathrm{V}]) = 8.04[\mathrm{V}]$$

3. 실험 · 실습 사용기기 및 재료

① 트랜지스터 : 2SC1815
② 저항 : 4.7[kΩ], 10[kΩ]×2
③ 전원장치
④ 전압계

4. 실험순서 및 실험방법

(1) 이미터 바이어스 회로

① 그림 34-4의 회로를 결선하여라.

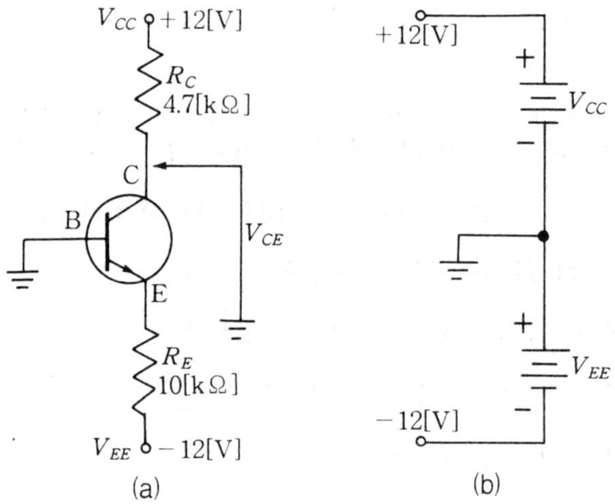

그림 34-4

② 접지에 대한 이미터 전위 V_E를 측정하여라. 이 회로에서 V_E는 V_{BE}와 동일하다. 그러므로 $|V_E|=|V_{BE}|$이고, $V_{BE} \fallingdotseq 0.6$[V], V_E는 접지에 대하여 음의 전위를 갖는다.

③ 측정된 V_E를 사용하여 V_{RE}를 계산하여라.

$$V_{RE} = V_E - V_{EE}$$
$$V_{EE} = V_{BE} + V_{RE}$$

④ 이미터 전류 I_E를 계산하여라.

$$I_E = V_{RE}/R_E$$

⑤ 접지에 대한 콜렉터의 전위 V_C를 측정하여라.

V_C는 접지에 대하여 양의 전위이다.

⑥ 측정된 V_C를 사용하여 V_{RC}를 계산하여라.

$$V_{RC} = V_{CC} - V_C$$

⑦ 콜렉터 전류 I_C를 계산하여라.

$$I_C = V_{RC}/R_C$$

⑧ α값을 계산하여라.

$$\alpha = I_C/I_E$$

⑨ 계산값 및 측정값을 표 34-1에 기입하여라.

(2) 베이스 저항을 갖는 이미터 바이어스 회로

① 그림 34-5의 회로를 결선하여라.

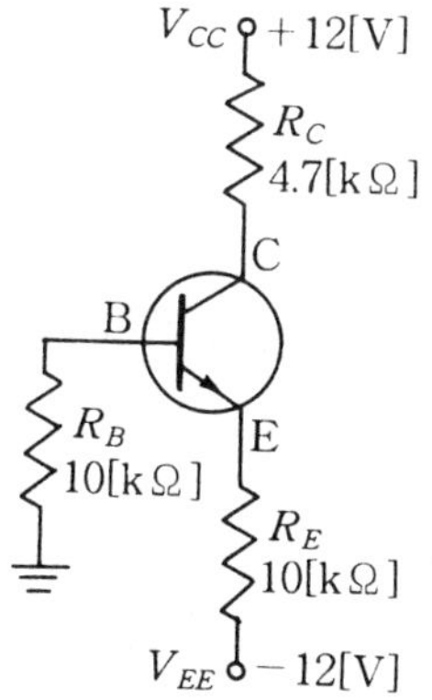

그림 34-5

② 콜렉터 전류 I_C를 계산하여라.

$$I_C = \frac{V_{EE} - V_{BE}}{(R_B + \beta) + R_E}$$

$$V_{BE} \fallingdotseq 0.6[\text{V}]$$

주의 $I_C = I_E$이고 만일 β값이 알려져 있지 않다면 $\beta = 100$을 사용하여라. 왜냐하면 β가 변화할 때 직접적으로 단지 V_{RB}에 영향을 주기 때문이다.

③ 회로의 직류 전압강하를 계산하여라.

㉠ V_{RE}를 계산하여라. : $V_{RE} = I_E R_E$

㉡ V_{RC}를 계산하여라. : $V_{RC}=I_C R_C$

㉢ I_B를 계산하여라. : $I_B=I_E/\beta$

㉣ V_{RB}를 계산하여라. : $V_{RB}=I_B R_B$

㉤ 접지에 대한 베이스 이미터, 콜렉터의 전위 V_B, V_E, V_C를 계산하여라.

$$V_B=-V_{RB}$$

$$V_E=-(V_{RB}+V_{BE})$$

$$V_C=V_{CC}-V_{RC}$$

④ V_{CE} 및 V_{CB}를 계산하여라.

$$V_{CE}=V_C-V_E$$

$$V_{CB}=V_C-V_B$$

⑤ 표 34-2에 계산값 및 측정값을 기입하여라.

5. 실험결과 및 고찰

① 실험순서에 따라 다음 표에 실험결과를 기록하여라.

표 34-1

	V_E	V_{RE}	I_E	V_C	I_C	V_{RC}	V_{BE}	α
계 산 값								
측 정 값								

표 34-2

	I_E	I_C	I_B	V_{RE}	V_{RC}	V_{RB}	V_B	V_E	V_C	β	V_{CE}	V_{CB}
계 산 값												
측 정 값												

② 이미터 바이어스 회로의 주된 이점은 무엇인가?

③ 이 실험에서 사용된 베이스 저항은 10[kΩ]이다. 베이스 저항을 100[kΩ]으로 하였을 경우와 비교한다면 트랜지스터 등을 교체하여 β값의 변화에 영향을 주었을 경우 회로내의 직류 전압 분포 변화에 크게 작용하는가, 아니면 작게 작용하는가?

④ 회로의 트랜지스터의 실제 β값 대신 트랜지스터의 β값을 100으로 하여 사용할 경우, 회로의 전압 분포에 어떤 영향을 주게 되는가?

⑤ 회로내에서 계산과 측정에 α값 대신 β값을 사용하는 것이 더 실제적인 이유는 무엇인가?

⑥ 그림 34-6의 회로에서 서로 대응하는 부품에 대한 전압강하는 동일한가? 접지점의 위치를 이동시키는 것은 회로내 저항양단 전압강하에 영향을 주는가?

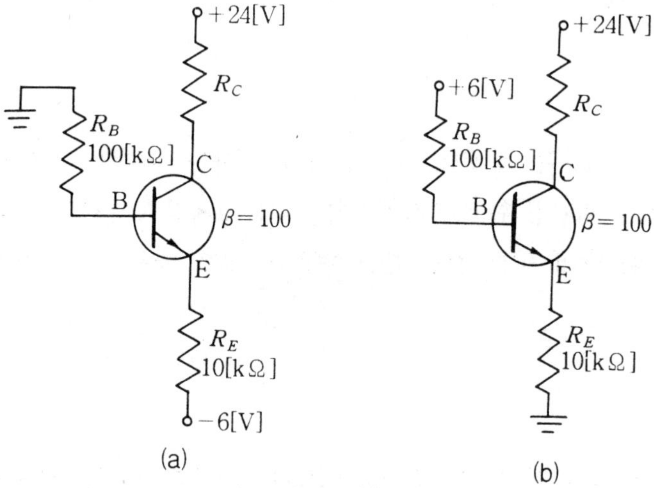

그림 34-6

⑦ 그림 34-7에서 $\beta=100$, $V_{BE}=0.6$[V]일 때 I_E, V_{RE}, I_B, V_{RB}, V_{RC}, V_{CE}를 계산하여라.

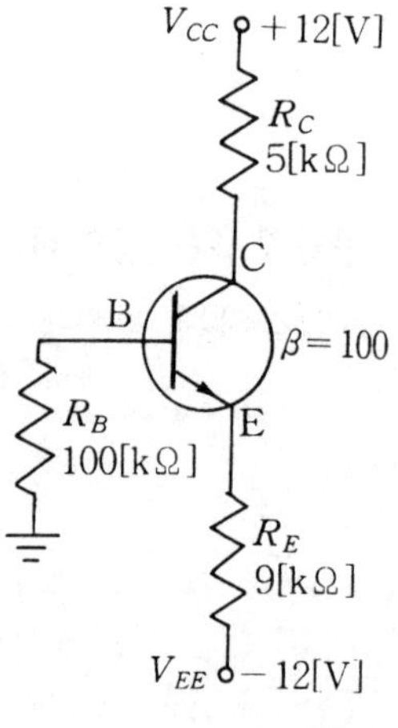

그림 34-7

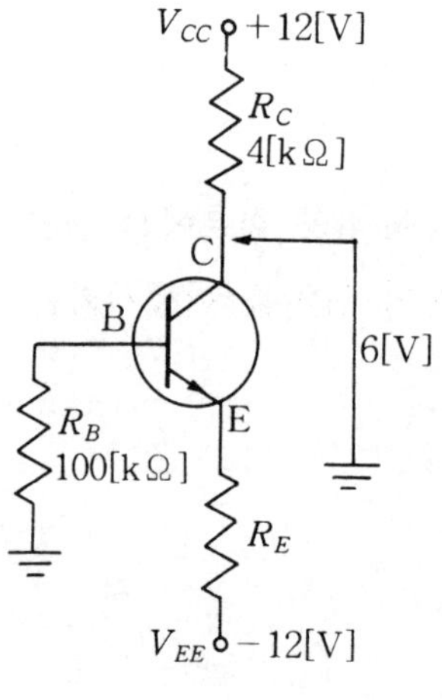

그림 34-8

⑧ 그림 34-7에서 $\beta=200$, $V_{BE}=0.6$[V]일 때 I_E, V_{RE}, I_B, V_{RB}, V_{RC}, V_{CE}를 계산하여라.

⑨ 그림 34-8에서 $\beta = 150$, $V_{BE} = 0.6$[V]일 때 $I \fallingdotseq I_E$, V_{RB}, V_{RE}, V_E, V_{CE}, R_E를 구하여라.

⑩ 그림 34-9에서 $V_{BE} = 0.6$[V]일 때 I_E, V_{RE}, V_{RB}, V_{RC}, V_C, V_E를 구하여라.

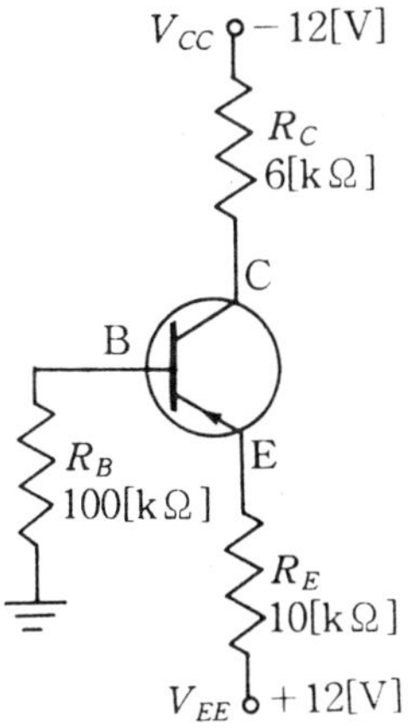

그림 34-9

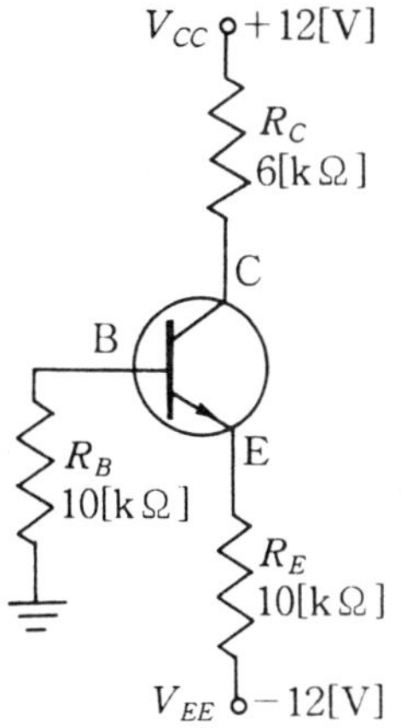

그림 34-10

⑪ 그림 34-10에서 $\beta = 100$, $V_{BE} = 0.6$[V]일 때 I_E, V_{BE}, V_{RB}, V_E, V_{CE}를 구하여라.

실험 35 베이스 바이어스 CE증폭기

1. 실험 목적

베이스 바이어스된 NPN 공통 이미터 증폭기의 직류 및 교류 특성을 실험을 통하여 확인한다.

2. 실험 · 실습에 따른 예비지식

(1) 이미터 저항이 없는 베이스 바이어스 공통 이미터 증폭기

트랜지스터 증폭기는 공통 이미터, 공통 콜렉터, 공통 베이스 증폭기로 구별되며 공통 이미터 증폭기는 전압이득과 전류이득을 얻기 위하여 사용되고 공통 콜렉터 증폭기는 전류이득을, 공통 베이스 증폭기는 전압이득만을 얻기 위하여 사용된다.

그림 35-1의 회로는 이미터 저항 R_E가 없는 경우를 표시하였다.

1 직류해석

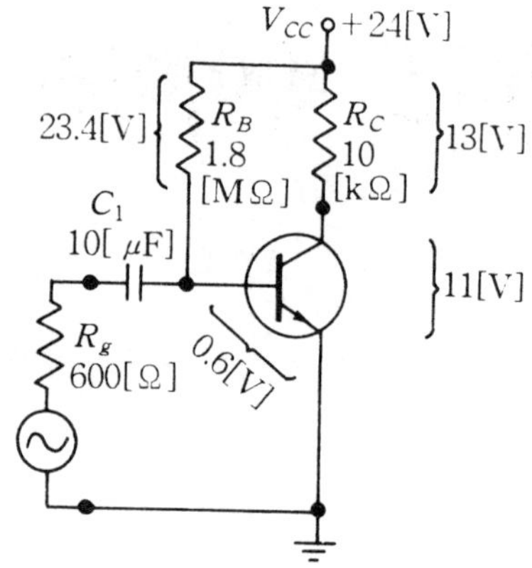

그림 35-1

$\beta = 100$

$$I_C \approx \frac{V_{CC} - V_{BE}}{R_B/\beta} = \frac{2.4[V] - 0.6[V]}{1.8[M\Omega]/100} = \frac{23.4[V]}{18[k\Omega]} = 1.3[mA]$$

$V_{RC} = I_C R_C = 1.3[mA] \times 10[k\Omega] = 13[V]$

$V_C = V_{CC} - V_{RC} = 24[V] - 13[V] = 11[V]$

$V_{CE} = V_C - V_E = 11[V] - 0[V] = 11[V]$

$I_B = I_C/\beta = 1.3[mA]/100 = 13\ [\mu A]$

$V_{RB} = I_B R_B = 13[\mu A] \times 1.8[M\Omega] = 23.4[V]$ 또는

$V_{RB} = V_{CC} - V_B = 24[V] - 0.6[V] = 23.4[V]$

단, $V_B = V_{BE} = 0.6[V]$

2 교류 이미터 저항 $r_e{}'$

베이스와 이미터 사이 교류저항은 다이오드의 경우와 유사하게 $r_e{}' \approx 26[mV]/I_E$로 표시된다. 그림 35-1의 경우 $I_E = 1.3[mA]$이므로

$$r_e{}' \approx 26[mV]/I_E = 26[mV]/1.3[mA] = 20[\Omega]$$

그러나 실제에 있어서 r_e'는 트랜지스터의 종류 온도에 따라서 $r_e' = 26[\mathrm{mV}]/I_E$에서 $r_e' = 52[\mathrm{mV}]/I_E$범위까지 변화할 수 있으며 이 변화를 최소화하기 위해서 스왐핑시키는 것이 바람직하다.

[3] 전압이득

그림 35-2와 같이 입력에 20[mV$_{P\text{-}P}$]의 신호가 인가되어 출력에서 10[V$_{P\text{-}P}$]의 전압이 얻어졌다면 전압이득 A_V는

$$A_V = V_0 / V_{in} = 10[V_{P\text{-}P}]/20[mV_{P\text{-}P}] = 10[V_{P\text{-}P}]/(20 \times 10^{-3}[V_{P\text{-}P}]) = 500$$

그림 35-2의 회로의 전압이득은 또한 실효 콜렉터 저항과 실효 이미터 저항의 비로 계산될 수 있다.

$$A_V = V_0 / V_{in} = V_{RC} / V r_e' = i_c R_c / I_E r_e' \approx R_c / r_e'$$
$$= 100[\mathrm{k\Omega}]/20[\Omega] = 500$$

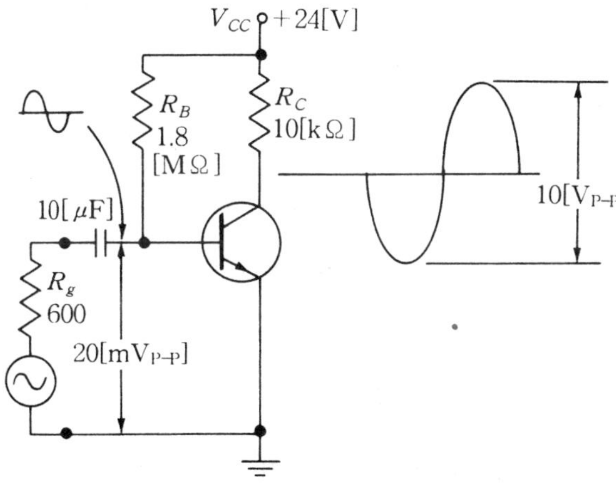

그림 35-2

[4] 입력 임피던스

그림 35-2에서 $\beta = 100$이라 가정하면

$$i_e = V_{re}/r_e' = 20[\mathrm{mV_{P\text{-}P}}]/20[\Omega] = 1[\mathrm{mA_{P\text{-}P}}] \text{ 단, } V_{in} = Vr_e'$$

$$i_b = i_e/(\beta+1) = 1[\mathrm{mA_{P\text{-}P}}]/(100+1) \approx 10[\mathrm{mA_{P\text{-}P}}]/100 = 10[\mu\mathrm{A_{P\text{-}P}}]$$

$$Z_{in(base)} = V_{in}/I_b = 20[\mathrm{mV_{P\text{-}P}}]/10[\mu\mathrm{A_{P\text{-}P}}] = 2[\mathrm{k}\Omega]$$

따라서 입력 임피던스는

$$Z_{in} = R_B // Z_{in(base)} = 18[\mathrm{M}\Omega]//2[\mathrm{k}\Omega] \approx 1998[\Omega]$$

그림 35-3에서 보는 바와 같이 입력측에 약 $3r_e'$의 저항이 나타나서 교류적으로 R_B의 저항과 병렬 합성된 것이 입력 임피던스가 된다.

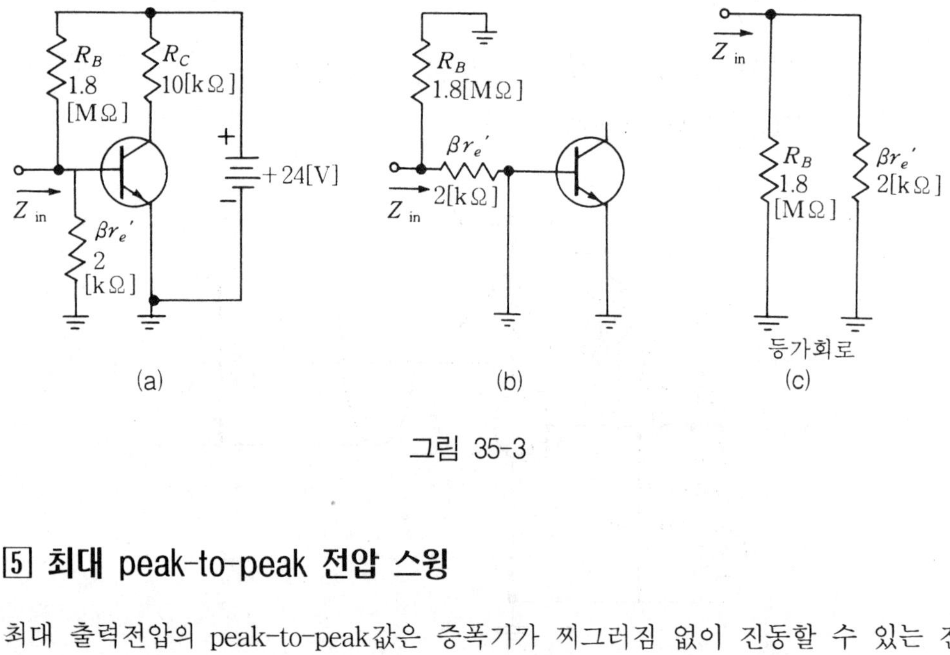

그림 35-3

5 최대 peak-to-peak 전압 스윙

최대 출력전압의 peak-to-peak값은 증폭기가 찌그러짐 없이 진동할 수 있는 전압값을 나타낸다. 이 값은 $2V_{CE}$와 $2I_CR_C$값 중에서 작은 쪽으로 결정되어 진다.

예를 들어 $V_{CC}=24[\mathrm{V}]$이고, $R_C=6[\mathrm{k}\Omega]$일 때 $I_{C(max)} = V_{CC}/R_C = 24[\mathrm{V}]/6[\mathrm{k}\Omega] = 4[\mathrm{mA}]$이다.

V_{CC}와 $I_{C(max)}$은 그림 35-4와 같이 부하선을 그릴 수 있게 하며, 동작점 Q는 부하선상의 어느 점에서 취해질 수 있다.

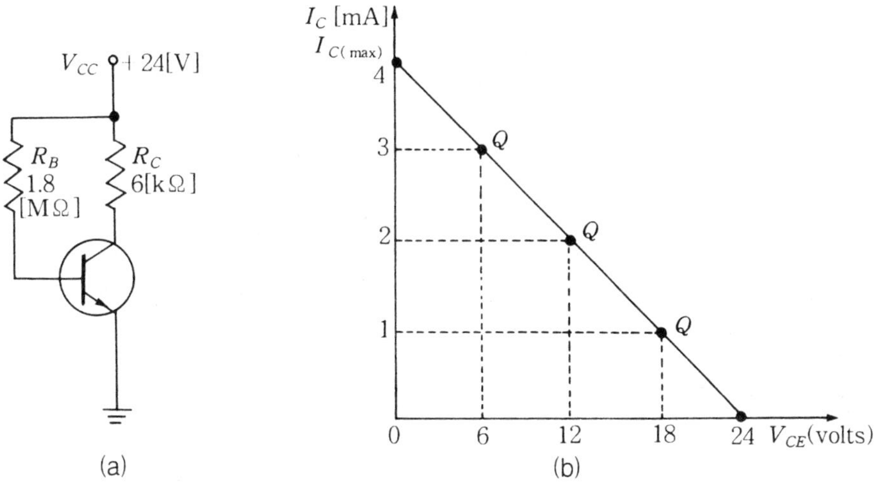

그림 35-4

① $I_C = 2$[mA], $V_{CE} = 12$[V]일 때 $V_{RC} = I_C R_C = 2$[mA]×6[kΩ]=12[V]이므로 $V_{0P-P(max)} = 20$[V]가 된다.

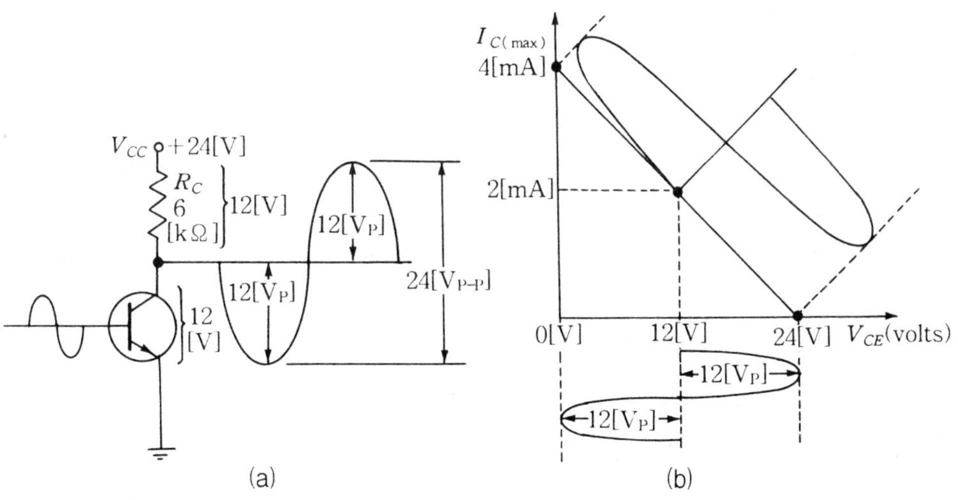

그림 35-5

② $I_C = 1$[mA], $V_{CE} = 18$[V]일 때 $I_C R_C = 1$[mA]×6[kΩ]=6[V]이므로 $V_{0P-P(max)} = 2I_C R_C = 2\times1$[mA]×6[kΩ]=12[$V_{P-P}$]이다.

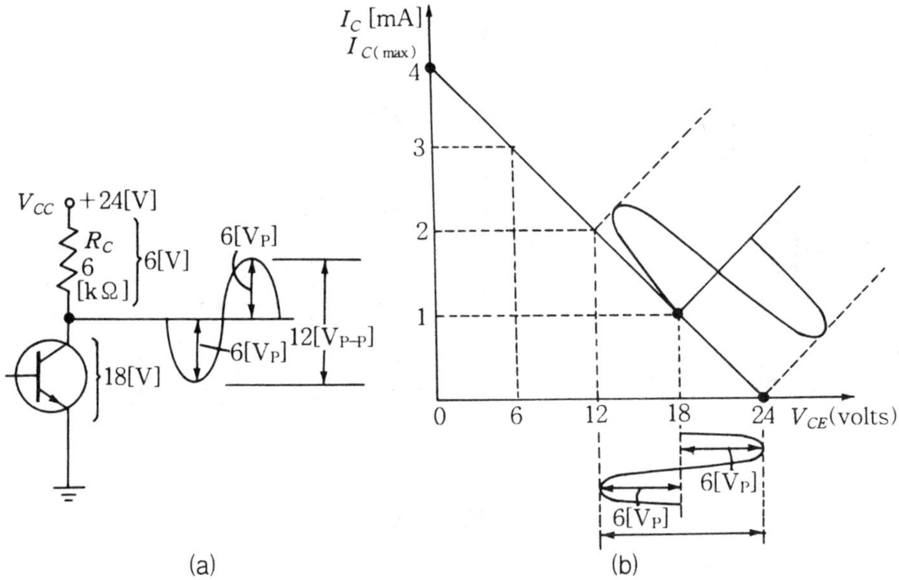

그림 35-6

③ $I_C = 3$[mA], $V_{CC} = 6$[V]일 때 $V_{RC} = I_C R_C = 3$[mA]×6[kΩ]=18[V]이고 V_{CE} =6[V]이므로 $V_{0P-P(max)} = 2V_{CE} = 2 \times 6$[V]=12[$V_{P-P}$]가 된다.

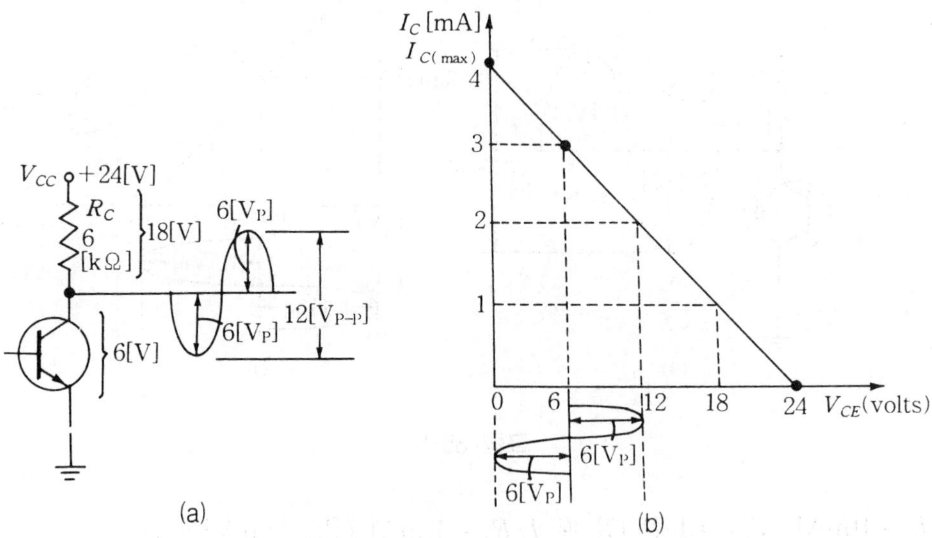

그림 35-7

그러므로 그림 35-2의 회로에서 $I_C \approx 1.3$[mA]이고 $R_C = 10$[kΩ]이 되므로

$$2V_{CE} = 2 \times 11[\mathrm{V}] = 22[\mathrm{V_{P\text{-}P}}]$$

$$2I_C R_C = 2 \times 1.3[\mathrm{mA}] \times 10[\mathrm{k\Omega}] = 26[\mathrm{V_{P\text{-}P}}]$$

이 회로의 $V_{0P-P(\max)}$은 22[V_{P-P}]가 되는 것이다.

6 전력이득

전력이득은 출력전력과 입력전력의 비이다.

$$PG = A_P = \frac{P_0}{P_{\text{in}}} = \frac{V_0^{\,2}/R_c}{V_{\text{in}}^{\,2}/R_{\text{in}}} = \frac{V_0^{\,2} \times R_{\text{in}}}{V_{\text{in}}^{\,2} \times R_c} = A_v^{\,2} \times \frac{R_{\text{in}}}{R_c} = A_v^{\,2} \times \frac{Z_{\text{in}}}{R_c}$$

$$\approx \frac{500^2 \times 1998[\Omega]}{10[\mathrm{k\Omega}]} = 49,950 \quad \text{단, } R_{\text{in}} = Z_{\text{in}}$$

이를 [dB]로 환산하면 $PG(\mathrm{dB}) = 10\log 49,950 = 46.98[\mathrm{dB}]$

7 전류이득

$$A_i = P_G / A_V = 49,950/500 = 99.9$$

만일 이 회로에서 1.8[MΩ]의 R_B 저항이 없었다면 $Z_{\text{in}} = 2$[kΩ], $PG = 50000$ 이 되어 전류 이득은 100이 되므로 β값과 같아진다.

8 출력 임피던스

출력 임피던스는 트랜지스터의 콜렉터측에서 회로내를 본 저항이 되므로 그림 35-8과 같은 등가회로가 된다. 즉 R_c와 콜렉터-베이스간 저항의 병렬합성값이 되고 콜렉터-베이스간은 역바이어스 상태이므로, 보통 1[MΩ] 이상의 저항을 갖게 된다. 따라서 $Z_0 \approx R_c = 10$[kΩ]이다.

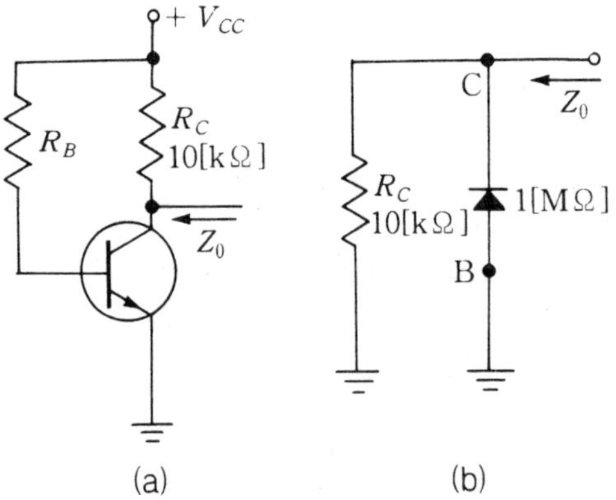

그림 35-8

(2) 이미터 저항이 있는 베이스 바이어스 공통 이미터 증폭기

이미터 저항이 부가되면 r_e'의 변화의 영향이 적어지며 안정도가 증가하게 된다.

[1] 직류해석

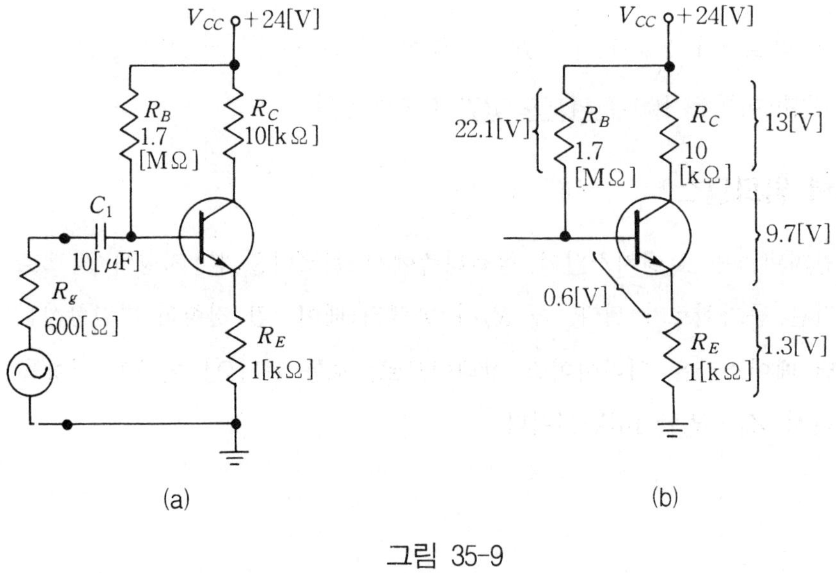

그림 35-9

$$I_C = \frac{V_{CC} - V_{BE}}{(R_B/\beta) + R_E} = \frac{24[\mathrm{V}] - 0.6[\mathrm{V}]}{(1.7[\mathrm{M\Omega}]/100) + 1[\mathrm{k\Omega}]}$$

$$= \frac{23.4[\mathrm{V}]}{17[\mathrm{M\Omega}] + 1[\mathrm{k\Omega}]} = 13[\mathrm{mA}]$$

$$V_{RC} = I_C R_C = 1.3[\mathrm{mA}] \times 10[\mathrm{k\Omega}] = 13[\mathrm{V}]$$

$$I_B = I_C/\beta = 1.3[\mathrm{mA}]/100 = 13\ [\mu\mathrm{A}]$$

$$V_{RE} = I_E R_E \approx 1.3[\mathrm{mA}] \times 1[\mathrm{k\Omega}] = 1.3[\mathrm{V}]$$

$$V_{CE} = V_C - V_E = 11[\mathrm{V}] - 1.3[\mathrm{V}] = 9.7[\mathrm{V}]$$

$$V_C = V_{CC} - V_{RC} = 24[\mathrm{V}] - 13[\mathrm{V}] = 11[\mathrm{V}]$$

$$V_{CC} = V_{RC} + V_{CE} + V_{RE}$$

$$V_B = V_E + V_{BE} = 1.3[\mathrm{V}] + 0.6[\mathrm{V}] = 1.9[\mathrm{V}]$$

$$24[\mathrm{V}] = 13[\mathrm{V}] + 9.7[\mathrm{V}] + 1.3[\mathrm{V}]$$

$$V_E = V_{RE} = 1.3[\mathrm{V}]$$

$$V_{RB} = V_{CC} - V_B = 24[\mathrm{V}] - 1.9[\mathrm{V}] = 22.1[\mathrm{V}]$$

$$V_{CC} = V_{RB} + V_{BE} + V_{RE}$$

$$I_B = V_{RB}//R_B = 22.1[\mathrm{V}]/1.7[\mathrm{M\Omega}] = 13[\ \mu\mathrm{A}]$$

$$24[\mathrm{V}] = 22.1[\mathrm{V}] + 0.6[\mathrm{V}] + 1.3[\mathrm{V}]$$

이미터 저항이 있는 경우 그림 35-10과 같이 측로 커패시터가 연결되어 사용되어 질 수 있다.

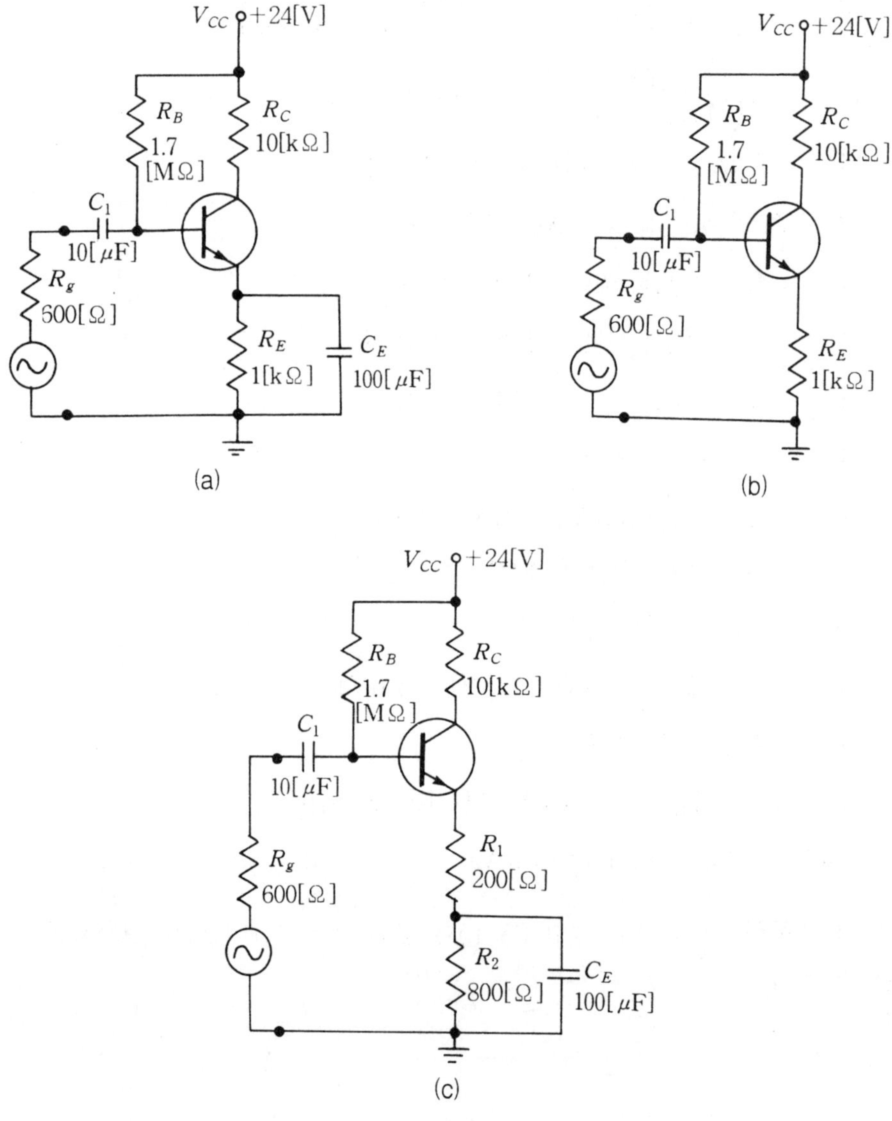

그림 35-10

[2] 전압이득

그림 (a)의 경우

$$A_V = R_c / r_e' = 10[\text{k}\Omega]/20[\Omega] = 500$$

단, $r_e' = 26[\text{mV}]/1.3[\text{mA}] = 20[\Omega]$

그림 (b)의 경우

$$A_V = \frac{R_c}{r_e' + R_E} = \frac{10[\text{k}\Omega]}{20[\Omega] + 1[\text{k}\Omega]} = 9.8$$

그림 (c)의 경우

$$A_V = \frac{R_c}{r_e' + R_1} = \frac{10[\text{k}\Omega]}{20[\Omega] + 200[\text{k}\Omega]} = 45.45$$

부분적으로 이미터 저항을 측로시킨 경우 적절한 전압이득을 얻기 위하여 측로되지 않은 부분의 이미터 저항값은 r_e' 저항값의 최소한 10배 이상의 값을 사용한다. 이 회로에서 $I_E = 1.3[\text{mA}]$이므로 $r_e' = 20[\Omega]$이 되므로 R_1은 최소한 200[Ω]이 되어야 한다.($R_1 + R_2 = 1[\text{k}\Omega]$이므로 회로내 직류전압은 같다.)

3 입력 임피던스

① 이미터 저항을 전부 측로시킨 경우

② 측로시키지 않는 경우

③ 부분적으로 측로시킨 경우의 입력 임피던스는 β값과 측로되지 않은 이미터 저항값에 따라 변화한다.

①의 경우

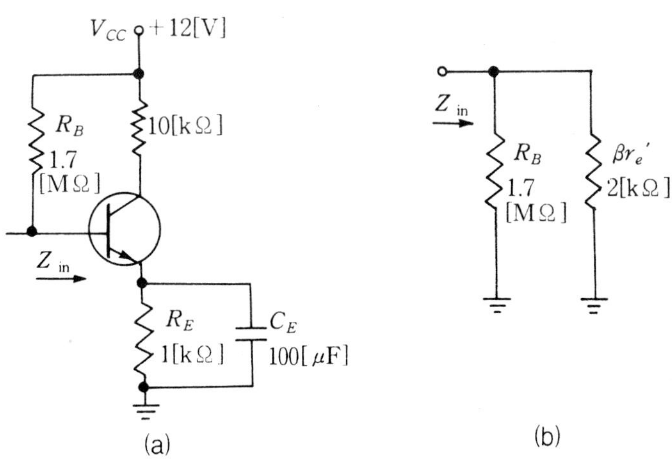

그림 35-11

$I_E = 1.3[\text{mA}]$, $r_e' = 20[\Omega]$

$$Z_{\text{in}} = \beta r_e' // R_B = (100 \times 20[\Omega]) // 1.7[\text{M}\Omega]$$
$$= 2[\text{k}\Omega] // 1.7[\text{M}\Omega] \approx 1998[\Omega]$$

측로 커패시터가 1[kHz]에서 갖는 교류저항값은

$$X_c = \frac{1}{2\pi fC} = \frac{0.159}{1[\text{kHz}] \times 100[\mu\text{F}]} = \frac{0.159}{10^3 \times 10^4} = 1.59[\Omega]$$

이므로 R_E 저항이 없는 경우와 거의 같다고 볼 수 있다.

②의 경우

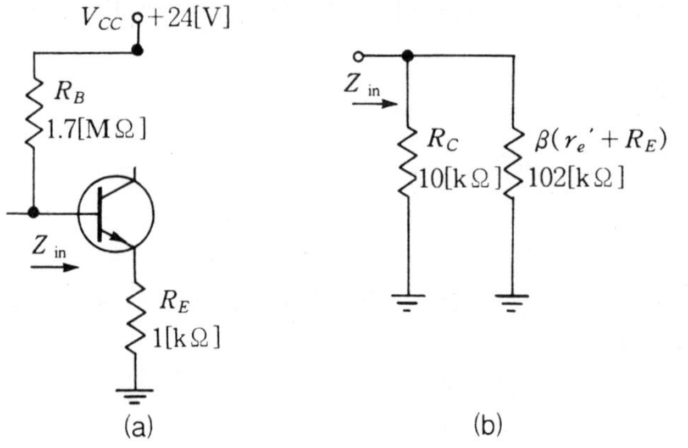

그림 35-12

$I_E = 1.3[\text{mA}]$, $r_e' = 20[\Omega]$

$$Z_{\text{in}} \approx \beta(r_e' + R_E) // R_B$$
$$= 100(20[\Omega] + 1[\text{k}\Omega]) // 1.7[\text{M}\Omega]$$
$$= 102[\text{k}\Omega] // 1.7[\text{M}\Omega] = 96.2[\text{k}\Omega]$$

③의 경우

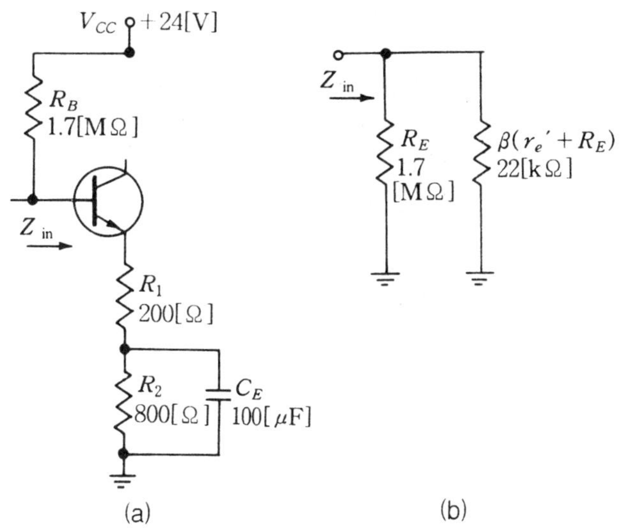

그림 35-13

$I_E = 1.3[\text{mA}],\ r_e' = 20[\Omega]$

$$Z_{in} \approx \beta(r_e' + R_1) // R_B$$
$$= 100(20[\Omega] + 200[\Omega]) // 1.7[\text{M}\Omega]$$
$$= 22[\text{k}\Omega] // 1.7[\text{M}\Omega] = 21.72[\text{k}\Omega]$$

[4] $V_{0P-P(max)}$

R_E의 저항이 측로되지 않은 경우에는 $V_{0P-P(max)}$측로가 된 경우보다 감소하게 된다.

①의 경우

그림 35-14에서와 같이 $R_E = 0$인 경우보다 V_{CE}가 감소하게 된다.

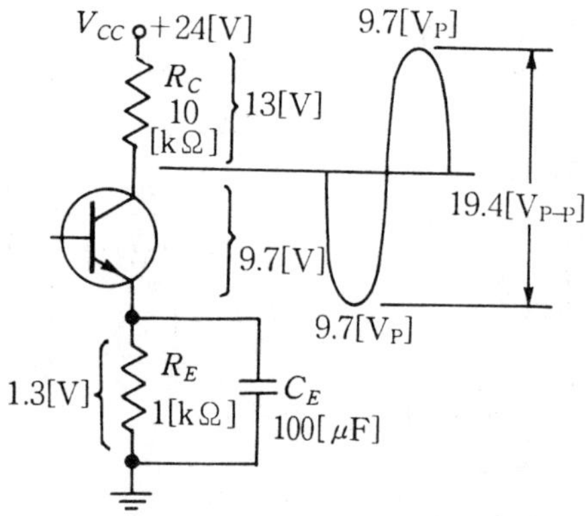

그림 35-14

$2V_{CE} = 2 \times 9.7[\mathrm{V_P}] = 19.40[\mathrm{V_{P\text{-}P}}]$

$2I_cR_c = 2 \times 1.3[\mathrm{mA}] \times 10[\mathrm{k\Omega}] = 26[\mathrm{V_{P\text{-}P}}]$

$\therefore\ V_{0P-P(\max)} = 19.4[\mathrm{V_{P\text{-}P}}]$

②의 경우

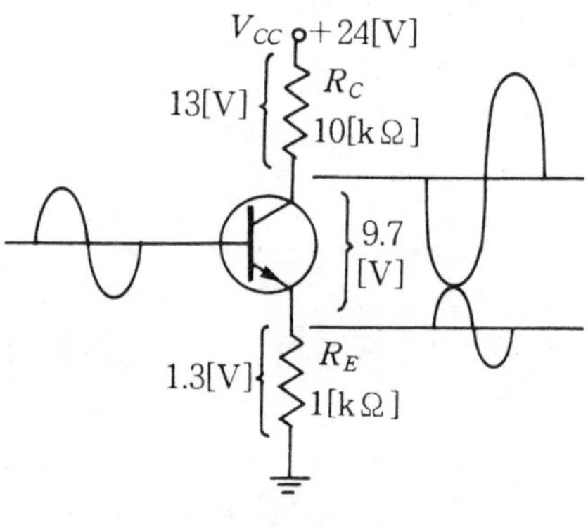

그림 35-15

$2I_CR_C = 2 \times 1.3[\mathrm{mA}] \times 10[\mathrm{k\Omega}] = 26[\mathrm{V_{P\text{-}P}}]$

$2V_{CE} \times R_C/(R_C + R_E)$

$= 2 \times 9.7[\mathrm{V}] \times 10[\mathrm{k\Omega}]/(10[\mathrm{k\Omega}] + 1[\mathrm{k\Omega}])$

$= 2 \times 9.7[\mathrm{V}] \times 10[\mathrm{k\Omega}]/11[\mathrm{k\Omega}] = 17.6[\mathrm{V_{P\text{-}P}}]$

$\therefore\ V_{0P-P(\max)} = 17.6[V_{P\text{-}P}]$

$V_{0P-P(\max)}$가 $2V_{CE}$보다 작아지는 이유는 입력신호에 대하여 이미터 단자에서는 입력신호와 동위상의 신호가 나타나고, 콜렉터 단자에서는 180°의 위상차가 나는 신호가 나타나게 되므로 V_{CE}값이 ①의 경우에서는 9.7[V]이나 R_E가 측로되지 않았으므로 콜렉터 파형과 이미터 파형이 합하여 9.7[V] 범위내에 있어야 한다. 또한 두 파형이 겹치게 되면 찌그러짐이 발생하므로 출력신호 전압의 최대값은

$$V_{CE} \times R_C / (R_C + R_E)$$

가 된다.

③의 경우

이 경우 측로되지 않은 이미터 저항값은 R_1이므로 ②의 경우와 같이 찌그러짐이 발생하지 않은 출력신호 전압의 최대값은 $V_{CE} \times R_1 / (R_C + R_1)$이 된다.

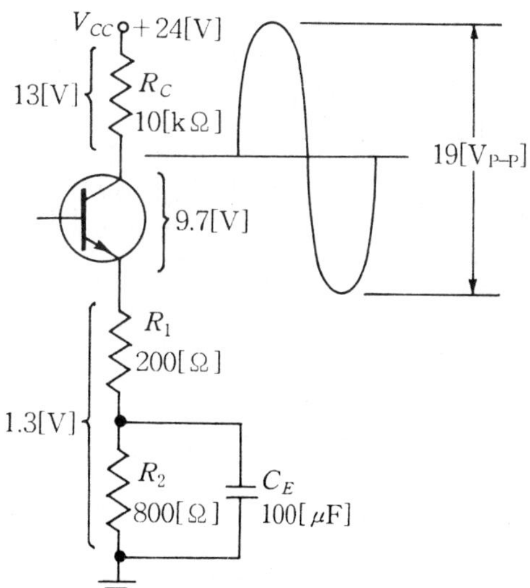

그림 35-16

$$2I_c R_c = 2 \times 1.3[mA] \times 10[k\Omega] = 26[V_{P\text{-}P}]$$

$$2V_{CE} \times R_c // (R_c + R_1)$$

$= 2\times 9.7[V]\times 10[k\Omega]/(10[k\Omega]+200[\Omega])$

$= 2\times 9.7[V]\times 10[k\Omega]/10.2[k\Omega] = 19[V_{P\text{-}P}]$

$\therefore\ V_{0P-P(max)} = 19[V_{P\text{-}P}]$

(3) 부하저항을 연결하는 경우

그림 35-17과 같이 별도의 부하저항 R_L을 연결하면 전압이득, 전력이득, $V_{0P-P(max)}$는 낮아지며 입력 임피던스, 직류전압은 변동이 없다.

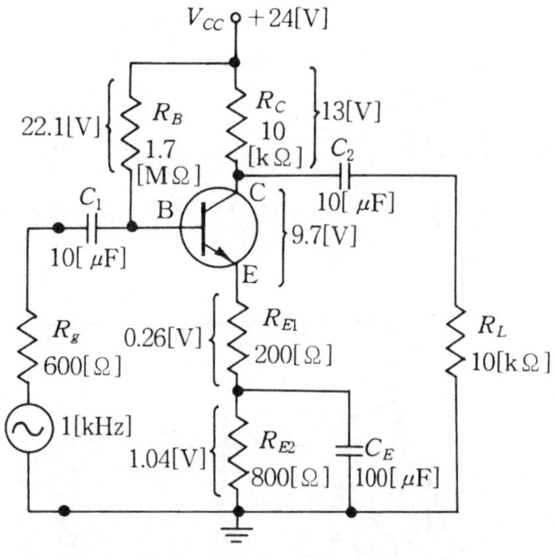

그림 35-17

$I_E = 1.3[mA],\quad V_{RC} = 13[V],\quad V_{CE} = 9.7[V]$

$V_{R1} = 0.26[V],\quad V_{R2} = 1.04[V],\quad V_{RB} = 22.1[V]$

$V_C = 11[V],\quad V_B = 1.9[V],\quad V_E = 1.3[V]$

$$A_V = \frac{R_C//R_L}{r_e' + R_1} = \frac{10[k\Omega]//10[k\Omega]}{20[\Omega]+200[\Omega]} = \frac{5[k\Omega]}{220[\Omega]} = 22.73$$

$Z_{in} = R_B//\beta(r_e' + R_1) = 1.7[M\Omega]//100\times 200[\Omega] = 21.72[k\Omega]$

$P_G = A_V{}^2\times Z_{in}/R_L = 22.732\times 21.72[k\Omega]/10[k\Omega] = 1122.2$

$2V_{CE} = 2\times9.7[\text{V}] = 19.4[\text{V}_{\text{P-P}}]$ 또는

$1I_C r_L = 2\times1[\text{mA}]\times5[\text{k}\Omega] = 10[\text{V}_{\text{P-P}}] \quad \therefore V_{0P-P(\max)} = 10[\text{V}_{\text{P-P}}]$

단, $r_L = R_c // RS_L = 10[\text{k}\Omega]//10[\text{k}\Omega] = 5[\text{k}\Omega]$

$A_1 = P_G / A_V = 1122.2/22.73 = 49.37$

$A_1 = A_V \times Z_{\text{in}} / R_L = 22.73\times21.72/10[\text{k}\Omega] = 49.37$

(4) 증폭기의 입력 임피던스 측정방법

증폭기의 입력 임피던스를 측정하는 방법은 크기를 알고 있는 저항을 그림 35-18과 같이 회로에 직렬을 넣고 이 저항 R_s양단의 전압을 측정하여 Z_{in}을 구한다. 만일 그림 35-19와 같이 $V_g = 400[\text{mV}_{\text{P-P}}]$이고 $V_{\text{in}} = 250[\text{mV}_{\text{P-P}}]$이라면

$$Z_{\text{in}} = \frac{R_s \times V_{\text{in}}}{V_{RS}} = \frac{R_s \times V_{\text{in}}}{V_g - V_{\text{in}}} = \frac{15[\text{k}\Omega]\times250[\text{mV}_{\text{P-P}}]}{400[\text{mV}_{\text{P-P}}] - 250[\text{mV}_{\text{P-P}}]}$$

$$= \frac{15[\text{k}\Omega]\times250[\text{mV}_{\text{P-P}}]}{150[\text{mV}_{\text{P-P}}]} = 25[\text{k}\Omega]$$

이 값은 계산식과 일치한다.

$$Z_{\text{in}} = R_B // \beta(R_E + r_e') \cong \beta(R_E + r_e') = 100(255[\Omega] + 25[\Omega] = 25[\text{k}\Omega]$$

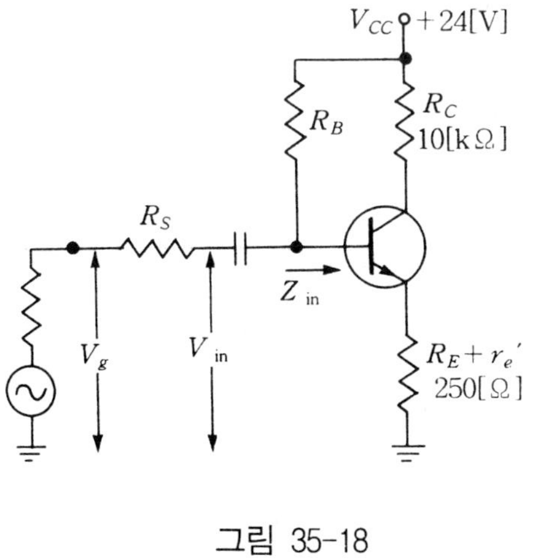

그림 35-18

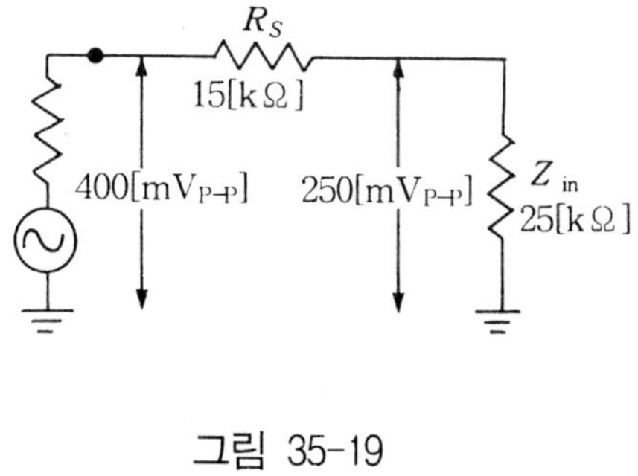

그림 35-19

3. 실험 · 실습 사용기기 및 재료

① 트랜지스터 : 2SC1815

② 저항 : 330[Ω], 470[Ω], 680[Ω], 1[kΩ]×2, 4.7[kΩ], 6.8[kΩ], 47[kΩ], 100[kΩ], 2.2[MΩ]

③ 커패시터(10~35[V]) : 10[μF]×2,100[μF]

④ 전원장치(24[V])

⑤ 전압계

⑥ 신호발생기

⑦ 오실로스코프

⑧ 디지털 회로시험기

4. 실험순서 및 실험방법

(1) 직류해석

① 그림 35-20의 회로를 결선하여라.

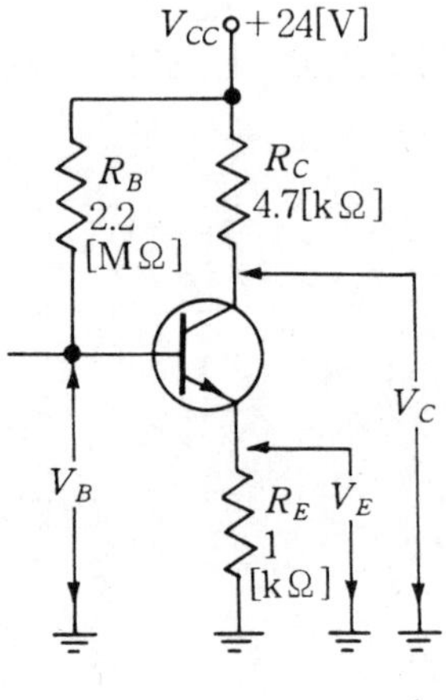

그림 35-20

② 접지에 대한 콜렉터, 이미터 및 베이스 전위 V_C, V_E, V_B를 측정하여 표 35-1에 기입하여라.

③ 회로내 전압강하 V_{RC}, V_{RE}, V_{RB}, V_{CE} 및 V_{BE}와 콜렉터 및 베이스 전류 I_C, I_B를 계산하여 표 35-1에 기입하여라.

㉠ $V_{RC} = V_{CC} - V_C$

㉡ $V_{RE} = V_E$

㉢ $V_{RB} = V_{CC} - V_B$

㉣ $V_{CE} = V_C - V_E$

㉤ $V_{BE} = V_B - V_E$

㉥ $I_c = V_{RC} / R_C$

㉦ $I_B = V_{RB} / R_B$

㉧ $\beta = I_c / I_B$

(2) 교류해석

① 그림 35-21을 결선하여라.(그림 35-20에 콜렉터 저항 R_c를 6.9[kΩ]으로 바꾸고 신호발생기가 연결되어졌다.)

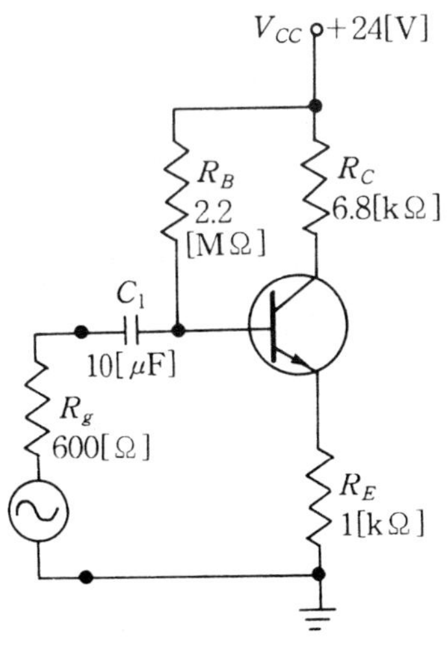

그림 35-21

② 계산된 β값을 이용하여 콜렉터 전류 I_C를 다음 식을 이용하여 계산하여라.

$$I_C = \frac{V_{CC} - V_{BE}}{(R_B/\beta) + R_E} \quad \text{단, } V_{BE} = 0.6[\text{V}]$$

③ 회로내 직류전압을 계산하여라.

㉠ 콜렉터 저항 R_C양단 전압강하를 계산하여라.

$$V_{RC} = I_C R_C \quad \text{단, } R_C = 6.8[\text{k}\Omega]$$

㉡ 이미터 저항 R_E양단 전압강하를 계산하여라.

$$V_{RE} = I_E R_E \approx I_C R_E \quad \text{단, } R_E = 1[\text{k}\Omega]$$

㉢ 콜렉터 전위 V_C를 계산하여라.

$$V_C = V_{CC} - V_{RC}$$

㉣ 콜렉터와 이미터 사이 전압강하 V_{CE}를 계산하여라.

$$V_{CE} = V_{CC} - (V_{RC} + V_{RE})$$

㉤ 베이스 저항 R_B 사이 전압강하를 계산하여라.

$$V_{RB} = V_{CC} - (V_{BE} + V_{RE}) \quad \text{단, } V_B = V_{BE} + V_{RE}$$

또는 $V_{RB} = (I_C/\beta)R_B$ 단, $I_B = I_C/\beta$

④ 회로내 직류전압 V_{RE}, V_C, V_B를 측정하여라.

⑤ V_{RB}, V_{RC} 및 V_{CE}를 직접 측정하는 대신 측정된 전압 V_C, V_B, $V_{RE} = V_E$를 이용하여 다음 식으로 계산하여라.

$$V_{RB} = V_{CC} - V_B$$

$$V_{RC} = V_{CC} - V_C$$

$$V_{CE} = V_C - V_E$$

⑥ 계산값 및 측정값을 표 35-2에 기입하여라.

⑦ 전압이득 측정

㉠ 중역주파수에서 전압이득을 다음 식으로 계산하여라.

$$A_V = (R_C / R_E + r_e') \quad \text{단, } r_e' = 26[\text{mV}]/I_E,\ I_E \approx I_C$$

㉡ 입력신호전압을 1[kHz], 100[mVP-P]로 가하고 중역주파수 전압이득을 측정하여라. 접지에 대한 콜렉터 전위 V_0를 측정하여라. 그림 35-22에 보여진 바와 같이 오실로스코프로 V_{in}과 V_0을 측정하여라.

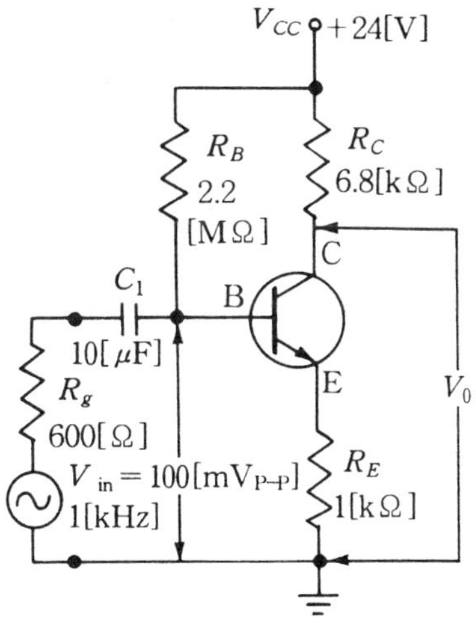

그림 35-22

㉢ 측정된 V_{0P-P}와 $V_{\text{in}\,P-P}$를 사용하여 전압이득을 계산하여라.

$$A_V = V_0 / V_{\text{in}} \quad \text{단, } V_{\text{in}} = 100[\text{mV}_{P-P}]$$

⑧ 입력 임피던스

㉠ 회로에서 입력 임피던스를 계산하여라.

$$Z_{\text{in}} = R_B / \beta(R_E + r_e')$$

단, $R_B = 2.2[\text{M}\Omega]$, $R_E = 1[\text{k}\Omega]$, $r_e' = 26[\text{mV}/I_E]$

㉡ 입력 임피던스를 측정하여라. 그림 35-23과 같이, 100[kΩ]의 직렬저항과 1 [kHz], 100[mVP-P]의 입력신호를 사용한다.

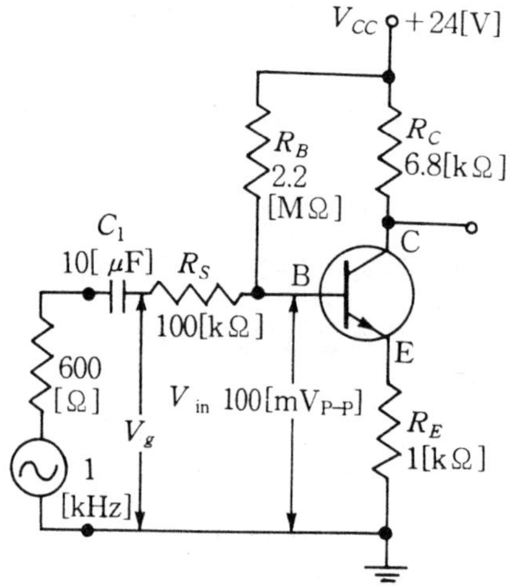

그림 35-23

ⓐ 신호발생기 전압을 조정하고 트랜지스터 베이스 전압이 100[mV$_{P-P}$]가 되도록 한다.

ⓑ 다음 식으로 입력 임피던스를 계산하여라.

$$Z_{in} = \frac{V_{in} \times R_s}{V_{RS}} = \frac{V_{in} \times R_S}{V_g - V_{in}}$$

단, $V_{in} = 100$[mV$_{P-P}$], $R_s = 100$[kΩ]

⑨ 최대 출력전압의 peak-to-peak값

㉠ 최대 출력전압의 peak-to-peak값을 $2I_C R_C$ 또는 $2V_{CE} \times \dfrac{R_C}{(R_C + R_E)}$ 로 계산하여라.(두값 중 작은쪽을 택할 것)

㉡ 1[kHz]의 입력신호전압 레벨을 증가시켜 가면서 클리핑 또는 찌그러짐이 발생하기 시작할 때의 출력전압을 측정하여라. 이 값이 최대 출력전압 peak-to-peak값이다.

주의 $V_{0P\text{-}P(\max)}$을 측정하기 전에 R_S를 제거할 것.

⑩ 전력이득

㉠ 다음 식으로 전력이득을 계산하여라.

$$PG = A_V^{\,2} \times Z_{in} / R_C$$

단, $R_C = 6.8[k\Omega]$

㉡ 전력이득을 [dB]로 변환하여라.

$$PG[dB] = 10 \log PG$$

⑪ 전류이득

계산된 전류이득과 전압이득을 이용하여 전류이득을 계산하여라.

$$A_i = PG / A_V$$

⑫ 계산값 및 측정값을 표 35-3에 기입하여라.

(3) 이미터 저항의 일부가 측로된 경우

① 그림 35-24의 회로를 결선하여라.

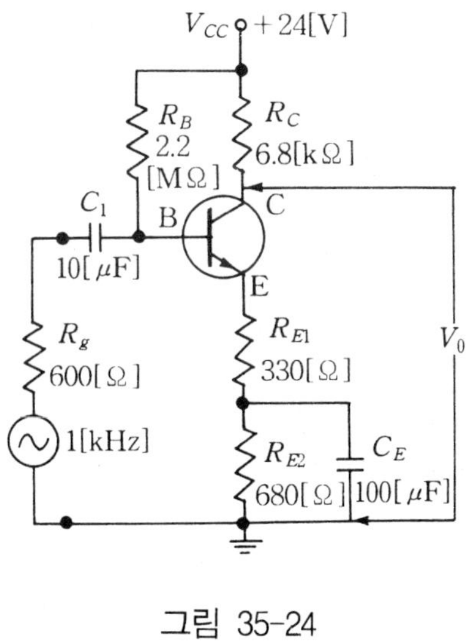

그림 35-24

② 1[kΩ]의 저항 R_E가 2개의 저항으로 대치되었으며 $R_{E1} + R_{E2}$는 1010[Ω]이다. 그러나 10[Ω]의 초과는 10[%]의 저항오차 범위 내에 있으므로 직류 바이어스에 아주 작은 영향을 가져올 것이다. 이 효과를 입증하기 위하여 회로내에 전압을

측정하여라.

③ V_C, V_B, V_E 및 V_{RE2}를 측정하고 V_{RB}, V_{RC}, V_{RE1}, V_{CE}, I_C, I_B, β를 계산하여라.

④ 계산값 및 측정값을 표 35-4에 기입하여라.

⑤ 전압이득

㉠ 중역주파수에서 전압이득을 계산하여라.

$$A_V = R_C / (R_E + r_e') \quad 단,\ R_E = 330[\Omega],\ r_e' = 25[\mathrm{mV}] / I_E$$

㉡ 입력에 1[kHz], 100[mV$_{P-P}$]의 전압을 인가하고 V_{0P-P}를 측정하여 측정값으로 전압이득을 계산하여라.

$$A_V = V_0 / V_{in} \quad 단,\ V_{in} = 100[\mathrm{mV_{P-P}}]$$

⑥ 입력 임피던스

㉠ 입력 임피던스를 계산하여라.

$$Z_{in} = RB // \beta(R_{E1} + r_e') \quad 단,\ R_{E1} = 330[\Omega]$$

㉡ 입력 임피던스를 계산하여라.

$$Z_{in} = \frac{V_{in} \times R_S}{V_{RS}} = \frac{V_{in} \times R_S}{V_g - V_{in}}$$

단, 입력 임피던스 측정의 경우 그림 35-25와 같이 47[kΩ] 저항을 이용하여라.

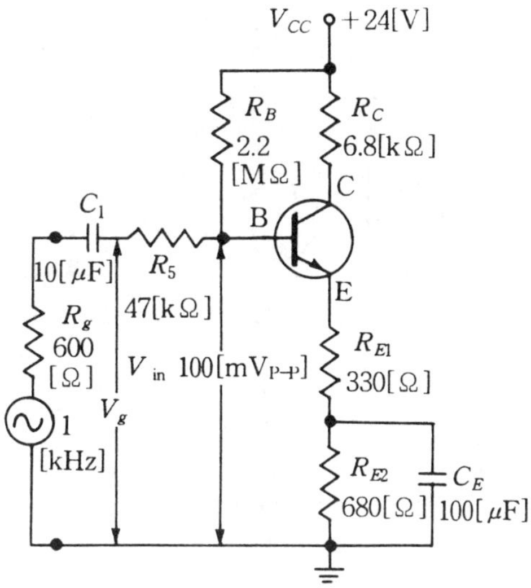

그림 35-25

⑦ 최대 출력전압의 peak-to-peak값

㉠ V_{0P-P}값을 계산하여라. V_{0P-P}값은 $2I_CR_C$ 또는 $2V_{EC}$ 중 작은값이 된다. 좀더 정확히 표현하면 $2I_CR_C$와 $2V_{CE}[R_c/(R_C+R_{E1})]$ 중 작은값이 된다.

㉡ 1[kHz]의 입력신호 레벨을 증가시켜 출력파형이 클리핑 또는 찌그러짐이 생기기 시작하는 점에서 출력전압의 값을 측정하여라.

⑧ (2)에서와 같은 방법으로 전력이득, 전류이득을 계산하여 표 35-5에 기입하여라.

(4) 부하저항을 연결시킨 경우

① 그림 35-26의 회로를 결선하여라.

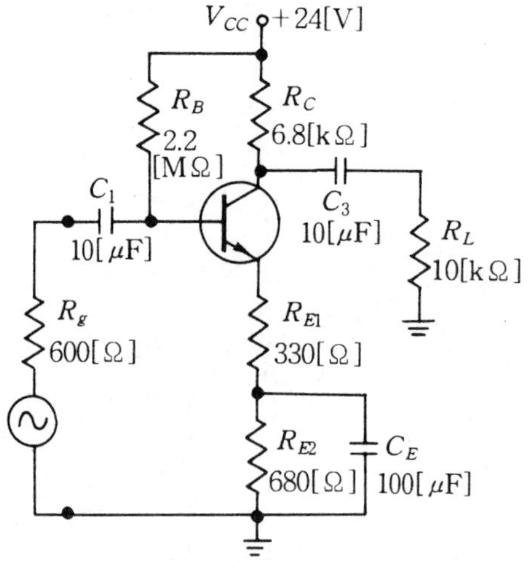

그림 35-26

② 회로를 변경하여도 직류전압은 변동하지 않았음을 설명하기 위하여 회로내 직류전압 등을 측정 또는 계산하여 표 35-6에 기입하여라.

③ 전압이득

㉠ 중역주파수에서 전압이득을 계산하여라.

$$A_V = \frac{R_C//R_L}{r_e{}' + R_{E1}} \quad 단,\ r_e{}' = \frac{26[\text{mV}]}{I_E}$$

㉡ 입력에 1[kHz], 100[mV$_{P\text{-}P}$]의 신호전압을 인가하여 중역주파수에서 전압이득을 측정하여라. 콜렉터 전위는 결국 R_L, 양단 전위와 같으며 이 전위가 출력전압이 된다.

④ 입력 임피던스

㉠ 이 회로의 입력 임피던스는 부하 R_L을 연결하지 않을 경우와 같으므로 다시 계산할 필요는 없다.

㉡ 그림 35-25에서와 같이 베이스에 직렬로 47[kΩ]의 저항을 연결하여 입력 임피던스를 측정하여라.

⑤ $V_{0P-P(\max)}$

㉠ 최대 출력전압의 peak-to-peak값을 계산하여라. $2V_{CB}$ 또는 $2I_C r_L{}'$(단, $r_L{}' = R_c//R_L$)의 값 중에서 작은값을 택하면 된다.

㉡ 1[kHz]의 입력신호전압을 증가시켜 가면서 $V_{0P-P(\max)}$를 측정하여라.

⑥ 전력이득

㉠ 전력이득을 계산하여라.

$$PG = A_V{}^2 \times Z_{in} / R_L \quad \text{단, } R_L = 10[\text{k}\Omega]$$

㉡ 전력이득을 [dB]로 환산하여라.

$$PG(\text{dB}) = 10 \log \text{PG}$$

⑦ 계산값 및 측정값을 표 35-7에 기입하여라.

(5) 이미터 저항 전체가 측로된 경우

① 그림 35-27의 회로를 결선하여라.

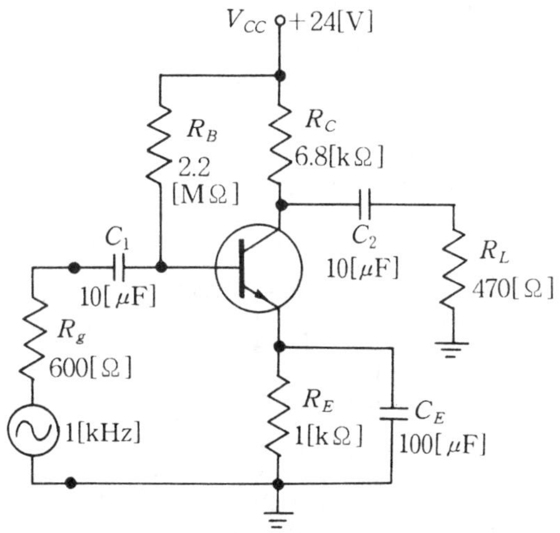

그림 35-27

② 이 회로의 직류전압을 측정하여 표 35-8에 기입하여라.

③ 전압이득

㉠ 중역주파수에서 전압이득을 계산하여라.

$$A_V = \frac{R_C // R_L}{r_e'}$$

㉡ 1[kHz]에서 40[mVP-P]전압을 입력에 인가하여 중역 주파수에서 전압이득을 측정하여라. V_0는 접지와 콜렉터 사이의 전위이다.

$$A_V = V_0 / V_{in} \quad \text{단, } V_{in} = 40[\text{mV}_{P\text{-}P}]$$

㉢ 측정된 A_V값을 사용하여 실제 r_e'값을 계산하여라.

$$r_e' = r_L / A_V$$

④ 입력 임피던스

㉠ 입력 임피던스를 계산하여라.

$$Z_{in} = R_B / \beta r_e' \quad \text{단, } R_B = 2.2[\text{M}\Omega]$$

주의 ㉢에서 계산된 r_e'값을 사용할 것.

㉡ 그림 35-28과 같이 1[kΩ]의 저항을 사용하여 1[kHz], 40[mVP-P]전압을 가하여 입력 임피던스를 측정하여라.

$$Z_{in} = V_{in} \times \frac{R_S}{R_{RS}} = \frac{V_{in} \times R_S}{V_g - V_{in}}$$

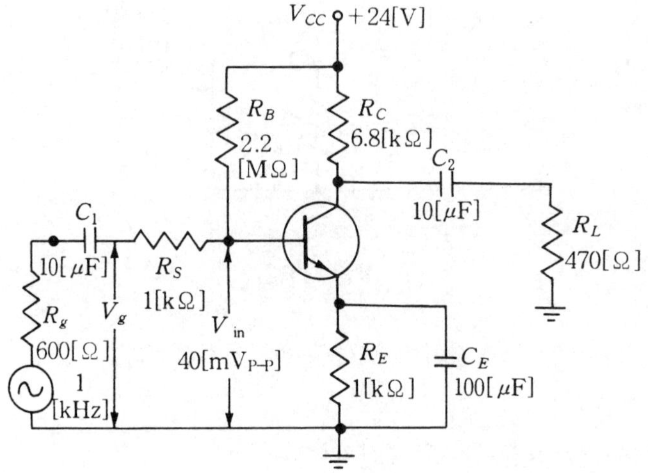

그림 35-28

⑤ $V_{0P\text{-}P(\max)}$

㉠ 최대 출력전압의 peak-to-peak값을 계산하여라.

$$2I_C r_L = 2I_C(R_C//R_L) \text{과 } 2V_{CE} \text{ 중 작은값을 택하여라.}$$

㉡ 1[kHz]에서 입력신호 레벨을 증가시켜 가면서 마찬가지 방법으로 $V_{0P\text{-}P(\max)}$를 측정하여라.

⑥ 전력이득

㉠ 전력이득을 계산하여라.

$$PG = A_V{}^2 \times Z_{\text{in}} / R_L$$

㉡ 전력이득을 [dB]로 환산하여라.

주의 계산에 있어서 측정된 A_V값 및 Z_{in}값을 사용하여라.

⑦ 전력이득을 계산하여라.

$$A_i = P_G / A_V$$

주의 계산된 P_G값 및 A_V값을 사용하여라.

⑧ 표 35-9에 계산값 및 측정값을 기입하여라.

5. 실험결과 및 고찰

① 실험순서에 따라 다음 표에 실험결과를 기록하여라.

표 35-1

	V_C	V_B	V_E	V_{RC}	V_{RE}	V_{RB}	V_{CE}	V_{BE}	I_C	I_B	β
계 산 값	/	/	/								
측 정 값				/	/	/	/	/	/	/	/

표 35-2

	I_C	V_{RC}	V_{RE}	V_C	V_{CE}	V_{RB}	V_B	I_B	β
계 산 값									
측 정 값									

표 35-3

	A_V	$V_{0P-P(max)}$ (V_{in}=100[mVP-P])	Z_{in}	$V_{0P-P(max)}$	PG	PG[dB]	A_i
계 산 값							
측 정 값							

표 35-4

	V_C	V_B	V_E	V_{RE2}	V_{RB}	V_{RC}	V_{RE1}	V_{CE}	I_C	I_B	β
계 산 값											
측 정 값											

표 35-5

	A_V	V_{0P-P} (V_{in}=100[mVP-P])	Z_{in}	$V_{0P-P(max)}$	PG	PG[dB]	A_i
계 산 값							
측 정 값							

표 35-6

	V_C	V_B	V_E	V_{RC}	V_{RB}	V_{RE1}	V_{RE2}	V_{CE}	I_C	I_B	β
측 정 값											

표 35-7

	A_V	V_{0P-P} (V_{in}=100[mV$_{P-P}$])	Z_{in}	$V_{0P-P(max)}$	PG	PG[dB]
계 산 값						
측 정 값						

표 35-8

	V_C	V_B	V_E	V_{RB}	V_{RC}	V_{CE}	I_C
측 정 값							

표 35-9

	A_V	V_{0P-P} (V_{in}=100[mV$_{P-P}$])	r_e'	Z_{in}	$V_{0P-P(max)}$	PG	PG[dB]	A_i
계 산 값								
측 정 값								

② 전압이득의 관점에서 부분적으로 측로된 이미터 저항회로는 어떤 이점이 있는가? 이미터 저항 전체가 측로된 경우는 어떠한가?

③ 가장 높은 입력 임피던스를 갖는 회로는 어느 것인가?

④ 회로의 DC 전압분포가 $V_{0P-P(max)}$에 영향을 주는가?

⑤ 입력과 출력신호 사이의 180° 위상차란 무엇인가?

⑥ 높은 입력 임피던스를 갖는 회로는 전력이득을 증가시키는가?

⑦ 부하가 변화함에 따라 이미터 공통 증폭회로의 이론적인 출력 임피던스는 변화하는가?

⑧ 이미터 저항의 어느 부분이 측로되지 않았을 경우 $V_{0P-P(\max)}$는 왜 더 작아지는가?

⑨ 부하저항을 인가하는 것은 입력 임피던스에 영향을 주는가? $V_{0P-P(\max)}$에 어떠한가?

⑩ 콜렉터 저항을 4.7[kΩ]에서 6.8[kΩ]으로 바꾸면 이미터 저항 양단 전압강하가 변화하는가?

⑪ 각각의 경우에 있어서 증폭기의 전류이득은 트랜지스터의 전류이득과 거의 동등한가?

실험 36 베이스 바이어스 CC증폭기

1. 실험 목적

베이스 바이어스된 NPN 공통 콜렉터 증폭기 직류 및 교류 특성을 실험한다.

2. 실험 · 실습에 따른 예비지식

공통 콜렉터 회로의 주된 기능은 부하저항을 증가시키기 위하여 트랜지스터의 전류이득을 사용한 것이다. 그림 36-1에서 보듯이 부하저항은 β에 의하여 베이스 쪽으로 반영되어져 R_B와 교류적으로 병렬합성된다.

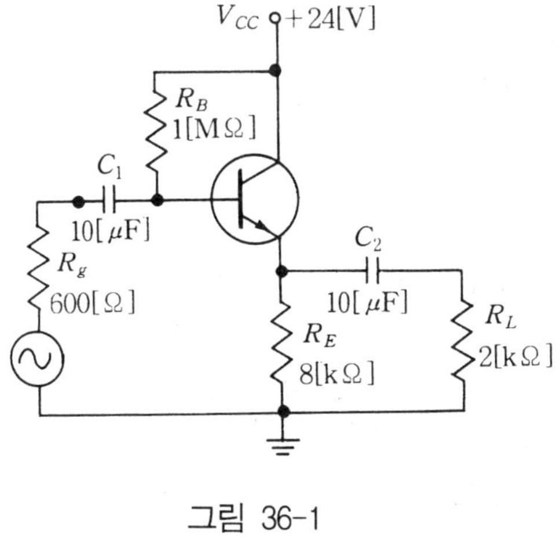

그림 36-1

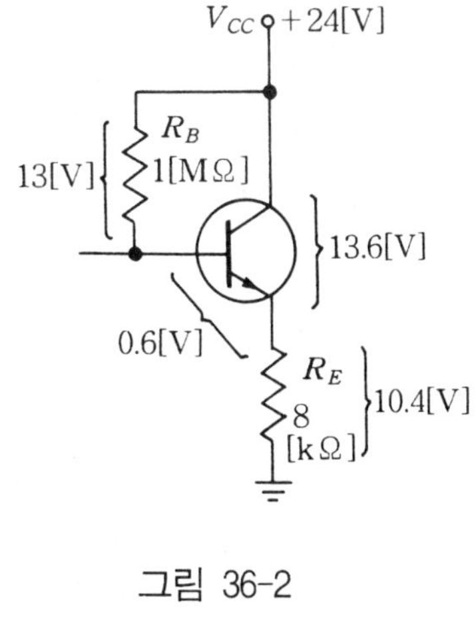

그림 36-2

(1) 직류해석

$$I_C = \frac{V_{CC} - V_{BE}}{R_B/\beta + R_E} = \frac{24[\mathrm{V}] - 0.6[\mathrm{V}]}{1[\mathrm{M\Omega}]/100 + 8[\mathrm{k\Omega}]} \frac{23.4[\mathrm{V}]}{10[\mathrm{k\Omega}] + 8[\mathrm{k\Omega}]}$$

$$= 1.3[\mathrm{mA}]$$

$$V_{RE} = I_E R_E = 1.3[\mathrm{mA}] \times 8[\mathrm{k\Omega}] = 10.4[\mathrm{V}]$$

$$V_{CE} = V_{CC} - V_{RE} = 24[\mathrm{V}] - 10.4[\mathrm{V}] = 13.6[\mathrm{V}]$$

$I_B = I_C/\beta = 1.3[\mathrm{mA}]/100 = 13[\mathrm{mA}]$ 단, $I_C \approx I_E$

$$V_{RB} = I_B R_B = 13[\mu\mathrm{A}] \times 1[\mathrm{M\Omega}] = 13[\mathrm{V}]$$

$V_B = V_{CC} - V_{RB} = 24[\mathrm{V}] - 13[\mathrm{V}] = 11[\mathrm{V}]$ 또는

$$V_B = V_{RE} + V_{BE} = 10.4[\mathrm{V}] + 0.6[\mathrm{V}] = 11[\mathrm{V}]$$

(2) 전압이득

$$A_V = R_E/(r_e' + R_E) = 8[\mathrm{k\Omega}]/(20[\Omega] + 8[\mathrm{k\Omega}]) = 0.9975$$

단, $r_e' = 26[\mathrm{mV}]/I_E = 26[\mathrm{mV}]/1.5[\mathrm{mA}] = 20[\Omega]$

만일 그림 36-3과 같이 4[V_{P-P}]의 입력신호가 인가되면 R_E양단 전압은 3.99 [V_{P-P}]가 된다.

$$V_0 = \frac{V_{in} \times R_E}{r_e' + R_E} = \frac{4[V_{P-P}] \times 8[\mathrm{k\Omega}]}{20[\Omega] + 8[\mathrm{k\Omega}]} = 3.99[V_{P-P}]$$

$$V_0 = A_V \times V_{in} = 0.9975 \times 4[V_{P-P}] = 3.99[V_{P-P}]$$

만일 부하저항 R_L이 그림 36-4와 같이 연결되어 있을 경우에는

$$A_V = \frac{r_L}{r_e' + r_L} = \frac{R_E//R_L}{r_e' + (R_E//R_L)} = \frac{8[\mathrm{k\Omega}]//2[\mathrm{k\Omega}]}{20[\Omega] + (8[\mathrm{k\Omega}]//2[\mathrm{k\Omega}])}$$

$$= \frac{1.6[\mathrm{k\Omega}]}{20[\Omega] + 1.6[\mathrm{k\Omega}]} = \frac{1600[\Omega]}{1620[\Omega]} = 0.9876$$

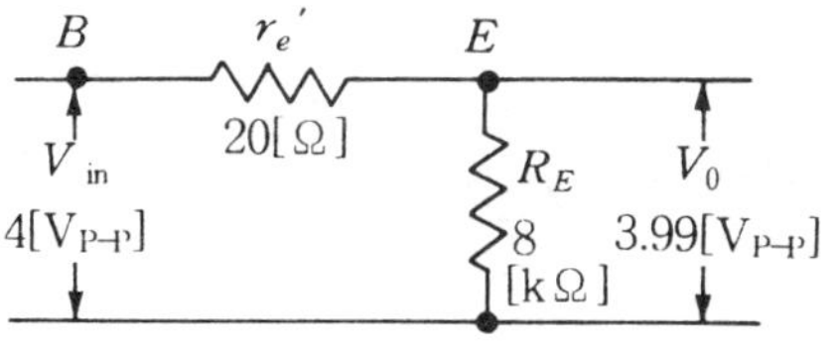

그림 36-3

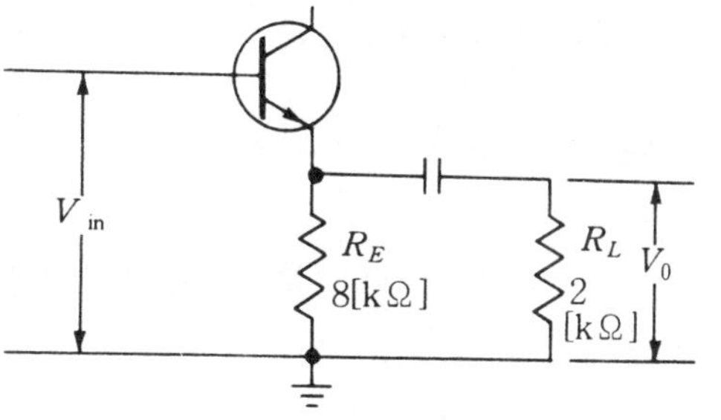

그림 36-4

(3) 입력 임피던스

① 부하저항 R_L이 없는 경우

$$Z_{in} \approx R_B // \beta(r_e' + R_E) = 1[\mathrm{M\Omega}] // 100(20[\Omega] + 8[\mathrm{k\Omega}])$$
$$= 1[\mathrm{M\Omega}] // 802[\mathrm{k\Omega}] = 445[\mathrm{k\Omega}]$$

② 부하저항 R_L이 있는 경우

$$Z_{in} \approx R_B // \beta(r_e' + r_L) = R_B // \beta[r_e' + (R_E // R_L)] = 1[\mathrm{M\Omega}] // 100[20[\Omega]$$
$$+ (8[\mathrm{k\Omega}] // 2[\mathrm{k\Omega}])] = 1[\mathrm{M\Omega}] // 100(20[\Omega] + 1.6[\mathrm{k\Omega}]) = 1[\mathrm{M\Omega}] // 162[\mathrm{k\Omega}]$$
$$\approx 139.4[\mathrm{k\Omega}]$$

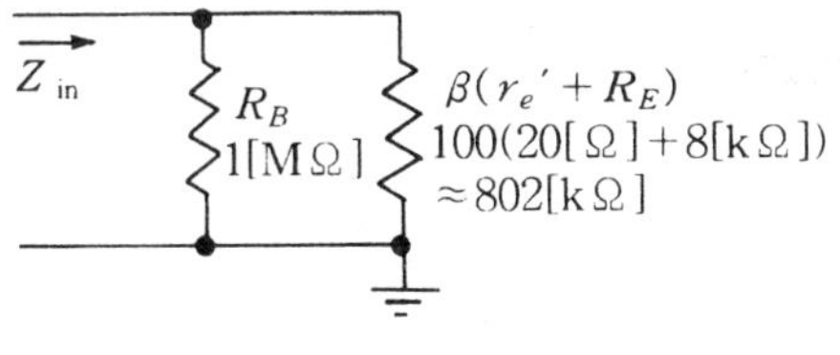

그림 36-5

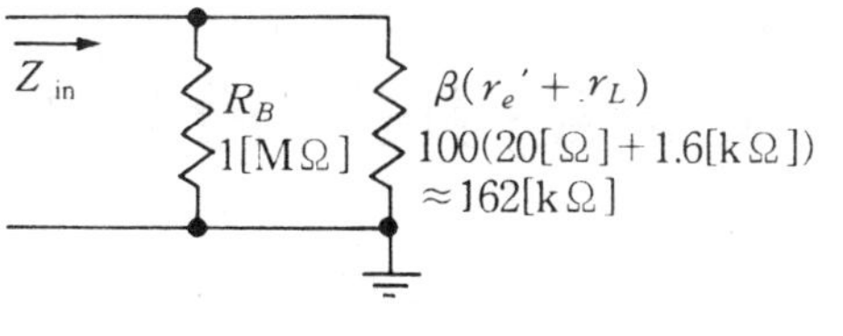

그림 36-6

(4) 전력이득

① 부하저항 R_L이 없는 경우

$$PG = A_V{}^2 \times Z_{in}/R_E = 0.9975^2 \times 445[k\Omega]/8[k\Omega] \approx 55.38$$

② 부하저항 R_L이 있는 경우

$$PG = A_V{}^2 \times Z_{in}/R_L = 0.9876^2 \times 139.4[k\Omega]/2[k\Omega] \approx 67.99$$

(5) $V_{0P-P(\max)}$

① 부하저항 R_L이 없는 경우

$2V_{CE} = 2 \times 13.6[V] = 27.2[V_{P-P}]$

$2I_E R_E = 2 \times 1.3[mA] \times 8[k\Omega] = 20.8[V_{P-P}]$

$\therefore V_{0P-P(\max)} = 2I_E R_E = 20.8[V_{P-P}]$

② 부하저항 R_L이 있는 경우

$2V_{CE} = 2 \times 13.6[V] = 27.2[V_{P-P}]$

$2I_E r_L = 2 \times 1.3[mA] \times 1.6[k\Omega] = 4.16[V_{P-P}]$

그러므로, $2I_E r_L$은 보다 더 작다.

$\therefore V_{0P-P(\max)} = 2I_E r_L = 4.16[V_{P-P}]$

3. 실험 · 실습 사용기기 및 재료

① 트랜지스터 : 2SC1815
② 저항 : 1[kΩ], 3.3[kΩ], 100[kΩ], 470[kΩ]
③ 커패시터(15~35[V]) : 10 [μF]×2
④ 전원장치 : 24[V] DC
⑤ 전압계
⑥ 신호발생기
⑦ 오실로스코프
⑧ 디지털 회로 실험기

4. 실험순서 및 실험방법

① 그림 36-7의 회로를 결선하여라.

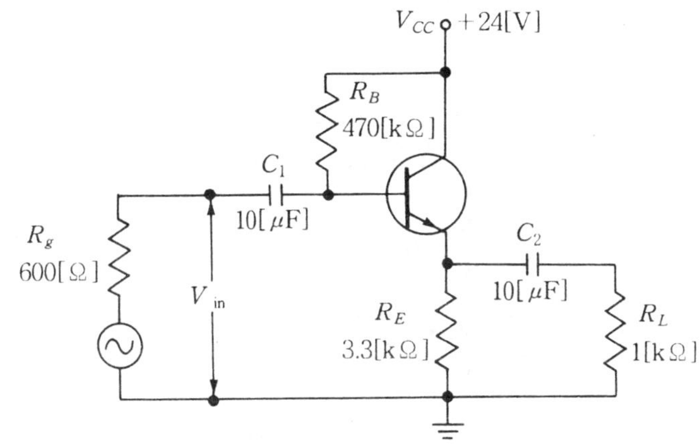

그림 36-7

② 접지에 대한 콜렉터, 베이스 및 이미터 전위 V_C, V_B, V_E를 측정하여 표 36-1에 기입하여라.

③ 회로내의 전압 V_{RE}, V_{RB}, V_{BE} 및 V_{CE}와 전류 I_B, I_C를 계산하여라.

$$V_{RE} = V_E \qquad I_E = V_{RE}/R_E$$

$$V_{RB} = V_{CC} - V_B \qquad I_B = V_{RB}/R_B$$

$$V_{BE} = V_B - V_E \qquad \beta = I_C/I_B \approx I_E/I_B$$

$$V_{CE} = V_{CC} - V_E = V_C - V_E$$

④ 계산값 및 측정값을 표 36-1에 기입하여라.

⑤ 전압이득

㉠ 중역주파수에서 전압이득을 계산하여라.

$$A_V = r_L/(r_e' + r_L)$$

단, $r_L = R_E // R_L$, $r_e' = 26\,[\mathrm{mV}/I_E]$

㉡ 1[kHz] 1[$V_{P\text{-}P}$]의 입력신호전압을 인가하고 중역주파수 전압이득을 측정하여

라. 그림 36-8과 같이 접지에 대하여 이미터 전위 V_0를 측정하여 이 측정값으로 전압이득을 계산하여라.

$$A_V = V_0 / V_{in}$$

단, $V_{in} = 1\,[V_{P-P}]$

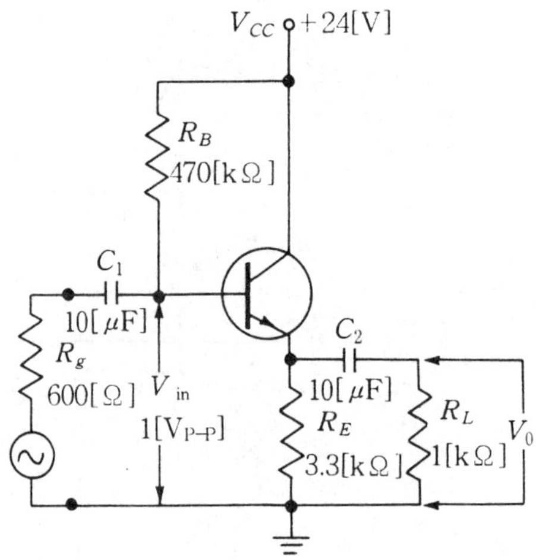

그림 36-8

주의 V_0는 입력신호전압의 값과 매우 같을 것이다. 왜냐하면 V_{BE}값 만큼 차이가 나기 때문이다.

⑥ 입력 임피던스

㉠ 입력 임피던스를 계산하여라.

$$Z_{in} = R_B / \beta(r_e{}' + r_L)$$

단, $r_L = R_E // R_L$

㉡ 그림 36-9와 같이 100[kΩ]의 저항을 직렬로 연결하고 1[kHz], 1[V_{P-P}]의 신호 전압을 인가하여 입력 임피던스를 측정하여라.

$$Z_{in} = \frac{V_{in} \times R_s}{V_{RS}} = \frac{V_{in} \times R_S}{V_g - V_{in}}$$

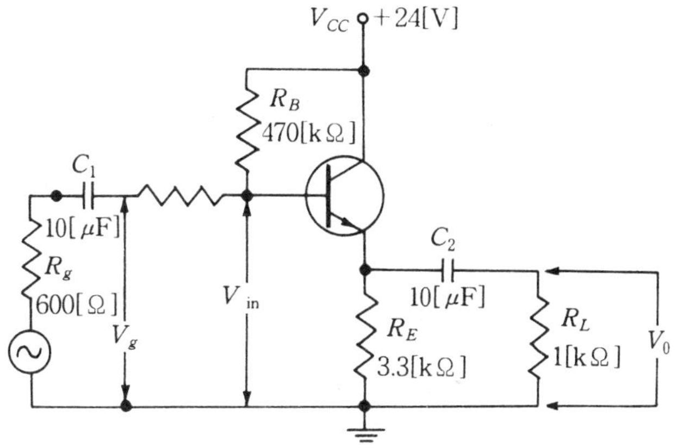

그림 36-9

⑦ $V_{0P-P(\max)}$

㉠ $2I_E r_L$과 $2V_{CE}$의 값 중 작은 값을 택하여 최대 출력전압의 peak-to-peak값을 계산하여라.

㉡ 1[kHz]에 입력신호전압 레벨을 증가시켜 가면서 출력전압의 파형이 클리핑이나 찌그러짐이 생기기 시작하는 점에서 $V_{0P-P(\max)}$를 측정하여라.

주의 이 측정에서 저항 R_S를 제거한 후 측정하여라.

⑧ 전력이득

㉠ 측정된 A_V값 및 Z_{in}값을 사용하여 부하저항 R_L에 대한 전력이득을 계산하여라.

$$PG = A_V^2 \times Z_{in} / R_L$$

㉡ 전력이득을 [dB]로 환산하여라.

$$PG(\text{dB}) = 10 \log \text{PG}$$

⑨ 전류이득을 계산하여라.

$$A_i = PG / A_V$$

⑩ 계산값 및 측정값을 표 36-2에 기입하여라.

5. 실험결과 및 고찰

① 실험순서에 따라 다음 표에 실험결과를 기록하여라.

표 36-1

	V_C	V_B	V_E	V_{RE}	V_{RB}	V_{BE}	V_{CE}	I_E	I_B	β
계 산 값										
측 정 값										

표 36-2

	A_V	V_0 (V_{in}=1[V_{P-P}])	$V_{0P-P(max)}$	Z_{in}	PG	PG[dB]	A_i
계 산 값							
측 정 값							

② 트랜지스터의 콜렉터에 콜렉터 저항 및 이와 병렬로 커패시터를 사용하는 대신 직접 전원 V_{CC}와 연결하는 것은 어떤 이점이 있는가?

③ 전압이득을 증가시키기 위하여 회로의 I_E를 증가시키는 것은 어떤 이점이 있는가?

④ 왜 콜렉터 공통 증폭기의 전압이득은 항상 1보다 작은가?

⑤ 만일 1[kΩ]의 부하저항이 제거되어 진다면 출력전압은 증가하겠는가?

⑥ 전력이득과 전류이득은 콜렉터 공통회로에서 서로 비례하는가? 그 이유는?

⑦ 부하저항은 공통 이미터와 공통 베이스 회로에서 입력 임피던스에 영향을 주지 않는다. 부하저항을 변경하는 것은 공통 콜렉터 회로의 입력 임피던스에 영향을 주는가?

⑧ 그림 36-9의 회로에서 부하저항은 1[kΩ]이고 이미터 저항은 3.3[kΩ]이다. R_E를 1[kΩ]으로 낮추면 $V_{0P-P(\max)}$를 증가시키는가? 시킨다면 그 이유는 무엇이며 그렇지 않다면 그 이유는 무엇인가를 설명하여라.

⑨ 그림 36-10에서 $\beta=100$, $V_{BE}=0.6$[V]일 때 다음을 계산하여라.

㉠ I_C ㉡ V_{RE} ㉢ V_{CE} ㉣ V_{RB}

㉤ V_B ㉥ V_C ㉦ V_E ㉧ r_e'

㉨ A_V ㉩ Z_{in} ㉪ PG ㉫ A_i

㉬ $V_{0P-P(\max)}$

⑩ 그림 36-11에서 $\beta=100$, $V_{BE}=0.6$[V]일 때 ⑨에서 계산한 것과 동일한 값들을 계산하여라.

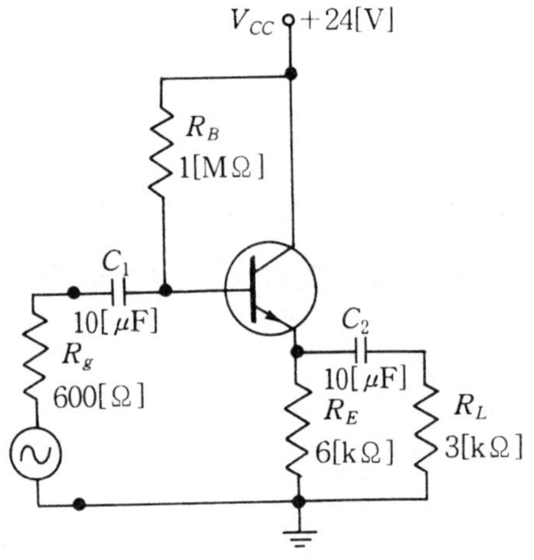

그림 36-10

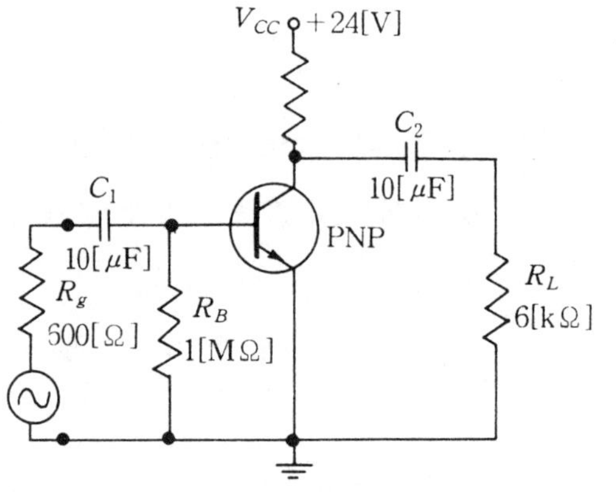

그림 36-11

실험 37 베이스 바이어스 CB증폭기

1. 실험 목적

NPN베이스 바이어스된 공통 베이스 증폭기의 DC 및 AC 특성을 실험을 통하여 확인한다.

2. 실험 · 실습에 따른 예비지식

(1) 베이스 바이어스 공통 베이스 증폭기

공통 베이스 증폭기는 입력을 이미터 단자에 가하고 콜렉터에서 출력을 얻으며 입력 임피던스는 매우 낮다. 왜냐하면 신호발생기에서 이미터-베이스 다이오드 축으로 본 임피던스는 약 r_e'이기 때문이다. 따라서 높은 입력 임피던스를 얻기 위해서는 베이스-이미터 다이오드와 직렬로 저항을 넣어주면 된다.

1 직류해석

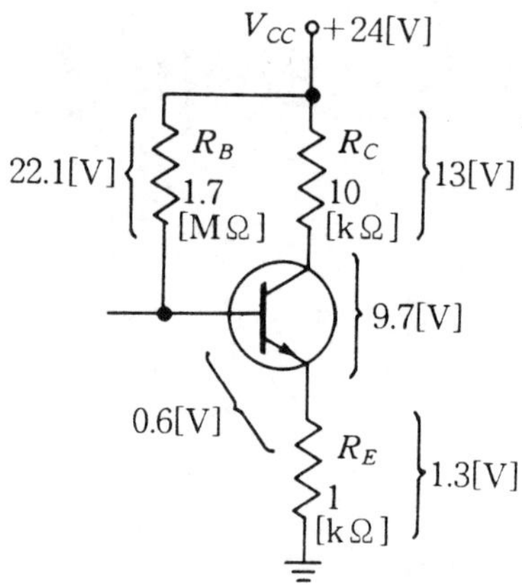

그림 37-1

$I_C = 1.3\,[\text{mA}]$ $V_C = 11\,[\text{V}]$

$V_{RC} = 13\,[\text{V}]$ $V_E = 1.3\,[\text{V}]$

$V_{RE} = 1.3\,[\text{V}]$ $V_B = 1.9\,[\text{V}]$

$I_B = 13\,[\mu\text{A}]$ $V_{CE} = 9.7\,[\text{V}]$

$V_{RB} = 22.1\,[\text{V}]$ $V_{CB} = 9.1\,[\text{V}]$

$$V_{CC} = V_{RB} + V_{BE} + V_{RE}$$

$$24[\text{V}] = 22.1[\text{V}] + 0.6[\text{V}] + 1.3[\text{V}]$$

$$V_{CC} = V_{RC} + V_{CE} + V_{RE}$$

$$24[\text{V}] = 13[\text{V}] + 9.7[\text{V}] + 1.3[\text{V}]$$

2 전압이득

공통 베이스 회로의 전압이득은 공통 이미터 회로의 경우와 비슷하게 실효 콜렉터 저항과 실효 이미터 저항의 비로 표현된다. 실효 이미터 저항은 r_e' 나 R_{E1}으로 입력신호가 이미터에 연결되어지는 형태에 따라 표현된다.

① 부하저항 R_L이 없는 경우

$$A_V = R_C / r_e' = 10[k\Omega]/20[\Omega] = 500$$

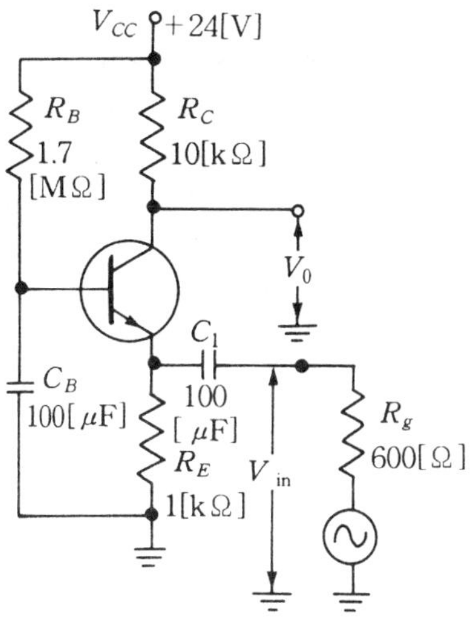

그림 37-2

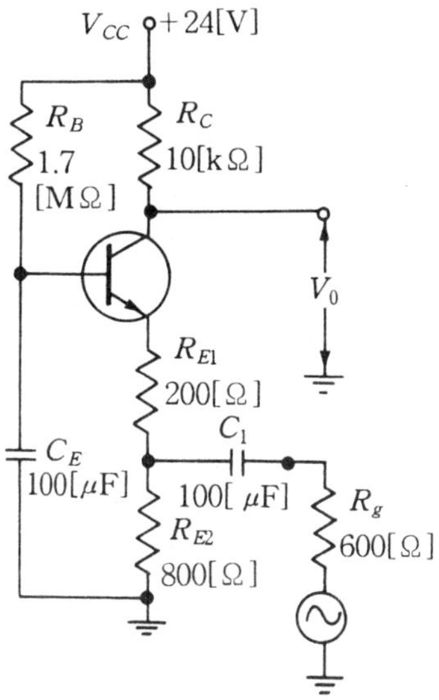

그림 37-3

② 직렬 이미터 저항을 사용한 경우

입력신호는 R_{E2}와 $r_e' + R_{E1}$에 동일하게 가해지며 $r_e' + R_{E1}$을 통하여 흐르는 전류가 콜렉터로 흘러간다.

$$A_V = \frac{R_C}{r_e' + R_{E1}} = \frac{10[k\Omega]}{20[\Omega] + 200[\Omega]} = \frac{10[k\Omega]}{220[\Omega]} = 45.45$$

③ 부하저항 R_L을 연결한 경우

$$A_V = \frac{R_C // R_L}{r_e' + R_{E1}} = \frac{10[k\Omega]//5[k\Omega]}{20[\Omega] + 200[\Omega]} = \frac{3333[\Omega]}{220[\Omega]} = 15.15$$

3 입력 임피던스

① 신호가 직접 이미터 단자에 가해진 경우

$$Z_{in} = r_e' // R_E = 20[\Omega]//1[k\Omega] = 19.6[\Omega]$$

$$X_{CI}=\frac{1}{2\pi fC}=\frac{0.159}{1[\mathrm{kHz}]\times 100[\mu\mathrm{F}]}=\frac{0.159}{10^{3}\times 10^{-4}}=\frac{0.159}{10^{-1}}=1.59[\Omega]$$

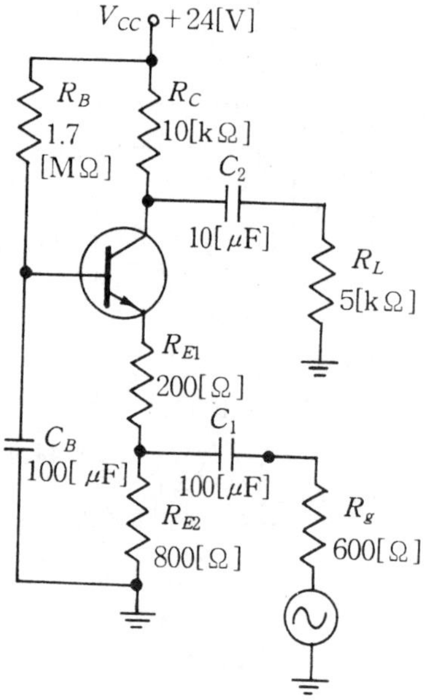

그림 37-4

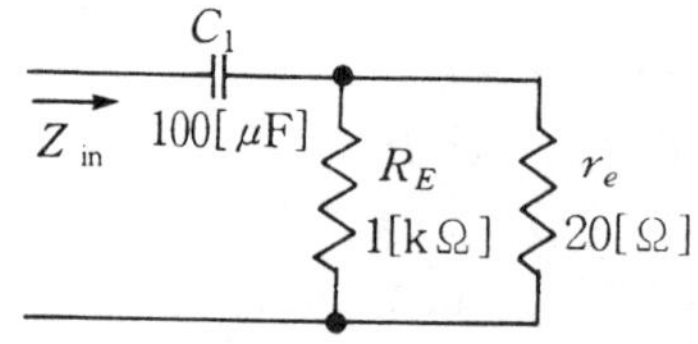

그림 37-5

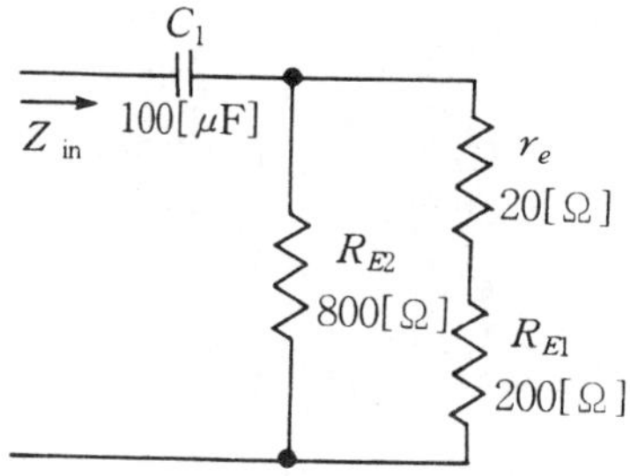

그림 37-6

② 직렬저항 R_{E1}, R_{E2}(단, $R_{E1}+R_{E2}=R_E$)를 통하여 신호가 가해진 경우

$$Z_{in}=(r_e'+R_{E1})//R_{E2}$$
$$=(20[\Omega]+200[\Omega])//800[\Omega]=220[\Omega]//800[\Omega]=172.55[\Omega]$$

4 전력이득

① $Z_{in}=r_e'//R_E$인 경우

$$PG=A_V{}^2\times Z_{in}/R_C=500^2\times 19.6[\Omega]/10[\mathrm{k}\Omega]=490$$

② $Z_{in}=(r_e'+R_{E1})//R_{E2}$인 경우

$$PG=A_V{}^2\times Z_{in}//R_C=45.45^2\times 172.55[\Omega]/10[\mathrm{k}\Omega]=35.64$$(무부하의 경우)

$$PG=A_V{}^2\times Z_{in}/R_L=15.152\times 172.55[\Omega]/5[\mathrm{k}\Omega]=7.92$$(부하의 경우)

5 전류이득

$PG = A_V A_i$이므로 $A_i = PG / A_V$로 구할 수 있다.

6 $V_{0P\text{-}P(max)}$

공통 베이스 증폭기에서 $V_{0P\text{-}P(max)}$은 부하저항 R_L이 없는 경우, $2I_C R_C$와 $2V_{CB}$중 작은쪽의 값이 된다.

$$2I_C R_C = 2 \times 1.3\,[\text{mA}] \times 10[\text{k}\Omega] = 26[\text{V}_{P\text{-}P}]$$

$$2V_{CB} = 2 \times 9.1\,[\text{V}] = 18.2[\text{V}_{P\text{-}P}]$$

$$V_{0P\text{-}P(max)} = 18.2[\text{V}_{P\text{-}P}]$$

$$2I_C r_L = 2 \times 1.3\,[\text{mA}](10[\text{k}\Omega] // 5[\text{k}\Omega])$$

$$= 2 \times 1.3[\text{mA}] \times 3.333[\text{k}\Omega] \approx 8.67[\text{V}_{P\text{-}P}]$$

$$2V_{CB} = 2 \times 9.1\,[\text{V}] = 18.2[\text{V}_{P\text{-}P}]$$

$$V_{0P\text{-}P(max)} = 8.67[\text{V}_{P\text{-}P}]$$

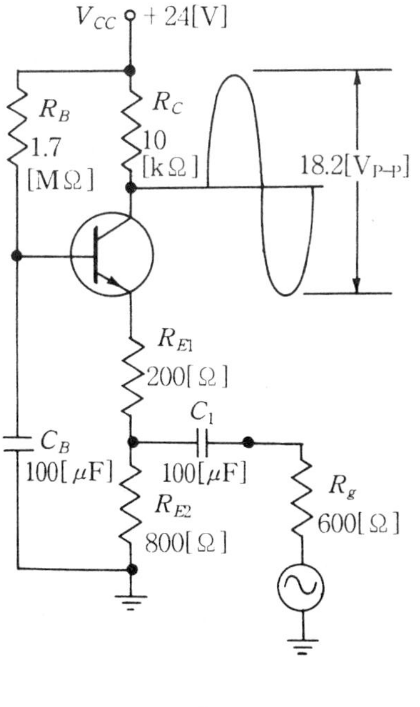

그림 37-7

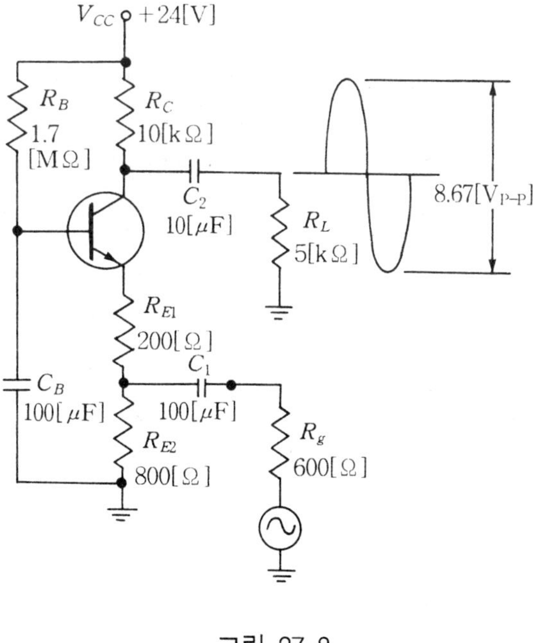

그림 37-8

3. 실험 · 실험 사용기기 및 재료

① 트랜지스터 : 2SC1815

② 저항 : 330[Ω], 470[Ω], 680[Ω], 4.7[kΩ], 10[kΩ], 1.5[MΩ]

③ 커패시터 : 10 [μF], 100 [μF×2]

④ 전원장치 : 24[V] DC

⑤ 전압계

⑥ 신호발생기

⑦ 오실로스코프

⑧ 디지털 회로시험기

4. 실험순서 및 실험방법

① 그림 37-9의 회로를 결선하여라.

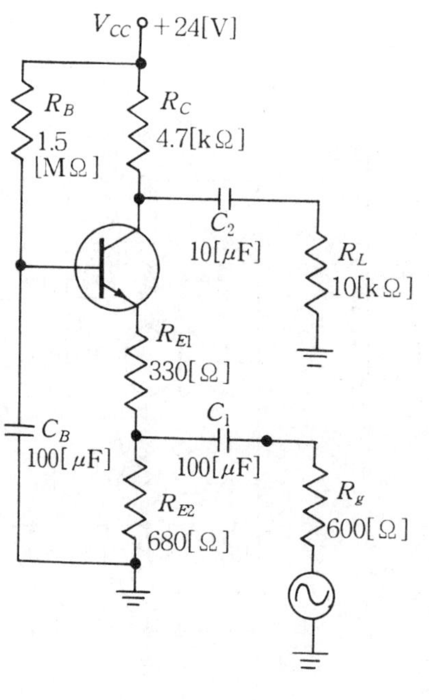

그림 37-9

주의 100 [μF]의 커패시터는 교류적으로 베이스를 접지시켜 주며 직류적으로는 영향을 주지 않는다. 신호발생기가 R_{E1}과 R_{E2}사이에 연결된 것은 공통 이미터의 경우 부분적으로 측로한 것과 같은 효과를 나타내어 스왐프(swamp)된 것과 같으므로 회로의 전압이득에 r_e'의 영향이 적다.

② 접지에 대한 콜렉터, 이미터 및 베이스의 전위 V_C, V_E, V_B와 R_{E2} 양단 전위를 측정하여 표 37-1에 기입하여라.

③ 회로내 전압 V_{RC}, V_{RE}, V_{RB}, V_{CE}, V_{BE} 및 전류 I_C, I_B를 다음 식으로 계산하여 표 37-1에 기입하여라.

㉠ $V_{RC} = V_{CC} - V_C$ ㉡ $V_{RB} = V_{CC} - V_B$ ㉢ $V_{RE1} = V_E - V_{RE2}$

㉣ $V_{CE} = V_C - V_E$ ㉤ $V_{BE} = V_B - V_E$ ㉥ $I_C = V_{RC}/R_C$

㉦ $I_B = V_{RB}/R_B$ ㉧ $\beta = I_B/I_C$

④ 전압이득

㉠ 중역주파수에서 전압이득을 계산하여라.

$$A_V = \frac{R_C//R_L}{R_{E1} + r_e'},\quad \text{단, } r_e' = 26[\text{mV}]/I_E$$

㉡ 1[kHz], 100[mV$_{P-P}$]의 입력전압을 사용하여 중역주파수 전압이득을 측정하여라. 접지에 대하여 콜렉터 전위 V_0를 측정하여 계산하여라.

$$A_V = V_0/V_{in} \quad \text{단, } V_{in} = 100[\text{mV}_{P-P}]$$

주의 회로를 결선한 후 V_{in}을 측정하여라. 왜냐하면 입력 임피던스가 낮으므로 신호발생기의 내부저항 양단에서 신호 손실이 중요하기 때문이다.

⑤ 입력 임피던스

㉠ 회로내 입력 임피던스를 계산하여라.

$$Z_{in} = R_{E2}//(R_{E1} + r_e')$$

㉡ 그림 37-10과 같이 470[Ω]의 직렬저항과 1[kHz], 100[mV$_{P-P}$]의 입력신호를 사용하여 입력 임피던스를 측정하여라.

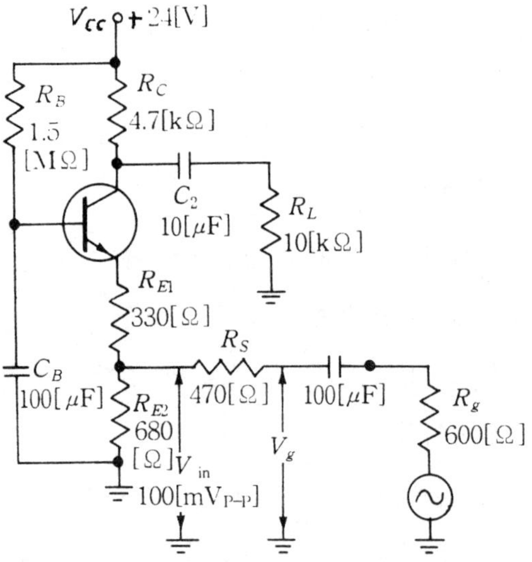

그림 37-10

㉢ 입력 임피던스를 계산하여라.(측정값 V_{in}, V_{RS} 사용할 것)

$$Z_{in} = \frac{V_{in} \times R_S}{V_{RS}} = \frac{V_{in} \times V_{RS}}{V_G - V_{in}}$$

단, $V_{in} = 100[\mathrm{mV_{P\text{-}P}}]$

⑥ $V_{0P\text{-}P(\max)}$

㉠ $2I_C r_L$과 $2V_{CB}$값 중 낮은값을 택하여 최대 출력전압 peak-to-peak값을 계산하여라.

㉡ 1[kHz]에서 신호 레벨을 증가시켜 가면서 출력파형이 클리핑 또는 찌그러짐이 발생하기 시작하는 점에서 $V_{0P\text{-}P(\max)}$를 측정하여라.

⑦ 전력이득

㉠ 회로내 부하저항에 대한 전력이득을 계산하여라.

$$PG = A_V^2 \times Z_{in} / R_L$$

㉡ 전력이득을 [dB]로 환산하여라.

⑧ 계산값 및 측정값을 표 37-2에 기입하여라.

5. 실험결과 및 고찰

① 실험순서에 따라 다음의 해당표에 실험결과를 기록하여라.

표 37-1

	V_C	V_B	V_E	V_{RE2}	V_{RC}	V_{RB}	V_{RE1}	V_{CE}	V_{BE}	I_C	I_B	β
계 산 값												
측 정 값												

표 37-2

	A_V	V_0 (V_{in}=100[mV_{P-P}])	Z_{in}	$V_{0P-P(max)}$	PG	PG[dB]
계 산 값						
측 정 값						

② 공통 베이스 회로에서 입력신호를 직접 트랜지스터의 이미터에 연결하는 것이 불리한 점은 무엇인가?

③ 공통 베이스 회로의 전류이득은 항상 1보다 큰가?

④ 공통 베이스 회로의 전압이득이 동일한 부하저항을 갖고 있는 비슷한 형태로 바이어스된 공통 이미터 회로와 동일한 이유는 무엇인가?

⑤ 그림 37-11의 회로에서 $\beta=100$, $V_{BE}=0.6$[V]일 때 다음을 계산하여라.

㉠ I_C ㉡ V_{RC} ㉢ V_{RE} ㉣ V_{CE}

ⓜ V_{RB}　ⓑ V_C　ⓢ V_B　ⓞ V_E

ⓙ r_e'　ⓒ A_V　ⓚ Z_{in}　ⓣ P_G

ⓟ $V_{0P\text{-}P(\max)}$

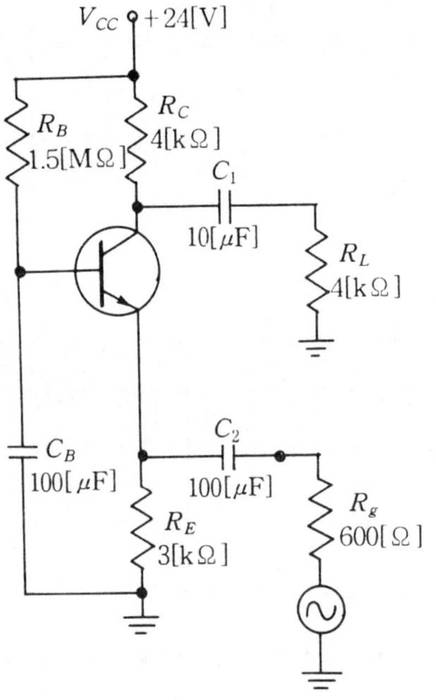

그림 37-11

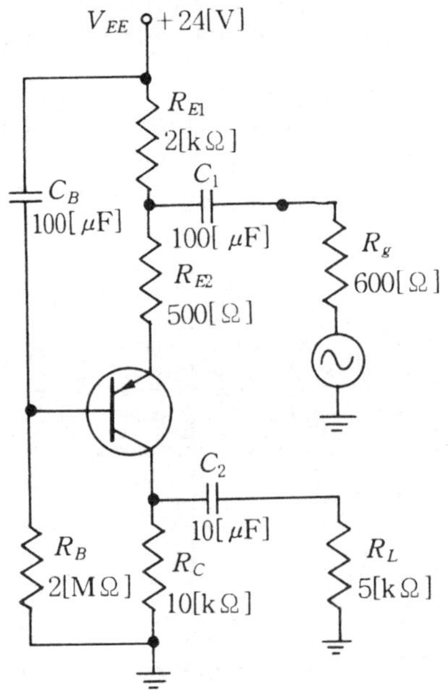

그림 37-12

⑥ 그림 37-12에서 $\beta = 100$, $V_{BE} = 0.6$[V]일 때 다음을 계산하여라.

ⓖ I_C　ⓝ V_{RC}　ⓓ V_{RE}　ⓡ V_{CE}

ⓜ V_{RB}　ⓑ V_C　ⓢ V_B　ⓞ V_E

ⓙ r_e'　ⓒ A_V　ⓚ Z_{in}　ⓣ P_G

ⓟ $V_{0P\text{-}P(\max)}$

실험 38 연산증폭기(1) 비반전 증폭회로

1. 실험 목적

연산증폭기의 기본적인 동작 특성을 이해하고, 연산증폭기 IC의 개별적 특성이나 온도변화에 영향을 받지 않는 안정적인 동작을 구현하는 부귀환 방법 중 많이 사용하는 비반전 부귀한 증폭회로의 구성방법과 동작을 알아본다.

2. 실험 · 실습에 따른 예비지식

반도체 기술의 발달에 따라 복잡한 증폭회로를 하나의 칩에 구성하는 집적회로(IC)가 가능하게 되었다. IC로 구성된 연산증폭기는 외부 핀과 접속점을 가지는 블랙박스와 같이 취급하여 단지 외부 핀에 공급전압, 신호발생기, 부하저항을 접속하는 것만으로도 빠르고 쉽게 증폭기의 제작이 가능하다.

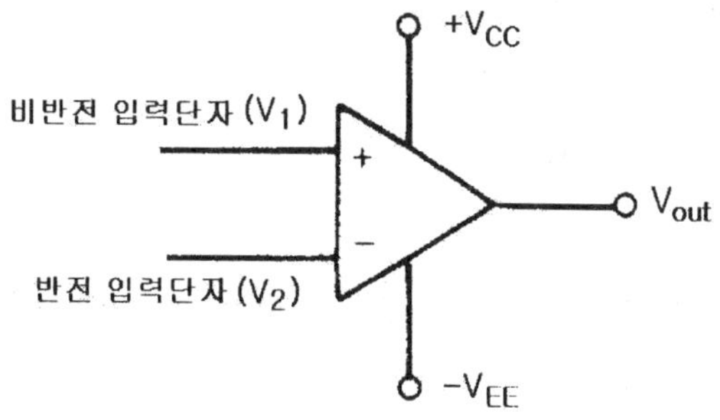

그림 38-1 연산증폭기의 기호 및 단자 구성

연산증폭기는 그림 38-1과 같이 두개의 입력단자, 한개의 출력단자, 두개의 전원단자로 구성되어 있으며 보통 기호에는 나타나지 않는 오프셋 단자 2개로 구성되어 있다. 두개의 입력단자는 각각 반전 입력(V_1), 비반전 입력단자(V_2)로 직류까지 증폭이 가능하다.

두 입력 사이의 전압차가 증폭되어 출력에 나타나게 되는데 만일 V_1이 V_2보다 크다면 출력은 $V_1 - V_2$가 비반전 증폭된 즉 V_1과 위상이 동일한 신호가 나타난다. 반면에 V_2가 V_1보다 크면 출력은 반전 증폭된 신호가 나타나게 된다.

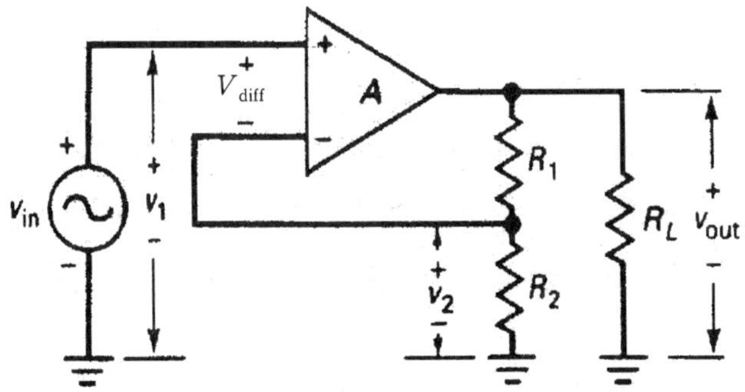

그림 38-2 비반전 부귀환 증폭회로

비반전 증폭기는 그림 38-2와 같이 입력신호가 증폭기의 비반전 입력을 구동하며, 출력전압이 반전입력과 접속되어 출력의 일부가 입력으로 되돌려지는 귀환회로로 구성되어 있다.

출력전압은 전압분배기 R_1, R_2에 의해 연산증폭기의 반전입력으로 귀환되며 이 귀환전압 v_2는 다음과 같다.

$$v_2 = \frac{R_2}{R_1 + R_2} v_{out} = B v_{out} \qquad (38\text{-}1)$$

여기서 B는 귀환율로써 단지 저항 R_1과 R_2에만 의존한다. 따라서 두 단자간 전압(v_{diff})은 다음과 같이 쓸 수 있다.

$$v_{diff} = v_1 - v_2 = v_{in} - B v_{out} \qquad (38\text{-}2)$$

이 단자간 전압은 증폭되어 출력전압이 얻어지므로 출력전압은 다음과 같다.

$$v_{out} = A(v_{in} - Bv_{out}) \tag{38-3}$$

정리하면

$$\frac{v_{out}}{v_{in}} = \frac{A}{1+AB} \tag{38-4}$$

AB의 곱이 1보다 충분히 크므로 전압이득 A_V는 다음과 같이 된다.

$$A_V = \frac{v_{out}}{v_{in}} \fallingdotseq \frac{A}{AB} = \frac{1}{B} = \frac{R_1 + R_2}{R_2} \tag{38-5}$$

즉 전압이득은 단지 저항 R_1과 R_2에 의해서만 결정되므로 온도의 변화나 증폭기의 개별적인 특성에 따른 영향을 받지 않고 일정하게 된다.

3. 실험 · 실습 사용기기 및 재료

① 신호발생기(AF Function Generator) : 1대

② 교류공급전원장치 : 1대

③ DMM 또는 VOM : 1대

④ 직류전압계 : 1대

⑤ 연산증폭기 741C : 1개

⑥ 저항 1[kΩ]×2, 5[kΩ] : 각 1개

⑦ 콘덴서 1[μF] : 1개

⑧ 오실로스코프 : 1대

⑨ Bread Board, Lead선 : 적당량

4. 실험순서 및 실험방법

① 그림 38-3과 같이 회로를 결선하여라. 이 회로는 연산증폭기를 비교기의 용도로 사용한 것이다. 단, 입력신호는 $v_{\text{in}} = 10\,V_{P-P}$, 1[kHz]로 한다.

② 입력과 출력전압의 파형을 측정하여 표 38-1 (a), (b)에 그려라.

③ 그림 38-3에서 $-V_{EE}$ 전원을 접지시키고 실험 ②를 반복하여 표 38-2 (a), (b)에 그려라.

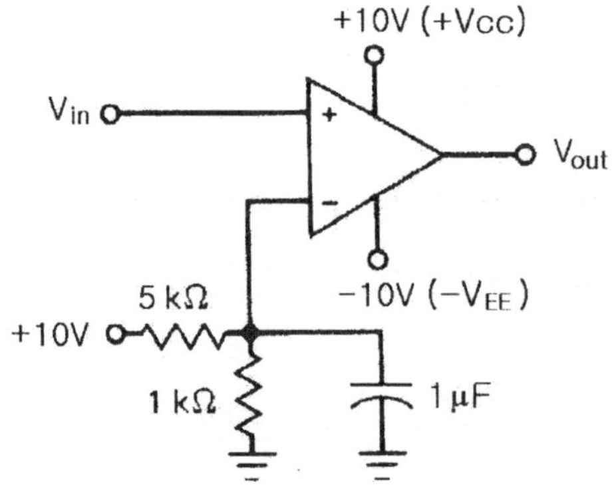

그림 38-3 기준전압이 설정 가능한 비교기 실험회로

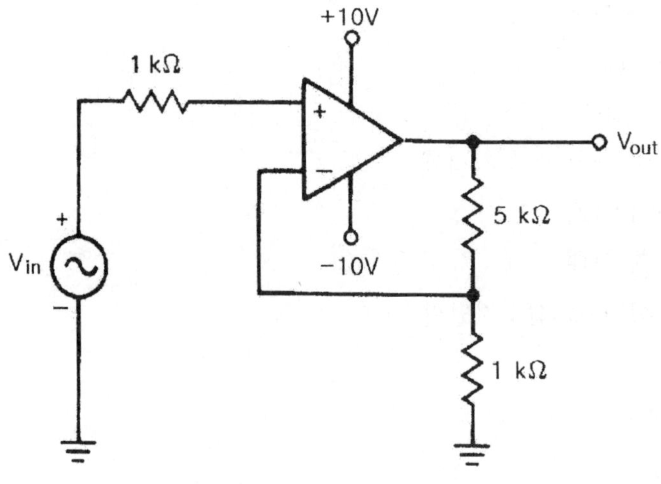

그림 38-4 비반전 증폭회로

④ 그림 38-4와 같이 회로를 결선하여라. 단, 입력신호는 $v_{\text{in}} = 1\ V_{P-P}$, 1[kHz]로 한다.

⑤ 입력과 출력전압의 파형을 측정하여 표 38-3 (a), (b)에 그려라. 또한 전압이득의 계산값과 측정값을 각각 표 38-4에 기록하여라.

5. 실험결과 및 고찰

표 38-1 비교기(양전원)

(a) 입력파형

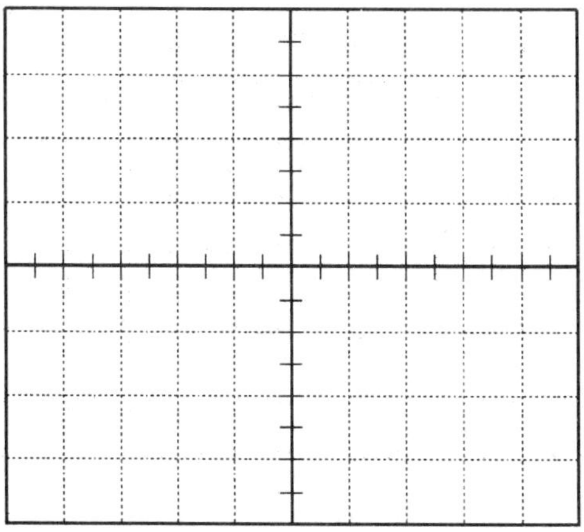

VOLTS/DIV TIME/DIV

(b) 출력파형

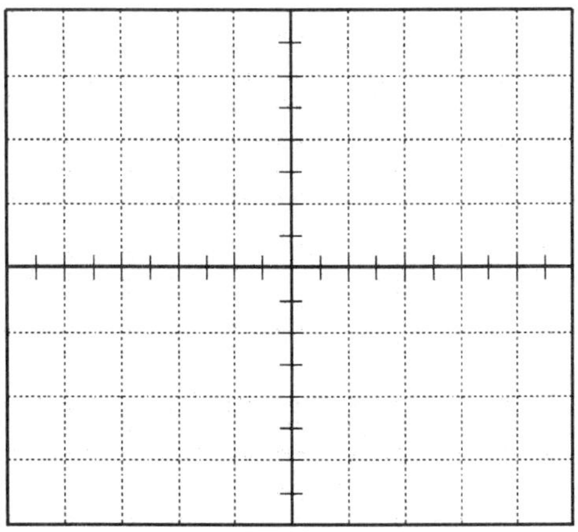

VOLTS/DIV TIME/DIV

표 38-2 비교기(단일전원)

(a) 입력파형

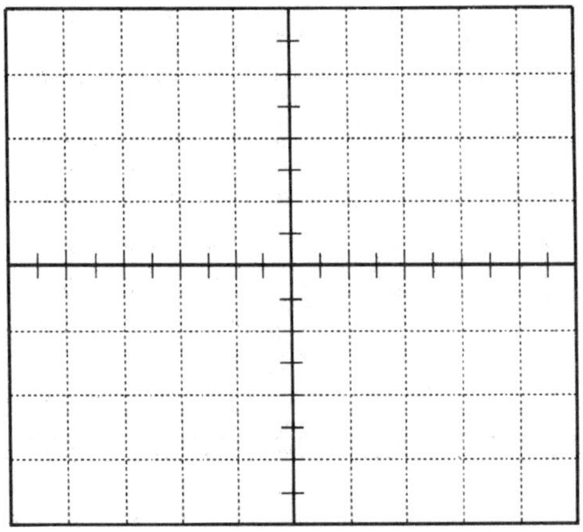

VOLTS/DIV TIME/DIV

(b) 출력파형

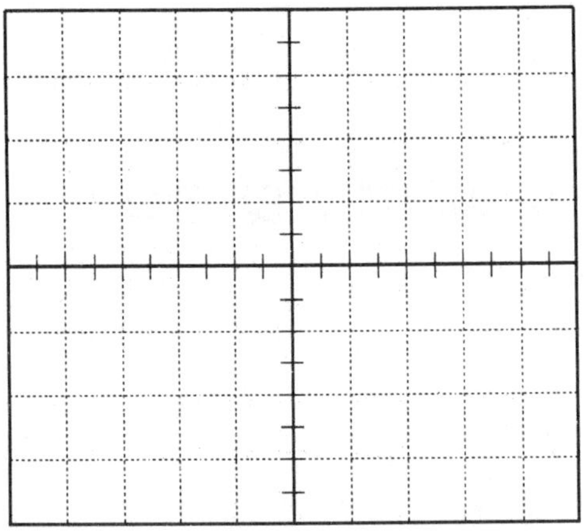

VOLTS/DIV TIME/DIV

표 38-3 비반전 증폭기

(a) 입력파형

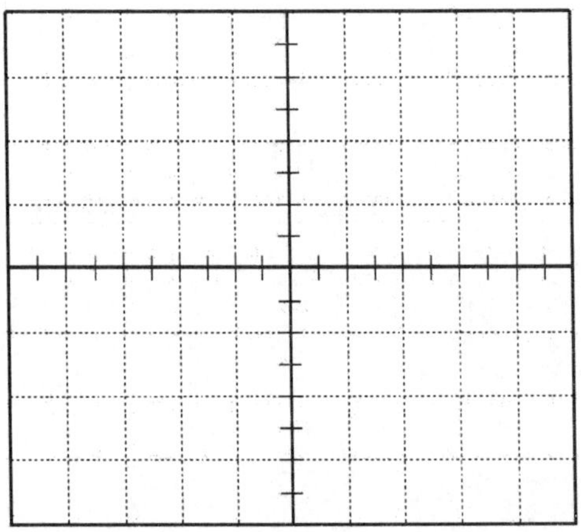

VOLTS/DIV TIME/DIV

(b) 출력파형

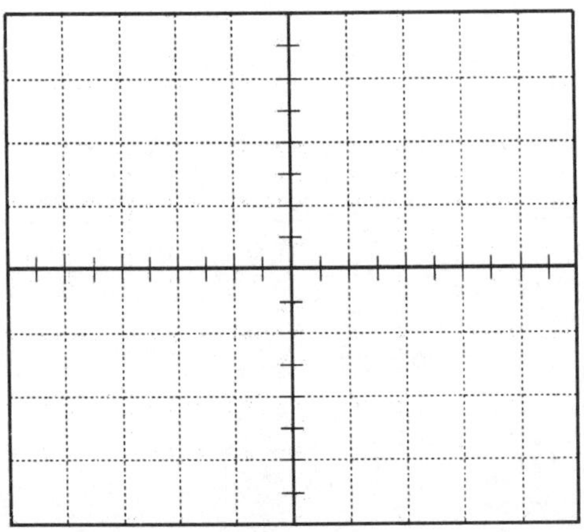

VOLTS/DIV TIME/DIV

표 38-4 비반전 증폭기 출력파형

전압이득	계산값	측정값

① 실험 ③의 비교기 실험에서 출력파형을 이론적으로 설명하고, 실험결과와 비교하여라.

② 비교기 실험에서 양전원 $(+V_{CC}, -V_{EE})$과 단일전원 $(+V_{CC})$을 사용한 경우의 차이점을 설명하여라.

③ 연산증폭기를 귀환을 걸어 사용하는 이유를 설명하여라.

④ 비반전 증폭회로의 전압이득 구하는 식을 설명하여라.

실험 39

연산증폭기(2) 반전 증폭회로

1. 실험 목적

연산증폭기를 많이 사용하는 또 다른 방법인 반전 부귀한 증폭회로의 구성과 동작을 알아보고 전류-전압변환기로 사용가능한 이유 및 응용회로인 가산기로서의 사용법을 살펴본다.

2. 실험 · 실습에 따른 예비지식

그림 39-1 반전전압귀환을 보인 것으로 비반전입력은 접지되고 입력신호는 반전입력을 구동하며, 출력전압은 반전입력에 접속되어 있다. 반전전압귀환 이상적인 전류-전압변환기와 같이 동작한다.

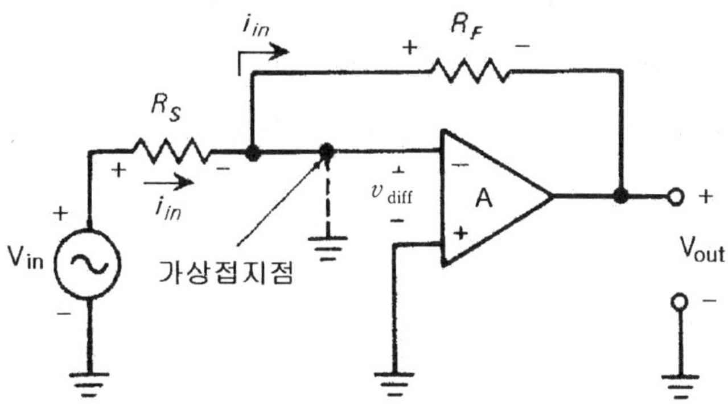

그림 39-1 반전 부귀환 증폭회로

연산증폭기의 두 입력단자간 전압차는 거의 0[V]에 가까워서 그림 39-1과 같이 가상 접지점을 생각해 볼 수 있다. 입력 임피던스는 수[MΩ]으로 크기 때문에 (−)인 반전 입력단자는 가상적으로 접지 상태가 되므로 입력전류는 $i_{in} = V_{in} / R_S$가 된다.

이 전류 i_{in}은 귀환저항인 R_F로 모두 흐르게 된다. 따라서 출력전압을 구하기 위해 가상접지점을 고려하여 폐회로 식을 써보면 다음과 같다.

$$v_{out} + i_{in} R_F - v_{diff} = 0$$

$$v_{out} + \frac{V_{in}}{R_S} R_F - \frac{v_{out}}{A} = 0 \; (v_{out} = A v_{diff} \text{에서})$$

$$v_{out}\left(1 + \frac{1}{A}\right) = -\frac{V_{in}}{R_S} R_F$$

여기서 연산증폭기 자체의 전압이득 A는 매우 크므로 간단히 하여 정리하면 전압이득 (A_v)은 다음과 같다.

$$A_v = \frac{v_{out}}{v_{in}} = -\frac{R_F}{R_S}$$

반전 증폭회로의 전압이득은 단지 저항 R_F와 R_S에 의해서만 결정되며 온도의 변화나 연산증폭기의 개별적인 특성에 따른 영향을 받지 않고 일정하게 된다. 이 식에서 (−) 부호는 출력이 입력신호와 반전된 것을 의미한다.

또한 입력측의 전류는 입력전압(v_{in})과 저항 R_S에 의해 결정되며 이 전류가 귀환저항 R_F와 곱해져 출력전압이 나타나게 된다. 이러한 사실로부터 입력전류는 출력전압을 제어하는 것과 같으므로 반전 증폭회로는 전류-전압변환기라고도 부른다.

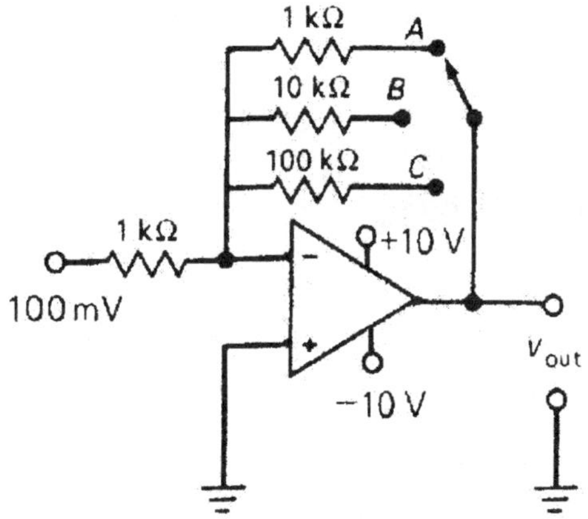

그림 39-2 반전 증폭 실험회로

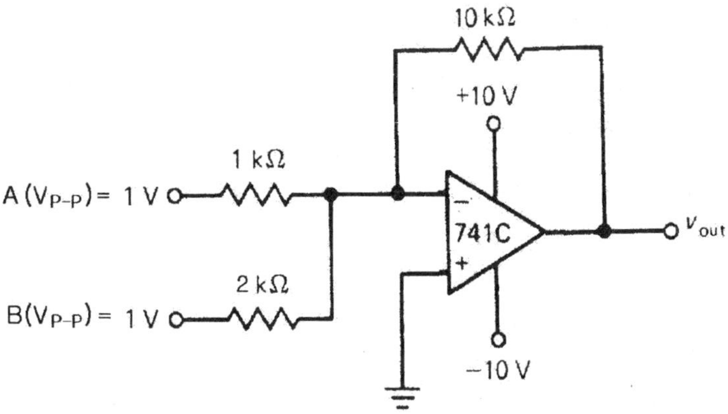

그림 39-3 가산기 회로

3. 실험 · 실습 사용기기 및 재료

① 신호발생기(AF Function Generator) : 1대

② 교류공급전원장치 : 1대

③ DMM 또는 VOM : 1대

④ 직류전압계 : 1대

⑤ 연산증폭기 741C×2 : 1개

⑥ 저항 1[kΩ]×2, 2[kΩ], 10[kΩ], 100[kΩ] : 각 1개

⑦ 오실로스코프 : 1대
⑧ Bread Board, Lead선 : 적당량

4. 실험순서 및 실험방법

① 그림 39-2와 같이 반전증폭회로를 결선하여라. 이 회로는 연산증폭기를 비교기의 용도로 사용한 것이다.

② B접점을 접속하여 귀환저항을 10[kΩ]을 사용하였을 경우의 입력과 출력전압 파형을 오실로스코프로 측정하여 표 39-1(a), (b)에 각각 그려라. 또한 A, B, C접점을 각각 접속시 회로의 전압이득(A_v) 이론값과 실험값을 각각 구해 표 39-2을 완성하여라.

③ 그림 39-3의 가산기 회로를 결선하되 A, B 입력에 대하여 각각 실험을 행하여 표 39-3에 기록하여라. 또한 A, B 입력을 모두 연결한 상태에서 실험을 행하여 표 39-3을 완성하여라.

④ A측 입력저항을 5[kΩ]으로 바꾸어 회로를 결선하고 실험 ③을 반복하여 표 39-4를 완성하여라.

5. 실험결과 및 고찰

표 39-1 반전증폭기

(a) 입력파형

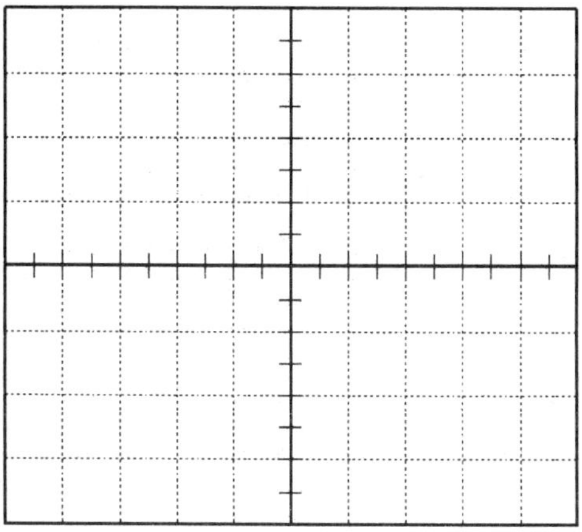

VOLTS/DIV ______ TIME/DIV ______

(b) 출력파형

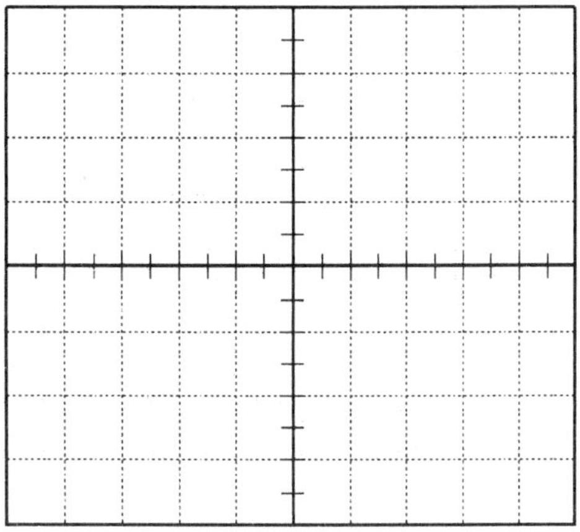

VOLTS/DIV ______ TIME/DIV ______

표 39-2 전압이득 이론값과 실험값

접속단자		A	B	C
전압이득 (A_v)	이론값			
	실험값			

표 39-3 가산기 실험 ($A = 1[\mathrm{k}\Omega]$ 경우)

	전압이득 (이론값)	전압이득 (실험값)	각각의 출력전압	전체 출력전압
A 입력				
B 입력				

표 39-4 가산기 실험 ($A = 5[k\Omega]$ 경우)

<table>
<tr><th></th><th>전압이득
(이론값)</th><th>전압이득
(실험값)</th><th>각각의
출력전압</th><th>전체
출력전압</th></tr>
<tr><td>A 입력</td><td></td><td></td><td></td><td rowspan="2"></td></tr>
<tr><td>B 입력</td><td></td><td></td><td></td></tr>
</table>

① 연산증폭기를 (부)귀환을 걸어서 사용하는 이유를 설명하여라.

② 비반전 증폭기의 전압이득식을 유도하여라.

③ 반전 증폭기의 출력전압이 반전되는 이유를 설명하여라.

④ 가산기는 믹서(Mixer)로서 사용되기도 하는데 그 원리가 무엇인지 생각해 보라.

⑤ 실험 ①에서 입력신호를 교류가 아닌 직류를 사용한 경우 결과를 예측하여라.

전기전자회로실험

2022. 2. 5 인쇄
2022. 2. 10 발행

저 자 : 이춘모 · 안병록 · 박종복 공저

발행자 : 이진권

발행처 : 도서출판 **태영문화사**

주 소 : 서울특별시 강서구 초원로 38

전 화 : 2661-8751

F A X : 2661-8798

등 록 : 1998년 11월 12일 제 2-2682호

정가 20,000원

ISBN 978-89-6354-214-0